高等院校计算机应用系列教材

Python 程序设计语言

（第二版）（微课版）

李美珊　刘　越　陈育德　主　编
韦韫韬　李春洁　王　超　副主编

清华大学出版社

北　京

内 容 简 介

本书致力于培养读者的计算思维能力，重点提升他们运用计算思维解决实际问题的水平。全书以 Python 语言为基础，对计算机程序设计的知识体系展开了全方位且有条理的阐述。在编写过程中，通过程序实例难度呈螺旋式递增的独特设计，巧妙推动知识难度逐步攀升，这种编排模式对于编程领域的初学者而言极为友好，有助于初学者开启编程之旅。

本书共 12 章，内容主要包括计算机基础及 Python 概述，基本数据类型、运算符与表达式，程序控制结构，组合数据类型，字符串操作，函数，文件和文件夹操作，Python 异常处理，中文文本分析，科学计算与数据分析，网络爬虫技术，Python 计算生态等。

本书内容丰富，由浅入深，既可作为普通高等院校 Python 程序设计语言课程的教材，也可供从事相关工作的工程师和爱好者阅读使用。

本书配套的电子课件、知识导图、教学计划、教学大纲、实验大纲、授课方案、习题答案和实例源文件可以到 http://www.tupwk.com.cn/downpage 网站下载，也可以扫描前言中的二维码获取。扫描前言中的视频二维码可以直接观看教学视频。

图书在版编目(CIP)数据

Python 程序设计语言：微课版 / 李美珊，刘越，

陈育德主编. -- 2 版. -- 北京：清华大学出版社，2025. 6.

(高等院校计算机应用系列教材). -- ISBN 978-7-

302-69463-2

Ⅰ. TP312.8

中国国家版本馆 CIP 数据核字第 2025JY0172 号

责任编辑：胡辰浩
封面设计：高娟妮
版式设计：妙思品位
责任校对：成凤进
责任印制：刘 菲

出版发行：清华大学出版社
　　　　　网　　　址：https：//www.tup.com.cn，https：//www.wqxuetang.com
　　　　　地　　　址：北京清华大学学研大厦 A 座　　　　邮　　　编：100084
　　　　　社 总 机：010-83470000　　　　　　　　　　邮　　　购：010-62786544
　　　　　投稿与读者服务：010-62776969，c-service@tup.tsinghua.edu.cn
　　　　　质 量 反 馈：010-62772015，zhiliang@tup.tsinghua.edu.cn
印 装 者：涿州市般润文化传播有限公司
经　　　销：全国新华书店
开　　　本：185mm×260mm　　　印　　　张：18.75　　　字　　　数：480 千字
版　　　次：2022 年 1 月第 1 版　　　2025 年 7 月第 2 版　　　印　　　次：2025 年 7 月第 1 次印刷
定　　　价：59.00 元

产品编号：111418-01

前　言

追溯 Python 语言的发展历程，其研制工作始于 1989 年并于 1991 年推出第一个版本，Python 一开始就具备类、函数、异常处理、包含列表和词典在内的核心数据类型以及以模块为基础的拓展生态库等语言特性。Python 一经推出就获得专业人士的喜爱，经过 30 多年的发展，Python 已被广泛应用到系统编程、网络爬虫、人工智能、科学计算、大数据、数据分析、数据挖掘、云计算、图像开发、深度学习、Web 开发、系统运维等众多领域。

近几年，Python 在 TIOBE 语言排行榜上的位次不断上升，2024 年 5 月 Python 已经位列第一，远远超过 C 语言，这主要得益于 Python 语言具备如下一系列卓越优点。首先，Python 的语法简洁明晰且富有优雅气质，堪称一门极为简单易学的编程语言。对于编程初学者而言，其入门的门槛较低，能够让毫无编程基础的人快速上手。并且，随着学习进程的推进与深入，它又具备强大的拓展性与深度，足以支撑学习者去编写一些极为复杂且功能强大的程序。无论是处理大规模数据运算，还是构建复杂的软件架构，Python 语言都能应对自如。

其次，Python 的开发效率令人瞩目。它拥有极为强劲的第三方库体系，这一体系的丰富性与完备性几乎涵盖了人们通过计算机想要达成的所有功能需求。换言之，在 Python 的庞大资源库中，总能找到与之对应的功能模块。开发者仅需将所需模块直接下载并顺利调用，随后便能够在稳固的基础库之上迅速展开开发工作。如此一来，便能够极大幅度地缩短整个项目的开发周期，让创新想法能够更快地转化为实际应用。同时，也巧妙地避免了在开发过程中对已有基础功能进行重复构建的低效行为，使开发者能够将更多的精力与智慧倾注于独特功能的研发与优化之中，从而显著提升开发的整体效率与质量。

Python 语言简单易学，在高校计算机相关专业的教学研究中已取得丰硕成果，但随着跨学科建设不断深入，各学科不断融合，各专业与计算机科学的联系更加紧密，计算机基础课程的 Python 语言教学迫在眉睫。本书是针对基础教学编写的 Python 程序设计语言教材，旨在让零基础的各专业学生在有限的时间中学习编程思想、掌握 Python 的语法特点，并能付诸实践，为所学专业服务，推进各学科与计算机的交叉。本书的编写思想是为教学服务，秉承着零起点、通俗易懂，抛弃复杂、晦涩、脱离现实的案例，融入课程思政教学理念，培养学生的"计算思维"和"逻辑思维"的应用能力。

本书基于 Python 3.8 编写而成，所有内容都已经过反复推敲、讨论。全书包含大量的实例，讲解由浅入深、循序渐进，内容包括计算机基础及 Python 概述，基本数据类型、运算符与表达式，程序控制结构，组合数据类型，字符串操作，函数，文件和文件夹操作，Python 异常处理，中文文本分析，科学计算与数据分析，网络爬虫技术，Python 计算生态等。

本书共 12 章，第 1 章由王超编写，第 2 章由孙志勇编写，第 3、4、8 章由陈育德编写，第 5 章由韦韫韬编写，第 6、11、12 章由李美珊编写，第 7 章由李春洁编写，第 9 章由张竞达编写，第 10 章由刘越编写，最后由李美珊老师统稿、薛佳楣教授主审。

由于作者水平有限，书中难免有不足之处，恳请专家和广大读者批评指正。在编写本书的过程中参考了很多文献和网络素材，在此向这些文献的作者深表感谢。我们的电话是 010-62796045，邮箱是 992116@qq.com。

本书配套的电子课件、知识导图、教学计划、教学大纲、实验大纲、授课方案、习题答案和实例源文件可以到 http://www.tupwk.com.cn/downpage 网站下载，也可以扫描下方左侧的二维码获取。扫码下方右侧的视频二维码可以直接观看教学视频。

编　者

2025 年 3 月

目 录

第 1 章

计算机基础及Python概述

学习目标

- 掌握计算机系统的组成。
- 理解程序设计语言的发展历程。
- 理解 Python 语言的特点及应用领域。
- 掌握 Python 开发环境的安装及配置方法。
- 掌握 Python 语言的编码规范。
- 掌握 Python 扩展库的导入和使用方法。

学习重点

掌握计算机系统的组成、冯•诺依曼型计算机的核心思想和特点、计算机硬件系统和软件系统的组成，理解程序设计语言概念及语言处理程序，理解 Python 语言的特点及应用领域，掌握 Python 语言的编码规范，掌握 Python 扩展库的导入和使用方法。

学习难点

pip 工具的使用方法，Python 扩展库的导入方式。

知识导图

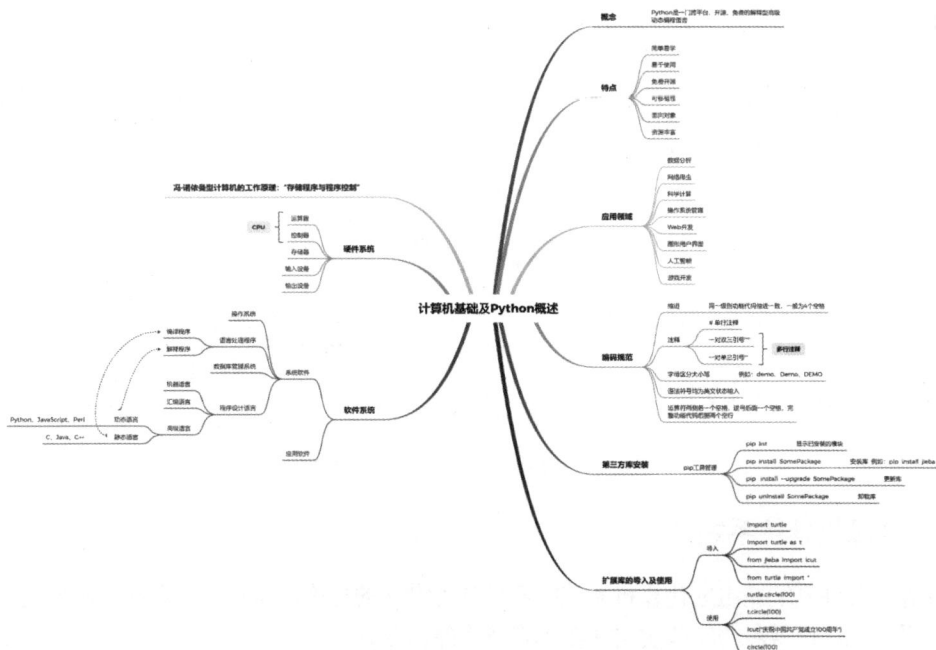

1.1 计算机基础概述

计算机无疑是人类社会 20 世纪最伟大的发明之一，并且一直在以令人难以置信的速度快速发展。计算机的出现彻底改变了人类社会的文化和生活，并且对人类的整个历史发展都有着不可估量的影响。随着人类进入物联网时代，计算机已经成为人们社会生活中不可缺少的工具之一。

计算机系统由硬件系统和软件系统两部分组成，如图 1-1 所示。

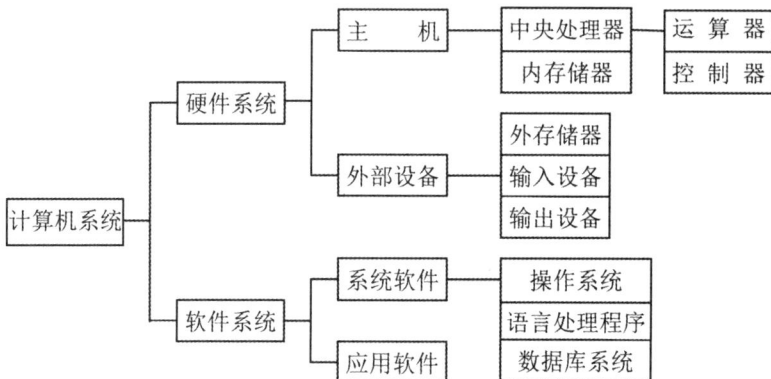

图 1-1　计算机系统的组成

1.1.1　冯·诺依曼结构

尽管计算机的发展经历了 4 代，但工作原理都基于冯·诺依曼于 1946 年提出的"存储程序与程序控制"思想。存储程序是指人们必须事先把计算机的计算步骤(即程序)及运行中所需的数据，通过一定方式输入并存储在计算机的存储器中。程序控制是指计算机在运行时能自动地逐一取出程序中的一条条指令，加以分析并执行规定的操作。

典型的冯·诺依曼计算机是以运算器为中心的。其中，输入设备、输出设备与存储器之间的数据传送都须通过运算器。

现代的计算机已转为以存储器为中心，如图 1-2 所示，图中的实线箭头为控制流、虚线箭头为指令流、双线箭头为数据流。

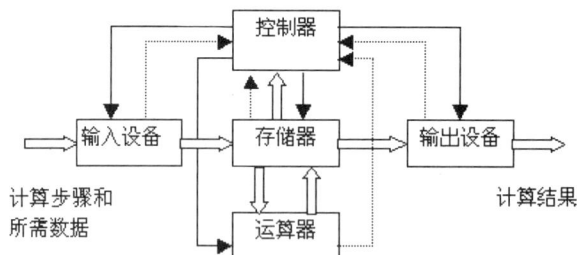

图 1-2　冯·诺依曼型计算机的结构

1.1.2　计算机硬件系统

计算机硬件系统是组成计算机系统的各种物理设备的总称，是计算机系统的物质基础，同时也是看得见、摸得着的一些实实在在的有形实体。

1. 存储器

存储器分为主存储器(简称主存)和辅助存储器(简称辅存)。主存可直接与 CPU 交换信息，辅存又叫外存。

2. 运算器

运算器是计算机中处理数据的核心部件，主要由执行算术运算和逻辑运算的算术逻辑单元(arithmetic logic unit，ALU)、存放操作数和中间结果的寄存器组以及连接各部件的数据通路组成，用以完成各种算术运算和逻辑运算。

3. 控制器

控制器是计算机中负责控制管理的核心部件。CPU 和主存储器是信息加工处理的主要部件，我们通常把这两部分合称为主机。

4. 输入输出设备

输入输出设备(简称 I/O 设备)又称为外部设备，作用是与计算机主机进行信息交换以实现人机交互。

1.1.3　计算机软件系统

软件包括可在计算机硬件上运行的各种程序、数据及相关文档。我们通常把计算机软件分为系统软件和应用软件两大类。

1. 系统软件

系统软件是维持计算机系统正常运行并支持应用软件运行的基础软件，包括操作系统、语言处理程序和数据库管理系统等。

2. 应用软件

应用软件也称为应用程序，是由专业的软件公司针对应用领域的需求，为解决某些实际问题而研制开发的程序，此外也可以是由用户根据需要编制的各种实用程序。应用软件通常需要系统软件的支持，才能在计算机硬件上有效运行。例如，文字处理软件、电子表格软件、制图软件、网页制作软件、财务管理软件等均属于应用软件。

1.2　程序设计语言

1.2.1　程序设计语言概述

程序设计语言是计算机理解和识别用户操作意图的一种交互体系，它能按照特定规则组织计算机指令，使计算机自动进行各种运算处理。按照程序设计语言规则组织起来的一组计算机指令称为计算机程序。程序设计语言也叫编程语言。

程序设计语言分为三大类：机器语言、汇编语言和高级语言。

- 机器语言是一种二进制语言，这种语言直接使用0、1代码表示指令。机器语言是计算机硬件可以直接识别和执行的程序设计语言。
- 汇编语言采用助记符来代替机器语言中的指令和数据，又称为符号语言。
- 高级语言是一种完全符号化的语言，这种语言采用了自然语言(英语)中的词汇和语法习惯，容易理解和掌握。高级语言完全独立于具体的计算机，具有很强的可移植性。用高级语言编写的程序称为源程序，源程序不能在计算机中直接执行，而必须翻译或解释成目标程序，才能被计算机理解和执行。

1.2.2 编译和解释

高级语言根据计算机执行机制的不同可分成两类：静态语言和动态语言。静态语言采用编译的方式执行，大多数静态语言要求变量在使用之前必须声明数据类型；动态语言一般指脚本语言，采用解释方式执行，运行时才确定数据类型，变量在使用之前无须声明数据类型，变量在使用时，变量的值和数据类型由赋予的值决定。例如，Java、C、C++等都是静态语言，而Python、PHP、JavaScript、Perl等都是动态语言。静态语言和动态语言定义变量的方式如图1-3所示。

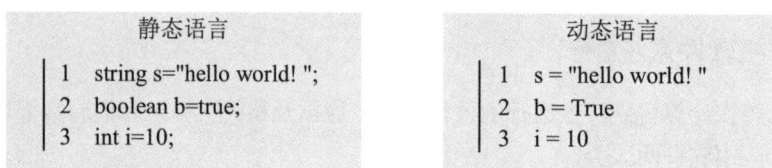

```
静态语言                          动态语言
1   string s="hello world! ";      1   s = "hello world! "
2   boolean b=true;                2   b = True
3   int i=10;                      3   i = 10
```

图1-3　定义变量

编译是将源代码转换成目标代码的过程。通常，源代码是高级语言代码，目标代码是机器语言代码，执行编译的计算机程序称为编译器。图1-4展示了程序的编译和执行过程。其中，虚线表示目标代码被计算机运行。

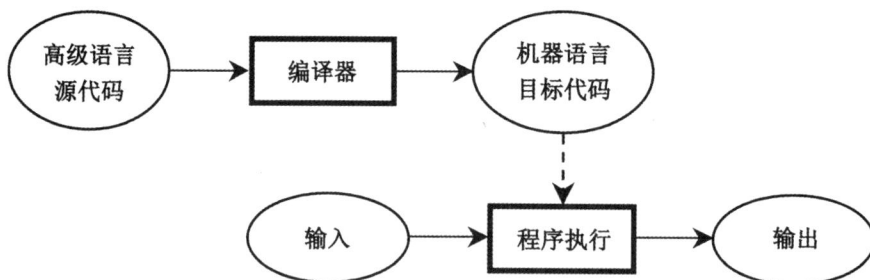

图1-4　程序的编译和执行过程

解释是将源代码逐条转换成目标代码并同时逐条运行目标代码的过程。执行解释的计算机程序称为解释器。图1-5展示了程序的解释和执行过程。其中，高级语言源代码与数据被一同输入解释器，然后输出运行结果。

编译和解释的区别在于编译是一次性翻译，不再需要编译程序或源代码。解释则在程序每次运行时都需要解释程序或源代码。两者的区别类似于外语的完整翻译和同声传译。

Python是一种被广泛使用的高级动态编程语言，采用解释方式执行，但Python解释器保留了编译器的部分功能，随着程序的运行，解释器也会生成完整的目标代码。这种将解释器和编译器结合在一起的新型解释器是现代脚本语言为了提升计算性能而做的一种有益改进。

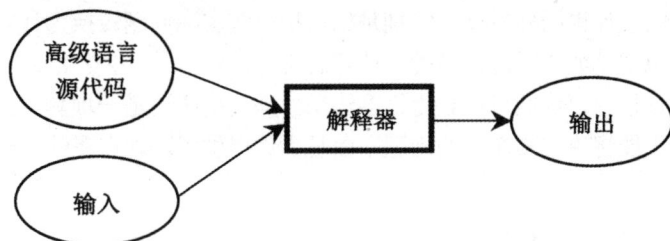

图 1-5 程序的解释和执行过程

1.2.3 计算机编程方法

1. 学习编程的意义

苹果公司创始人史蒂夫·乔布斯(Steve Jobs)曾经说过: "在工作中是否要编程未必那么重要,但你可以把它当成一面镜子,一面你思考的镜子。我认为学习如何思考是最有价值的。世界上的每个人都应该学习如何编写程序,因为它能教会你如何思考。正如人们学习法律未必要当律师,但学习法律可以告诉你如何从法律的角度思考问题。同样,编程是一种稍微不同的思考方法。因此,我认为计算机科学是一门基础学科,每个人都应该在一生中花费一年的时间学习如何编程。"

这段话从另外一个角度阐述了学习编程的重要性。学习编程实际上是一种思维训练,学习如何严谨科学地分析问题、寻找解决思路、设计解决方案。这种思维训练对人的一生,无论是工作还是生活,都会带来极大的好处。

2. 编写程序的方法

计算机程序由各种指令组成,一个程序如果具备了解决某个问题的功能,那么实际上体现的是程序设计者对于该问题的分析和解决思路。例如,设计一个计算圆面积的程序,大脑对于如何求圆的面积通常会做如下分析。

(1) 为了求出圆的面积,首先需要知道圆的半径。

(2) 知道半径以后,根据圆面积的计算公式可以计算出圆的面积。

(3) 求出面积后,根据要求输出结果。

这个问题比较简单,所以分析问题和设计解决方案的过程也较简单,把以上解决思路落实到具体的程序代码上,就成了求解圆面积的实际程序:

```
1    r = eval(input("请输入圆的半径: "))        # 用户通过键盘输入圆的半径并存放到 r 中
2    area = 3.14 * r * r                        # 根据圆面积公式计算圆的面积并存放到 area 中
3    print(area)                                # 输出圆面积 area 到显示器
```

上述程序用了 3 行 Python 代码来解决圆面积的求解问题,基本上对应了前面的分析过程,看起来非常简单。但是,如果需要解决的问题很复杂,那么相关的分析过程和解决方案通常也会很复杂,与其对应的实现代码也必然不再简单。

由此可见,程序代码只是程序设计者对于某个问题解决方案的计算机实现。问题分析和解决思路必须在编写代码之前确定,这也是真正重要的、十分有价值的一个环节,读者应在后面的学习过程中牢记这一点。熟练掌握一门编程语言的语法及编程技巧固然重要，但是对于问题的分析和解决方案的设计也同样重要，特别是如何把一些实际问题转换为计算机所能解决的问题，这种转换能力也就是如今经常提到的"计算思维"。

在编写程序的过程中，我们可以获得很多快乐。编写程序还是一项具有创造性、可以带来价值的活动，它不仅能解决实实在在的问题，而且为你提供了表现自我的平台。

1.3 Python 语言简介

Python 是一门跨平台、开源、免费的解释型高级动态编程语言。Python 作为动态语言更适合编程初学者，Python 可以让初学者把精力集中在编程对象和思维方法上，而不用担心语法、类型等外在因素。Python 易于学习，应用广泛，拥有大量的扩展库，可以高效地开发各种应用程序，是最受欢迎的程序设计语言之一。

1.3.1 Python 语言的发展及现状

Python 语言的创始人吉多·范罗苏姆(Guido van Rossum)出生于荷兰，是一名计算机程序员，后来成为 Python 语言的最初设计者及主要架构师。

1989 年圣诞节期间，在阿姆斯特丹，吉多为了打发圣诞节的无趣，决心开发一种新的脚本解释程序，作为 ABC 语言的改进版本。之所以选用 Python(蟒蛇的意思)作为该编程语言的名字，是因为吉多是一支名为 Monty Python 的喜剧团体的爱好者。吉多希望 Python 既能够像 C 语言那样全面调用计算机的功能接口，又可以像 shell 那样轻松地进行编程。

1991 年，第一个 Python 编译器(同时也是解释器)诞生了。它是用 C 语言实现的，能够调用 C 库，并且已经具备了类(class)、函数(function)、异常处理(exception)，此外还包括列表(list)和字典(dictionary)等数据类型以及以模块(module)为基础的扩展系统。

2000 年 10 月，Python 2.0 版本发布，这标志着 Python 完成了自身涅槃，开启了 Python 广泛应用的新时代。2010 年，Python 2.x 系列发布了最后一个版本，版本号为 2.7，用于终结 Python 2.x 系列版本的发展，并且不再进行更新。

2008 年 12 月，Python 3.0 版本发布，这个版本的解释器在内部完全采用面向对象的方式来实现，并且在语法层面做了很多重大改进，付出的代价就是 3.x 系列版本的 Python 代码无法向下兼容 2.x 系列版本。

Python 语言经历了一个痛苦但令人期待的版本更迭过程，从 2008 年开始，用 Python 编写的几万个标准库和第三方库开始了版本升级过程，这个过程前后历经 8 年。2016 年，Python 所有重要的标准库和第三方库都已经根据 Python 3.0 版本进行了演进和发展。Python 语言的版本升级过程宣告结束。

> **提示：**
> 如何直观判断一个 Python 程序是否为 3.x 版本？
> 最常用的方法是查看 print。Python 3.x 版本用 print()函数替换了 Python 2.x 系列版本中的 print 语句，两者功能一样，但格式不同。

```
>>> print "I Love Python"        # Python 2.x
>>> print("I Love Python")       # Python 3.x
```

随着人工智能和数据挖掘的迅猛发展，Python 语言凭借自身独有的优势，用户使用率呈线性增长。2020 年，Python 赢得了年度 TIOBE 编程语言奖，该奖项用于评选当年最受欢迎的编程语言。Python 语言在 2021 年 8 月实现了 2.17% 的正增长，且排名仍在不断上升，如图 1-6 所示。

Aug 2021	Aug 2020	Change	Programming Language	Ratings	Change
1	1		C	12.57%	-4.41%
2	3	∧	Python	11.86%	+2.17%
3	2	∨	Java	10.43%	-4.00%
4	4		C++	7.36%	+0.52%
5	5		C#	5.14%	+0.46%
6	6		Visual Basic	4.67%	+0.01%
7	7		JavaScript	2.95%	+0.07%
8	9	∧	PHP	2.19%	-0.05%
9	14	∧	Assembly language	2.03%	+0.99%
10	10		SQL	1.47%	+0.02%

图 1-6　2021 年 8 月的 TIOBE 编程语言排行榜

TIOBE 编程社区索引是编程语言受欢迎程度的风向标，如图 1-7 所示。

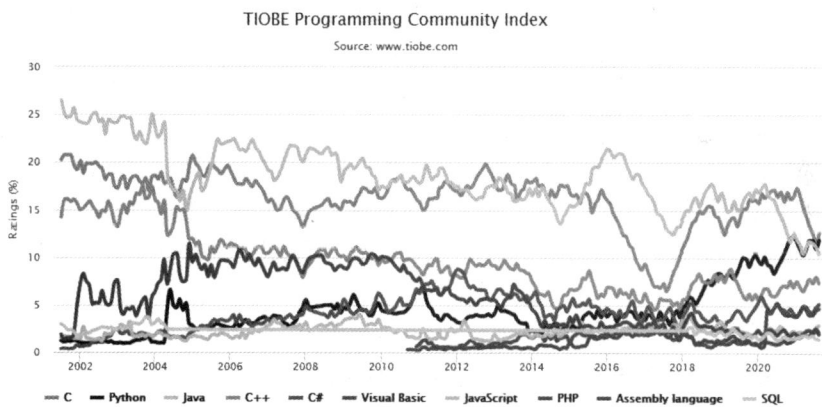

图 1-7　TIOBE 编程社区索引

1.3.2　Python 语言的特点与应用领域

Python 作为一种使用广泛的编程语言，具有下列特点。

- 简单易学：Python 是一种解释型的编程语言，遵循优雅、明确、简单的设计哲学，语法简单，易学、易读、易维护。解释型语言由于需要逐行翻译，因此运行效率不高。
- 易于使用：Python 支持以交互模式运行程序，包含便捷的高级数据类型，并且可以用 C 或 C++ 语言进行扩展，能快速编写程序并即时满足实际需求。Python 还经常被称为"胶水语言"，能把你用不同语言编写的代码"黏合"在一起。

- 免费和开源：Python 是 FLOSS(自由/开放源码软件)之一，使用者只需要保留版权信息即可任意使用和修改源代码，并将其用于各个领域。
- 可移植性：基于开源本质，Python 已经被移植到许多平台上，包括 Linux/UNIX、Windows、macOS 等。用户编写的 Python 程序，如果未使用依赖于系统的特性，那么无须修改就可以在任何支持 Python 的平台上运行。
- 面向对象：Python 既支持面向过程编程，也支持面向对象编程，Python 还支持继承和重载，这有利于实现代码的复用。
- 资源丰富：Python 语言提供了功能丰富的标准库和第三方库。标准库包括随机库、turtle库、文档生成、单元测试、数据库、GUI(图形用户界面)等。截至 2021 年 8 月，在 PyPi网站上，公开发布的第三方库已超过 30 万个，覆盖的信息技术几乎涉及所有领域。

Python 语言具有广泛的应用领域，如图 1-8 所示。下面简单介绍其中常见的几个应用领域。

- 操作系统管理：Python 作为一种解释型的脚本语言，特别适合编写系统管理脚本，使用 Python 编写的系统管理脚本在可读性、源代码复用、扩展性等方面都优于普通的 shell脚本。
- 科学计算：Python 程序员可以使用 NumPy、SciPy、matplotlib、Pandas 等第三方库编写科学计算程序。众多开源的科学计算软件包均提供了 Python 的调用接口，例如著名的计算机视觉库 OpenCV、三维可视化库 VTK、医学图像处理库 ITK 等。
- Web 开发：Python 语言提供了很多优秀的 Web 开发框架以方便开发者，如常见的 Django、Flask、Pyramid 等。其中，Django 框架的应用范围非常广，学习门槛也很低，能够快速地搭建起可用的 Web 服务。当前，国内外许多知名网站都是使用 Python 语言开发的，如国外的 NASA、CIA、YouTube、Facebook，国内的豆瓣网、知乎网等。
- 图形用户界面(GUI)开发：Python 支持 GUI 开发，使用 Tkinter、wxPython 或 PyQt5 库可以开发跨平台的桌面软件。
- 人工智能：人工智能的迅速发展将深刻改变人类的社会生活，甚至改变世界。Python语言随此契机迅速发展，并在人工智能领域上坐稳编程语言的第一把交椅，体现了 Python 语言的强势。Python 语言在人工智能领域诞生了很多优秀的第三方库，为人工智能在各个方向的应用提供了极大便利。例如机器学习(TensorFlow、scikit-learn)、自然语言处理(NLTK)、文本处理(python-docx、openpyxl)、人脸识别(OpenCV、PIL)等。
- 游戏开发:在游戏逻辑和功能实现层面,Python 已经成为重要的支撑性语言,如 Pygame、panda3D、cocos2d。网络爬虫是能够自动进行 HTTP 访问并捕获 HTML 页面的程序，Python 语言提供了多个具备网络爬虫功能的第三方库，如 requests、scrapy。

图 1-8 Pyhton 语言的应用领域

1.4　Python 开发环境的安装与配置

在正式开始学习 Python 语言之前，有必要熟悉一下如何安装和配置简单的 Python 语言开发环境。

1.4.1　开发环境的安装

Python 作为一种高级编程语言，计算机是无法直接运行的，而必须使用称为"解释器"的特定程序翻译成机器语言之后才能由计算机执行。Python 解释器可以从 Python 官网下载，如图 1-9 所示。

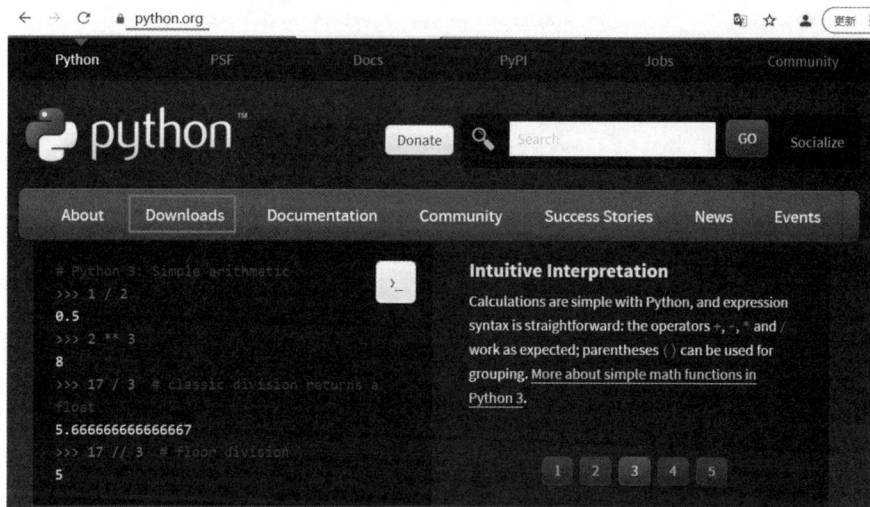

图 1-9　Python 官网

在 Python 官网上，我们可以下载不同版本的 Python 解释器安装程序用于不同的操作系统，如 Windows、Linux、UNIX、macOS 等。

以 64 位的 Windows 10 操作系统和 Python 3.8.7 安装程序为例，下载完成后，双击运行安装程序，在打开的如图 1-10 所示的安装界面中选中 Add Python 3.8 to PATH 复选框。

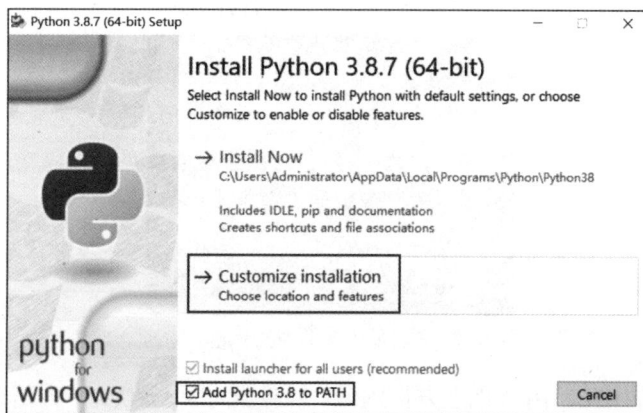

图 1-10　安装界面

第一个安装选项 Install Now 为默认安装，在这种安装方式下，安装组件和安装路径由安装程序自动选择。

第二个安装选项 Customize installation 为用户自定义安装，在这种安装方式下，安装组件和安装路径由用户自己选择。

安装完成后的提示界面如图 1-11 所示。此时，用户的计算机中将会安装与编写和运行 Python 程序相关的若干程序，包括稍后就会用到的 Python 命令行和 Python 集成开发环境 (integrated development and learning environment，IDLE)。

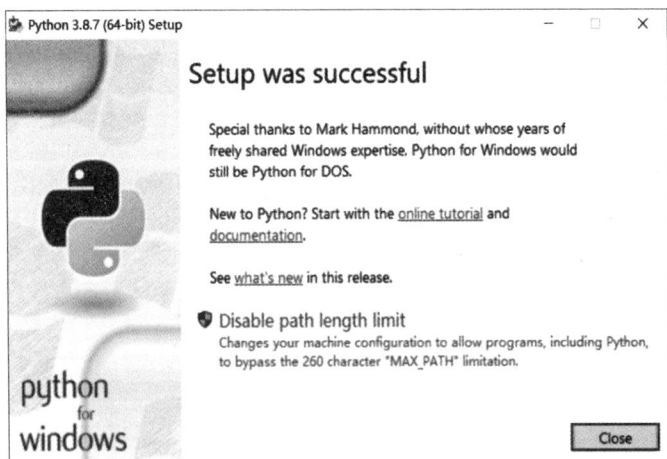

图 1-11　安装完成后的提示界面

注意：Python 3.9 及其以上版本已不再支持 Windows 7。

1.4.2　Python 代码的运行方式

在 Python 集成开发环境中，运行 Python 代码的常用方式有两种：交互方式和文件方式。下面以 Windows 操作系统下的 Python 3.8 为例进行介绍。

1. 交互方式

首先，在 Windows 操作系统的"开始"菜单中找到 Python 3.8 菜单目录并展开，如图 1-12 所示，然后选择 IDLE(Python 3.8 64-bit)选项，就可以打开 IDLE。

图 1-12　"开始"菜单中的 Python 选项

在图 1-13所示的IDLE中，界面上方是Python解释器的版本信息，下方是Python提示符>>>。

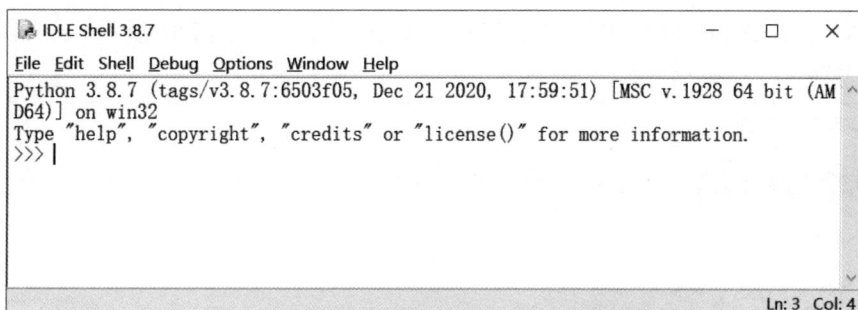

图 1-13 Python 内置的集成开发环境 IDLE

在提示符>>>后尝试输入下列代码,查看是否运行成功。

```
print("Hello World!")
```

在上述代码中,print()表示将引号内的信息输出到屏幕上,按回车键,将会出现图 1-14 所示的输出。

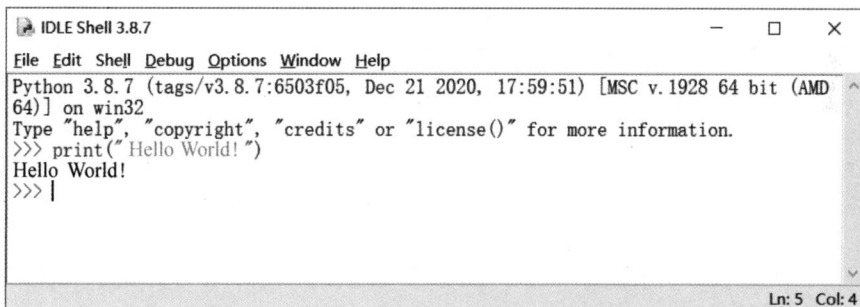

图 1-14 输出结果

Python 语言支持直接使用中文等非西文字符,带中文的 Python 程序的运行结果如图 1-15 所示。

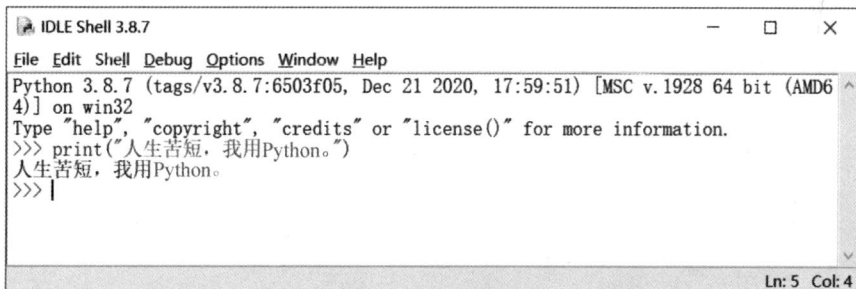

图 1-15 输出中文字符

在提示符>>>后每输入一行代码,都需要按回车键执行代码并给出执行结果,这就是交互的代码执行方式。

2. 文件方式

当需要编写比较复杂的程序时,由于程序中包含多行代码,交互方式对于编写和调试代码十分不便,这时可以采用文件方式来编写代码和执行程序。文件方式是指新建一个扩展名为.py的文件,然后将程序的所有代码都写在这个文件里,最后由解释器统一执行。

(1) 新建：在 IDLE 的菜单栏中选择 File→New File 选项，如图 1-16 所示，打开图 1-17 所示的文本编辑窗口，输入代码。

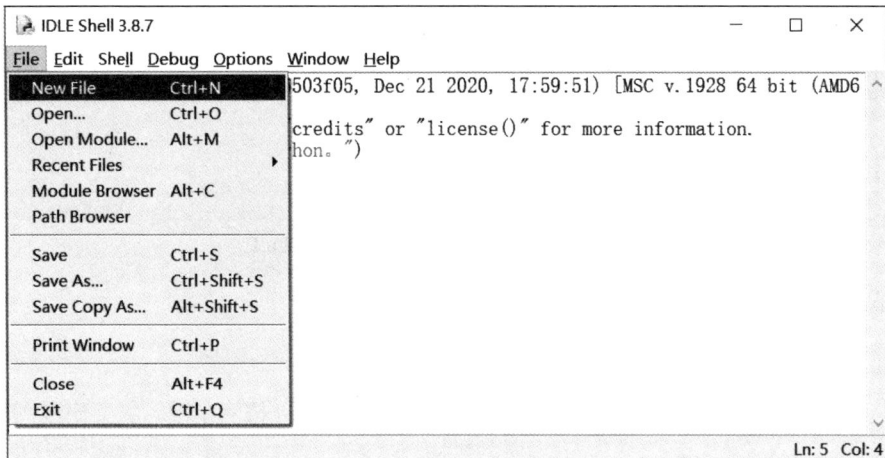

图 1-16　File 菜单

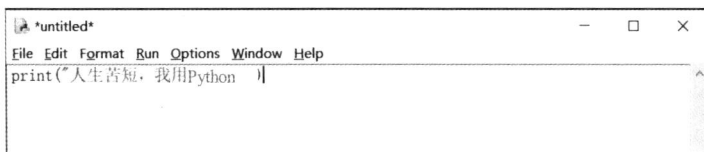

图 1-17　文本编辑窗口

(2) 保存：如图 1-16 所示，选择 File→Save 选项，打开"另存为"对话框，如图 1-18 所示，选择保存路径并设置文件名为 eg1_1.py，单击"保存"按钮。

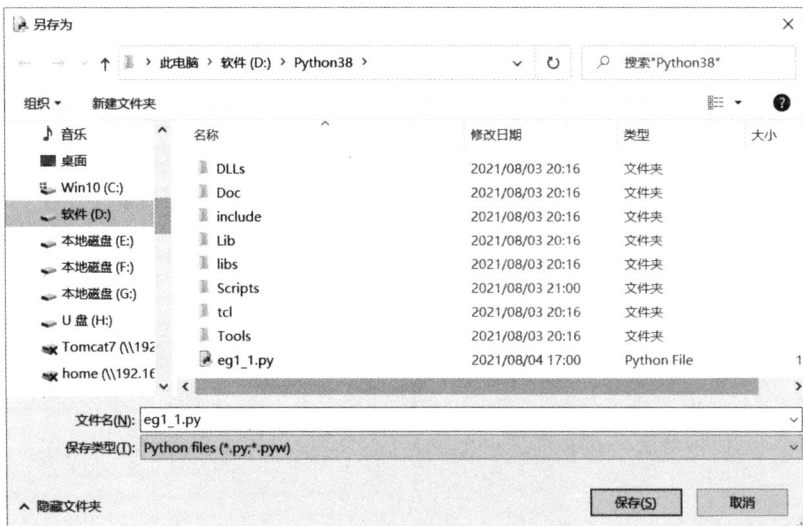

图 1-18　"另存为"对话框

(3) 执行：如图 1-19 所示，选择 Run→Run Module 选项或按 F5 功能键，执行程序，运行结果如图 1-20 所示。

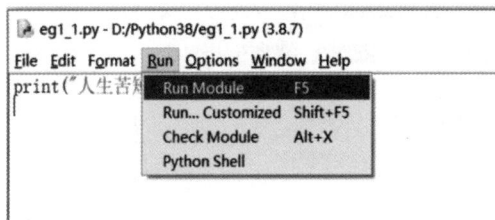

图 1-19　执行文件

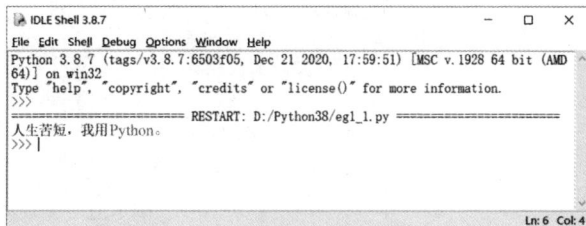

图 1-20　运行结果

此外，也可以通过 Windows 的命令行窗口来执行 Python 程序。例如，包含 Python 程序的文件名为 eg1_1.py，我们首先需要在 eg1_1.py 文件所在文件夹的空白处按住 Shift 键并右击，从弹出的快捷菜单中选择"在此处打开 PowerShell 窗口"选项，然后在打开的命令行窗口中输入 python eg1_1.py 即可执行这个程序，如图 1-21 所示。

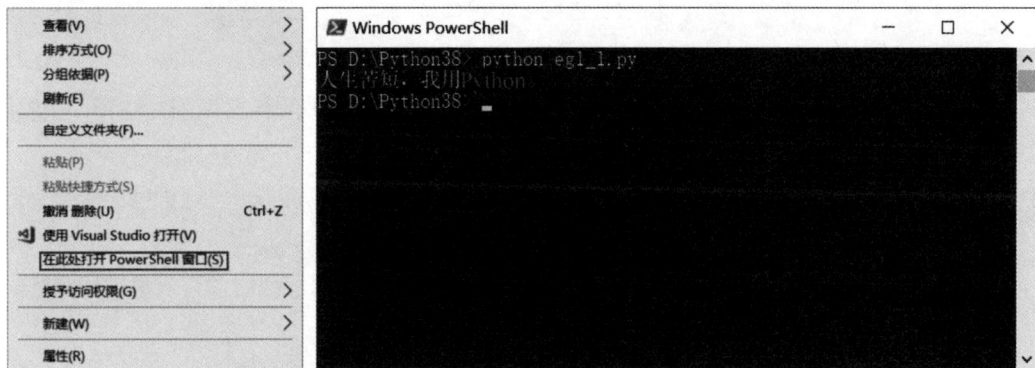

图 1-21　使用 Windows PowerShell 的命令行窗口执行 Python 程序

交互方式和文件方式在本质上是相同的，都是将 Python 代码通过解释器逐行翻译为机器代码并由计算机执行。在学习 Python 语法时，为了了解一些命令的用法，可以选用交互方式；而在编写较复杂的程序时，则优先选用文件方式来编写、调试及运行代码。

1.5　Python 语言的编码规范

"没有规矩，不成方圆。"任何一种编程语言都有自己的约定，该约定又称为编码规范。Python 社区对代码编写有一些共同的要求和规范，最好在开始编写第一段代码时就遵循这些要求和规范，养成良好习惯，只有这样，我们才能具有编写优雅代码的功底和能力。

1. 缩进

Python 程序是依靠代码块的缩进来体现代码之间的逻辑关系的，缩进结束就表示对应的代码块也结束了。在函数定义、类定义、选择结构、循环结构、异常处理和 with 语句等结构中，行尾的冒号表示缩进的开始。同一级别代码块的缩进量必须相同，通常以 4 个空格为基本缩进单位。

例如，以下循环语句用于输出 0~9 的 2 次幂，分隔符为空格，代码如图 1-22 所示。

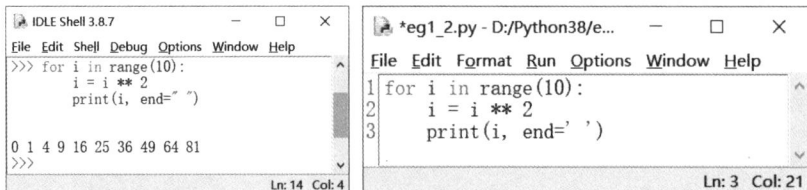

图 1-22　循环结构中的缩进

2. 注释

可读性强的程序一般都会包含 20%以上的注释。常用的注释方法主要有以下两种。

1) 以#开始，表示本行中#之后的内容为注释，主要用于单行注释。

```
1    # 循环输出 0～9 的 2 次幂
2    for i in range(10):
3        i = i ** 2          # 幂运算
4        print(i, end=' ')   # 打印 i 的值
```

2) 包含在一对三引号'''或"""之间且不属于任何语句的内容将被解释器识别为注释，主要用于多行注释。

```
1    '''
2    程序功能：循环输出 0～9 的 2 次幂
3    运行结果：
4    0 1 4 9 16 25 36 49 64 81
5    '''
6    for i in range(10):
7        i = i ** 2          # 幂运算
8        print(i, end=' ')   # 打印 i 的值
```

除了缩进和注释，读者还需要注意以下 Python 编码规范。

- Python 区分大小写，Num、num、NUM 是完全不同的三个名称。
- Python 语言中的所有语法符号，如冒号、单引号、双引号和圆括号等，都必须在英文输入法下输入，字符串中的符号除外。
- 一行语句如果太长，可以在尾部添加反斜杠"\"来通过换行分成多行，但是建议使用括号来包含多行内容，如图 1-23 所示。
- 最好在函数定义和一段完整的功能代码之后增加两个空行，而在运算符的两侧各增加一个空格，并在逗号的后面增加一个空格。

```
x = 1 + 2 + 3\
    + 4 + 5\
    + 6

y = (1 + 2 + 3
    + 4 + 5
    + 6)
```

图 1-23　使用反斜杠和括号

1.6　第三方库的安装

pip 工具已经成为管理 Python 第三方库的主要方式，pip 工具不仅支持查看本机上已安装的 Python 第三方库列表，而且支持 Python 的安装、升级和卸载等操作。使用 pip 工具管理 Python 第三方库时，只需要保证计算机联网，然后在命令行窗口中输入几个命令即可，这极大方便了用户。常用 pip 命令的使用方法如表 1-1 所示。

表 1-1　常用 pip 命令的使用方法

pip 命令示例	说明
pip list	显示当前已安装的所有模块
pip install SomePackage[==version]	在线安装 SomePackage 模块的指定版本
pip install --upgrade SomePackage	升级 SomePackage 模块
pip uninstall SomePackage[==version]	卸载 SomePackage 模块

在 https://pypi.org/网站上可以获得 Python 第三方库的综合列表。用户既可以根据需要下载源码并进行安装，也可以使用 pip 工具进行在线安装，此外，另有一些扩展库提供了.whl 文件和.exe 文件，从而大幅简化了扩展库的安装过程。

例如：安装科学计算用的扩展库 NumPy，如图 1-24 所示。

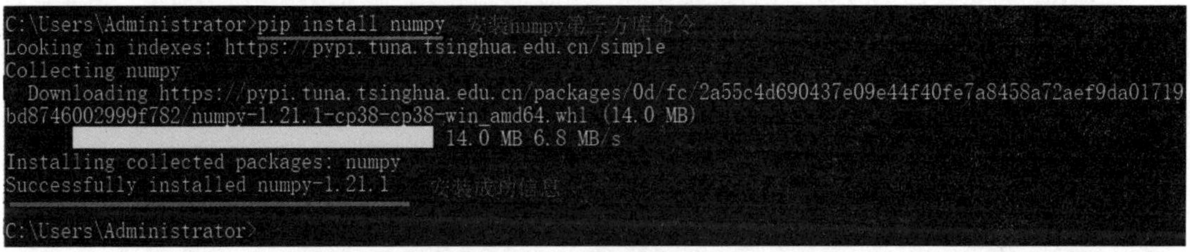

图 1-24　安装扩展库

再如：显示已安装的所有扩展库，如图 1-25 所示。

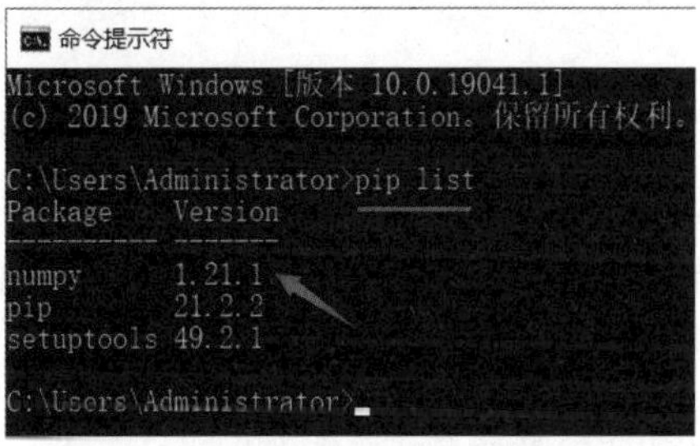

图 1-25　显示已安装的所有扩展库

提示：
当安装或升级扩展库时，超时了怎么办？可以选择国内的镜像源进行安装，国内的镜像源如表 1-2 所示。

表 1-2　国内的镜像源

镜像名称	镜像地址
阿里云	https://mirrors.aliyun.com/pypi/simple/
中国科学技术大学	https://mirrors.ustc.edu.cn/pypi/simple/
清华大学	https://pypi.tuna.tsinghua.edu.cn/simple/

以清华大学的镜像源为例，设置方法如下：

```
pip install -i https://pypi.tuna.tsinghua.edu.cn/simple xxxxxxx          # 临时使用
pip config set global.index-url https://pypi.tuna.tsinghua.edu.cn/simple  # 永久设置
```

1.7 扩展库的导入与使用

Python 在默认安装时仅包含基本或核心模块，启动时也仅加载基本模块。我们可以在需要时才显式地导入和加载标准库及第三方库(须正确安装)，这样除了能够减小程序运行的压力，还能够使程序具有很强的可扩展性。

Python 库有三种，分别是标准库、扩展库和用户自定义库。通常情况下，可以首先使用 import 命令按需将标准库、扩展库、用户自定义库导入，然后即可使用模块中的方法。导入方式有如下三种。

1. import 模块名 [as 别名]

使用这种方式导入以后，方法在使用时，需要在方法名前加上模块名作为前缀，也就是必须以"模块名.方法名()"的形式进行访问。如果模块名比较长的话，可以为导入的模块设置别名，然后使用"别名.方法名()"的形式调用方法。

```
>>> import random          # 导入 random 标准库
>>> random.randint(10, 20) # 随机产生一个取值区间为[10,20]的整数
15
>>> import random as r     # 导入 random 标准库，别名为 r
>>> r.uniform(0,1)         # 随机产生一个取值区间为[0,1)的小数
0.8147119193923934
>>>
```

2. from 模块名 import 方法名 [as 别名]

使用这种导入方式只能导入指定的方法，但可以为导入的方法设置别名。这种导入方式不仅可以减少查询次数、提高访问速度，而且可以减少程序员需要导入的代码量，此处还不需要使用模块名作为前缀。

```
>>> from math import sin
>>> sin(1)
0.8414709848078965
>>> from math import sin, pi
>>> sin(pi/2)
1.0
>>> from math import sin as s
>>> s(1)
0.8414709848078965
```

3. from 模块名 import *

使用这种导入方式可以一次性导入模块中通过 __all__ 变量指定的所有方法。

```
>>> from math import *      # 导入 math 标准库中的所有方法
>>> gcd(36,18)             # 最大公约数
18
```

最后一种导入方式简单粗暴，写起来比较省事，虽然适合初学者使用，但我们并不推荐，原因是这种导入方式会降低代码的可读性，增加代码的运行时间，我们将很难区分自定义函数和那些从模块中导入的函数，这会导致命名空间的混乱，不利于代码的理解和维护。

1.8　习题

一、选择题

1. 关于 Python 语言的特点，以下选项中描述错误的是(　　)。

    A. Python 语言是非开源语言　　　　　　B. Python 语言是跨平台语言

    C. Python 语言是解释型语言　　　　　　D. Python 语言是脚本语言

2. 关于 import 引用，以下选项中描述错误的是(　　)。

    A. 可以使用 import turtle 导入 turtle 库

    B. 可以使用 from turtle import setup 导入 turtle 库

    C. 可以使用 import turtle as t 导入 turtle 库并取别名为 t

    D. import 保留字用于导入模块或模块中的对象

3. IDLE 环境的退出命令是(　　)。

    A. esc()　　　　　　B. close()　　　　　　C. 回车键　　　　　　D. exit()

4. 关于 Python 语言的编码规范，以下选项中描述错误的是(　　)。

    A. Python 允许把多条语句写在同一行

    B. 在 Python 语句中，增加缩进表示语句块的开始，减少缩进表示语句块的结束

    C. Python 可以将一条长语句分成多行来显示，方法是使用反斜杠 "\"

    D. Python 不允许把多条语句写在同一行

5. Python 语言属于(　　)。

    A. 机器语言　　　　B. 汇编语言　　　　C. 高级语言　　　　D. 以上都不是

6. Python 内置的集成开发环境是(　　)。

    A. PythonWin　　　B. Pydev　　　　　C. IDE　　　　　　D. IDLE

7. Python 解释器的提示符是(　　)。

    A. >　　　　　　　B. >>　　　　　　　C. >>>　　　　　　D. #

8. Python 官方的扩展索引库是(　　)，所有人都可以下载第三方库或上传自己开发的库到其中。

    A. PyPI　　　　　　B. PyPy　　　　　　C. pip　　　　　　D. PyPe

9. 在 Python 解释器环境中，用于表示上一次运算结果的特殊变量为(　　)。

    A. :　　　　　　　B. _　　　　　　　C. >　　　　　　　D. #

10. 关于 Python 程序的缩进格式，以下选项中描述错误的是(　　)。

    A. 不需要缩进的代码顶行写，前面不能留空白

    B. 缩进既可以用 Tab 键来实现，也可以用多个空格来实现

    C. 严格的缩进可以约束程序结构，Python 允许多层缩进

    D. 缩进是用来美化 Python 程序的

二、判断题

1. 我们在 Windows 平台上编写的 Python 程序无法在 UNIX 平台上运行。　　　　（　　）

2. Python 程序只能使用源代码来运行，不能打包成可执行文件。　　　　　　（　　）

3. 对于 Python 代码来说，缩进是硬性要求，如果缩进错了，就可能导致程序无法运行或运行结果错误。　　　　　　　　　　　　　　　　　　　　　　　　　　　（　　）

4. pip 命令支持使用扩展名为.whl 的文件直接安装 Python 扩展库。　　　　（　　）

5. Python 扩展库需要导入以后才能使用其中的对象，而 Python 标准库不需要导入即可使用其中所有的对象和方法。　　　　　　　　　　　　　　　　　　　　　　　（　　）

6. Python 使用缩进来体现代码之间的逻辑关系。　　　　　　　　　　　（　　）

7. Python 中的代码注释只有一种方式，那就是使用#符号。　　　　　　（　　）

8. 放在一对三引号之间的任何内容都将被认为是注释。　　　　　　　　（　　）

9. 为了让代码更加紧凑，在编写 Python 程序时应尽量避免加入空格和空行。　（　　）

10. 如果只需要 math 模块中的 sin()函数，建议使用 from math import sin 进行导入，而不要使用 import math 导入整个模块。　　　　　　　　　　　　　　　　　　（　　）

三、填空题

1. 计算机程序设计语言分为三大类，分别是＿＿＿＿、＿＿＿＿、＿＿＿＿。

2. Python 集成开发环境 IDLE 支持两种运行方式：一种是＿＿＿＿，另一种是＿＿＿＿。

3. 在 IDLE 的 shell 环境下，输入＿＿＿＿后，按回车键即可进入交互式帮助系统。

4. 用于显示已安装的所有扩展库的 pip 命令是＿＿＿＿。

5. 使用 Python 语言内置的输入函数＿＿＿＿和输出函数 print()可以实现程序和用户的交互。

6. 下列代码中 print()函数的输出结果是＿＿＿＿。

```
1    a = 1
2    b = a
3    a = 2
4    print(b)
```

四、操作题

1. 下载并安装 Python 3.8.7。

2. 下载并安装 Anaconda 3 个人版或 PyCharm 社区版，任选一个。

3. 安装扩展库 NumPy、Pandas、matplotlib、openpyxl、jieba、python-docx。如果已经安装，可尝试进行升级。

第 2 章

基本数据类型、运算符与表达式

学习目标

- 掌握 Python 语言的基本数据类型。
- 掌握 Python 语言的保留字以及变量的命名和赋值。
- 掌握 Python 语言的基本输入输出函数。
- 掌握 Python 表达式的运算次序并能够计算出结果。

学习重点

掌握标识符的命名规则，掌握变量的命名并能够使用不同的赋值方法对变量进行赋值，掌握输入输出函数的格式及用法，掌握运算符的优先级和结合性。

学习难点

整数与浮点数，输入输出函数，混合运算。

知识导图

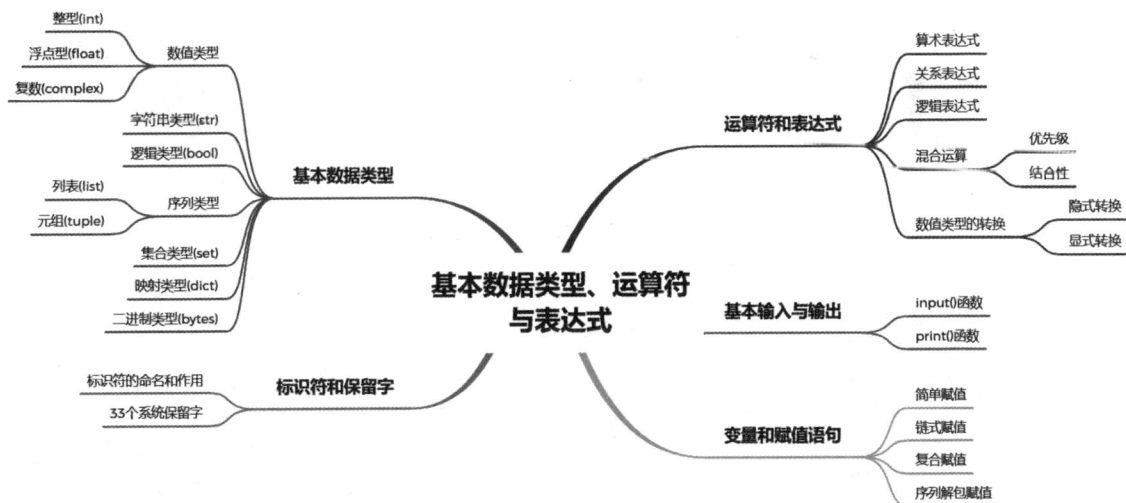

2.1 引例

本节将通过讨论一个温度转换的问题，简单介绍程序设计的基本过程，并编写一个 Python 程序。

在温度的表述上，世界上绝大多数国家都使用国际公制单位——摄氏度(℃)来标识温度。摄氏度是由瑞典天文学家安德斯·摄尔修斯于 1742 年提出的，其后历经改进。摄氏度的含义是指在 1 标准大气压下，纯净的冰水混合物的温度为 0 摄氏度，水的沸点为 100 摄氏度，中间 100 等分，每等分为 1 摄氏度。温度体系的另外一个单位是华氏度(℉)，使用华氏度的国家较少，其中大家比较熟知的国家是美国。华氏度也是温度的一种度量单位，以其发明者德国人华伦海特命名。华氏度的含义是指在 1 标准大气压下，冰水混合物的温度为 32 华氏度，水的沸点为 212 华氏度，中间 180 等分，每等分为 1 华氏度。

1. 分析需求

中国人如果去美国工作或旅游，那就需要把当地使用的华氏度转换成自己熟悉的摄氏度；而美国人如果来中国工作或旅游，就需要把摄氏度转换成自己熟悉的华氏度。温度转换有很多种方法，我们这里讨论利用程序进行温度转换，用户输入温度值，程序则进行温度转换并输出。这里需要注意的是，如果输入的是摄氏度，那么程序需要转换为华氏度输出；如果输入的是华氏度，那么程序需要转换成摄氏度输出。

2. 设计算法

输入：用户需要输入一个数字形式的温度值，另外在输入时还要体现这个数字是摄氏度还是华氏度，为此，可在数字的前面加上一个字母标识。例如，用 C24 表示 24 摄氏度，用 F72 表示 72 华氏度。也就是说，每次输入的内容中既有温度体系标识，也有需要转换的温度值。

计算：根据输入的温度体系标识，也就是输入内容中的首字符，决定进行何种温度转换。如果首字符是 C，则使用公式 $F = C \times 1.8 + 32$ 计算得到华氏度；如果首字符是 F，则使用公式 $C = (F - 32) / 1.8$ 计算得到摄氏度。

输出：输出温度体系标识和温度值。

3. 编写程序

根据上述算法，编写 Python 程序代码。

```
1    # eg02-01.py
2    # 温度转换程序
3    temperature = input('请输入温度体系标识和温度值：')   # 输入要转换的温度
4    if temperature[0] in ['c', 'C']:                      # 判断首字符是否为字母 C 或 c
5        f = eval(temperature[1:]) * 1.8 + 32              # 计算华氏度
6        print("华氏温度为：{:.2f}".format(f))             # 输出华氏度
7    elif temperature[0] in ['f', 'F']:                    # 判断首字符是否为字母 F 或 f
8        c = ((eval(temperature[1:]) - 32) / 1.8)          # 计算摄氏度
9        print("摄氏温度为：{:.2f}".format(c))             # 输出摄氏度
10   else:                                                 # 当首字符不是上述 4 个字母时
11       print("输入错误！请重新运行。")                   # 提示错误信息
```

4. 输入与编辑程序

启动 IDLE 后，在菜单栏中选择 File→New File 选项，在弹出的文本编辑窗口中输入以上程序，保存为 eg02-01.py。

5. 运行与调试程序

运行时输入带摄氏温度体系标识的温度值，运行结果如下：

```
请输入温度体系标识和温度值：C24          # 输入值
华氏温度为：75.20                        # 运行结果
```

运行时输入带华氏温度体系标识的温度值，运行结果如下：

```
请输入温度体系标识和温度值：f98
摄氏温度为：36.67
```

运行时输入错误标识的温度值，运行结果如下：

```
请输入温度体系标识和温度值：a100
输入错误！请重新运行。
```

【思考题】假设 1 人民币=16.9 日元、1 日元=0.059 人民币，尝试编写人民币和日元兑换的 Python 程序。

2.2　基本数据类型

计算机所能处理的远不止数值，计算机还可以处理文本、图形、音频、视频、网页等各种各样的数据，不同的数据需要定义成不同的数据类型。在 Python 中，能够直接处理的数据类型如表 2-1 所示。

表 2-1　Python 内置的数据类型

数值类型	int、float、complex
字符串类型	str
逻辑类型	bool
序列类型	list、tuple、range
集合类型	set、frozenset
字典类型	dict
二进制类型	bytes、bytearray、memoryview

2.2.1　数值类型

数值类型用于存储数值。Python 支持三种不同的数值类型：整型(int)、浮点型(float)和复数类型(complex)。

1. 整数

整数就是不带小数点的数字，Python 中的整数包括正整数、0 和负整数。Python 整数的取值范围可以说是无限的(仅受限于运行 Python 的计算机的硬件)，不管多大或多小的数字，Python都能轻松处理。当所用数值超出计算机自身的能力限制时，Python 会自动转用高精度计算(极大数运算)。相对于大多数高级语言，Python 语言对于计算极大数非常方便，而且精度高。下面我们使用 pow()函数来计算和测试一下整数的取值范围。

```
>>> pow(2, 64)                    # 计算 2 的 64 次方
18446744073709551616
>>> pow(2, 1000)                  # 计算 2 的 1000 次方
10715086071862673209484250490600018105614048117055336074437503883703510511249361224931983781815695858127594672917553146825187145285692314043598457757469857480393456777482423098542107460506237114187795418215304647498358194126739876755916554394607706291457119647768654216766042983165262438683720566806937
6
```

在 Python 中，可以使用以下进制来表示整数。

1) 十进制形式

我们平时所见的整数就是十进制形式，十进制整数由 0~9 十个数字组成，例如 789、−35 。

2) 二进制形式

由 0 和 1 两个数字组成，书写时以 0b 或 0B 开头，例如 0b1001、−0B111。

3) 八进制形式

八进制整数由 0~7 八个数字组成，以 0o 或 0O 开头。注意，第一个符号是数字 0，第二个符号是大写或小写的字母 O，例如 0o61、−0O25。

4) 十六进制形式

由 0~9 十个数字和 A~F(或 a~f)六个字母组成，书写时以 0x 或 0X 开头，例如 0x2f、0X2E。

数字分隔符：当数值很大时，为了提高数字的可读性，Python 允许使用下画线作为数字分隔符。数字分隔符既可用于整数中，也可用于浮点数中。通常的形式为，每隔三个数字添加一个下画线，类似于数字中的逗号。下画线不影响数字本身值的大小。

```
>>> print("地球到月球的平均距离: ", 384_401_000)
地球到月球的平均距离: 384401000
```

2. 浮点数

浮点数与数学中的实数基本类似，它们都用来表示带有小数的数值。Python 中的浮点数必须带有小数部分，小数部分可以是 0。浮点数有两种表示形式：十进制形式和指数形式。

1) 十进制形式

十进制形式就是我们平时看到的小数形式，例如 12.3、123.0、0.123、.3。

注意：

十进制形式的浮点数在书写时必须包含小数点，以 123.0 为例，如果写成 123，这个数字就会被 Python 当作整数处理。

2) 指数形式

指数形式的写法为 $a\text{E}b$ 或 $a\text{e}b$。

a 为尾数部分，书写为十进制形式；b 为指数部分，书写为十进制整数；E 或 e 是固定的字符，用于分隔尾数部分和指数部分。整个表达式等效于 $a \times 10^b$。例如：$3.84\text{E}8 = 3.84 \times 10^8$，其中 3.84 是尾数，8 是指数。一个数字只要能写成指数形式，它就是浮点数，即使它的最终值看起来像整数。例如，2E3 等效于 2000.0，因此 2E3 是一个浮点数。

Python 中的浮点数需要使用 8 字节的存储空间，其中 52 位用来存储浮点数的有效数字，11 位用来存储指数，1 位用来存储正负号。浮点数约有 16 位有效数字，可使用以下代码来验证浮点数的取值范围：

```
>>> import sys
>>> sys.float_info
sys.float_info(max=1.7976931348623157e+308, max_exp=1024, max_10_exp=308,
              min=2.2250738585072014e-308, min_exp=-1021, min_10_exp=-307, dig=15, mant_dig=53,
              psilon=2.220446049250313e-16, radix=2, rounds=1)
```

浮点数看似有效数字很多，但二进制与十进制的转换往往存在一些误差，因此浮点数之间应尽量避免直接进行相等比较，一般以差的绝对值足够小来比较浮点数是否相等。

```
>>> (0.1 + 0.6) == 0.7              # 比较结果为 True
True
>>> (0.1 + 0.7) == 0.8             # 因误差导致比较结果为 False
False
>>> 0.1 + 0.7
0.7999999999999999
```

3. 复数

复数是 Python 内置类型，直接书写即可使用。换句话说，Python 语言本身就支持复数，而不需要依赖于标准库或第三方库。

复数由实部(real)和虚部(imag)构成。在 Python 中，复数的虚部以 j 或 J 作为后缀，具体格式为：$a + b\text{j}$。a 表示实部，b 表示虚部。例如，$5 + 0.6\text{j}$ 就是一个复数。

2.2.2 字符串类型

若干字符的集合就是字符串。Python 中的字符串必须由单引号(')、双引号(")、三引号('''或""")包围，字符串的开头和结尾必须使用相同类型的引号。

1. 使用单引号和双引号

格式为："字符串内容"或'字符串内容'。

字符串的内容可以包含英文字母、标点、特殊符号、中文等计算机系统支持的所有文字，例如"12345"、'123abc'、"佳木斯大学"。

Python 中的字符串是由 Unicode 字符组成的序列。因此，字符串中的中文字符和英文字符都算 1 个字符。字符串有两种取值顺序：从左至右索引，默认从 0 开始，最大值是"字符串长度减 1"；从右至左索引，默认从-1 开始，逐个递减到负的字符串长度。如果需要从字符串中获得子字符串，可以使用 [头下标:尾下标]的格式来截取相应的字符串。其中下标从 0 起始，可以使用正数和负数；下标还可以为空，表示取到头或尾。

```
s = 'abcdefg'
>>> print( s )                    # 输出整个字符串
abcdefg
>>> print( s[0] )                 # 输出字符串中从左边开始的第 1 个字符
a
>>> print( s[1:3] )               # 输出字符串中从左边开始的第 2 和第 3 个字符
bc
>>> print( s[2:] )                # 输出字符串中从左边第 3 个字符开始到末尾的所有字符
cdefg
>>> print( s[-5:-3] )             # 输出字符串中从右边开始的第 4 和第 5 个字符
cd
>>> print( s * 2 )                # 重复输出字符串两次
abcdefgabcdefg
```

对于 Python 字符串而言，使用单引号和双引号没有区别。当字符串中出现引号时，我们需要进行特殊处理，否则 Python 会解析出错。以字符串'I'm all ears.'为例，由于其中包含了单引号，因此 Python 会将字符串中的单引号与第一个单引号配对，这样就会把'I'当成字符串，而后面的m all ears.'就变成了多余的内容，从而导致语法错误。

```
>>> print( 'I'm all ears' )       # 执行后，系统提示有语法错误
SyntaxError: invalid syntax
```

该问题的解决方法有两种。

1) 对引号进行转义

只需要在引号的前面添加反斜杠 "\" 就可以对其进行转义，让 Python 把它当作普通文本对待。

```
>>> str1 = 'I\'m all ears.'       # 将第二个单引号转义为普通字符
>>> str2 = "英文双引号是\", 中文双引号是""    # 将第二个双引号转义为普通字符
>>> print( str1 )
I'm all ears.
>>> print( str2 )
英文双引号是", 中文双引号是"
```

2) 使用不同的引号包围字符串

如果字符串中出现了单引号，那么可以使用双引号包围字符串，反之亦然。

```
>>> str1 = "I'm all ears."        # 字符串中出现单引号，用双引号包围字符串
>>> str2 = '英文双引号是", 中文双引号是"'    # 字符串中出现双引号，用单引号包围字符串
>>> print( str1 )
I'm all ears.
>>> print( str2 )
英文双引号是", 中文双引号是"
```

2. 使用三引号

格式为：'''字符串内容'''或"""字符串内容"""。

Python 语言中的三引号通常用来处理长字符串，比如当程序中有大段文本内容需要定义成字符串时，此外也可用于对多行内容进行注释。例如：

```
>>> longstr = '''Jiamusi University, the cradle of talents in the east pole of China, located in the
earliest zone to welcome sunrise in China --Jiamusi city of Heilongjiang Province,
which is also the best ecological environment charming city in China.'''
>>> print(longstr)
Jiamusi University, the cradle of talents in the east pole of China, located in the
earliest zone to welcome sunrise in China --Jiamusi city of Heilongjiang Province,
which is also the best ecological environment charming city in China.
```

2.2.3　逻辑类型

Python 语言提供了逻辑(bool)类型来表示真(对)或假(错)，比如表达式 3>2，这个表达式是正确的，在计算机程序中称为真(对)，Python 语言使用 True 来表示；再比如表达式 2>3，这个表达式是错误的，在计算机程序中称为假(错)，Python 语言使用 False 来表示。True 和 False 都是 Python 语言中的关键字，输入时一定要注意字母的大小写，否则解释器会报错。

```
>>> 3 > 2               # 表达式的结果为真
True
>>> 2 > 3               # 表达式的结果为假
False
```

2.2.4　其他常用数据类型

1. 列表

在列表中，元素的数据类型可以不相同，甚至可以包含列表。

列表的格式为：[元素 1, 元素 2, …]。

和字符串一样，列表也是有序的，也可以被截取。列表在被截取后，返回的将是一个包含所截取元素的新列表，列表截取方法和字符串截取方法相同。与字符串不同的是，列表中的元素是可以改变的。

```
>>> listone=[36, 3.14, 'xyz', "hello", 98.2]
>>> listtwo=['大学英语', '高等数学', '大学计算机']
>>> print(listone)                    # 输出 listone 的所有元素
[36, 3.14, 'xyz', 'hello', 98.2]
>>> print(listone[0])                 # 输出 listone 左边的第 1 个元素
36
>>> print(listone[2:4])               # 输出 listone 左边的第 3 和第 4 个元素
['xyz', 'hello']
>>> print(listone[3:])                # 输出从 listone 左边的第 4 个元素开始到末尾的所有元素
['hello', 98.2]
>>> print(listtwo * 2)                # 输出 listtwo 的所有元素两次
['大学英语', '高等数学', '大学计算机', '大学英语', '高等数学', '大学计算机']
>>> print(listone + listtwo)          # 输出 listone 和 listtwo 的所有元素
[36, 3.14, 'xyz', 'hello', 98.2, '大学英语', '高等数学', '大学计算机']
```

2. 元组

元组与列表类似，元组中元素的数据类型可以不相同，元组也是有序的，也可以被截取。不同之处在于，元组中的元素不能修改。

元组的格式为：(元素 1, 元素 2, …)。

```
>>> tupleone=(36, 3.14, 'xyz', "hello", 98.2)
>>> tupletwo=('大学英语', '高等数学', '大学计算机')
>>> print(tupleone)
(36, 3.14, 'xyz', 'hello', 98.2)
>>> print(tupleone[0])
36
>>> print(tupleone[2:4])
('xyz', 'hello')
>>> print(tupleone[3:])
('hello', 98.2)
>>> print(tupletwo * 2)
('大学英语', '高等数学', '大学计算机', '大学英语', '高等数学', '大学计算机')
>>> print(tupleone + tupletwo)
(36, 3.14, 'xyz', 'hello', 98.2, '大学英语', '高等数学', '大学计算机')
```

3. 集合

Python 中的集合与数学中集合的概念类似，它们都是零个或多个数据项的无索引形式的无序组合。集合中的元素不可重复，并且数据类型不能是可变的。

集合的格式为：{元素 1,元素 2,…}。

可以使用大括号{元素 1,元素 2,…}或 set()函数创建集合。

```
thisset={'baidu', 'tencent', 'alibaba'}
>>> print(thisset)
{'alibaba', 'tencent', 'baidu'}
```

4. 字典

字典是一种映射类型，使用一对大括号{ }标识，元素的形式是"键-值"对，键必须使用不可变数据类型，可以通过引用键名来访问元素，字典中的元素是无序的。

字典的格式为：{键:值, 键:值, 键:值,…}。

可以使用 dict()函数创建字典，也可以使用{}创建空字典。

```
>>> scores = {'高数': 89, '英语': 84, '计算机': 91}
>>> print( scores )
{'高数': 89, '英语': 84, '计算机': 91}
```

注意：
在同一个字典中，键必须是唯一的。

5. 字节符

字节符以二进制形式来存储数据，和字符串类似，字节符也使用单引号、双引号或三引号作为定界符。如果字符串的内容都是 ASCII 字符，那么直接在字符串的前面添加前缀 b 就可以将其转换成字节符。

```
>>> print( b'hello!' )
b'hello!'
```

2.3 标识符和保留字

2.3.1 标识符

在 Python 中，标识符的主要作用就是作为变量、函数、类、模块以及其他对象的名称。标识符的命名必须遵循以下规则：

- 标识符由大小写字母、下画线、数字和汉字组成，但首字符不能是数字，长度没有限制。
- 标识符不能和 Python 中的保留字相同。

例如，合法的标识符有 name、UserID、x123、python_good，不合法的标识符如下。

```
$money        # $ 不在指定的字符范围内
5pen          # 不能以数字开头
is            # is 是保留字，不能作为标识符
```

在 Python 语言中，标识符中的字母是严格区分大小写的，NAME、Name 和 name 是三个不同的标识符，它们之间没有任何关系。

另外，以下画线开头的标识符都有特殊含义。例如，以单下画线开头的标识符表示不能直接访问的类的属性，以双下画线开头的标识符表示类的私有成员，以双下画线开头且结尾的标识符是专用标识符。因此，读者应避免定义以下画线开头的标识符。

2.3.2 保留字

保留字是 Python 语言内部定义的标识符，它们具有特定的含义，因此不能作为变量名、函数名或任何其他标识符使用。

Python 从 3.10 版本开始有 35 个保留字。表 2-2 列出了 35 个系统保留字。这些保留字分别用于控制程序流转、定义函数、处理异常等功能。保留字不能由程序员自定义，否则会导致语法错误。

在编写 Python 代码时，应避免使用保留字作为标识符。如果你尝试使用保留字命名变量或函数，Python 解释器将会抛出语法错误。为了避免冲突，要使用有意义且不与保留字重复的名称作为变量、函数、类等的名称。

表 2-2 Python 中的 35 个系统保留字

and	elif	is	with
as	else	lambda	yield
assert	except	nonlocal	False
async	finally	not	None
await	for	or	True

（续表）

break	from	pass	
class	global	raise	
continue	if	return	
def	import	try	
del	in	while	

注意：只有 False、None、True 的首字母为大写，其余保留字的首字母均为小写。

2.4 变量和赋值语句

2.4.1 变量

变量与数学中方程变量的概念类似，只不过在计算机程序中，变量不仅可以是数字，而且可以是任意数据类型。变量名必须遵循标识符的命名规则，变量值是变量中保存的数据，可以被多次修改。

2.4.2 简单赋值

在编程语言中，将数据放入变量的过程叫作赋值。Python 使用等号作为赋值运算符，格式为：变量 = 表达式。

需要注意的是，变量除了要遵循 Python 标识符的命名规范，还要避免和 Python 内置函数以及 Python 保留字重名。

```
>>> pi = 3.1415926              # 将圆周率赋值给变量 pi
>>> str = "佳木斯大学"           # 将地址赋值给变量 str
>>> flag = True                 # 将布尔值赋值给变量 flag
>>> print( pi, str, flag )
3.1415926 佳木斯大学 True
```

变量的值可以随时修改，只需要重新赋值即可。可以将不同类型的数据赋值给同一个变量，而不需要关心数据的类型。例如：

```
>>> name = "Python 语言"        # 将字符串赋值给变量 name
>>> name = 365                  # 将整数赋值给变量 name
>>> name = [20, 10, 30]         # 将列表赋值给变量 name
>>> print( name )
[20, 10, 30]
```

注意，变量一旦再次赋值，之前的值就被覆盖了，变量中只能容纳一个值。

除了赋值单个数据，也可以将表达式的运算结果赋值给变量，例如：

```
>>> sum = 100 + 20              # 将加法的运算结果赋值给变量
>>> rem = 25 * 30 % 7           # 将余数赋值给变量
>>> str = "佳木斯大学" + "信息电子技术学院"   # 将字符串的拼接结果赋值给变量
>>> print( sum, rem, str )
```

2.4.3　链式赋值

链式赋值用于将同一个对象赋值给多个变量，例如：

```
>>> a = b = c = 24          # 变量 a、b、c 的值都是 24
>>> x = 1                   # 变量 x 的值是 1
>>> x = y = x + 1           # 变量 x、y 的值都是 2
>>> print( a, b, c, x, y )
24 24 24 2 2
```

2.4.4　复合赋值

Python 3 提供的复合赋值运算符如表 2-3 所示。

表 2-3　Python 3 提供的复合赋值运算符

复合赋值运算符	名称	功能
+=	加法赋值运算符	c += a 等效于 c = c + a
-=	减法赋值运算符	c -= a 等效于 c = c - a
*=	乘法赋值运算符	c *= a 等效于 c = c * a
/=	除法赋值运算符	c /= a 等效于 c = c / a
%=	取模赋值运算符	c %= a 等效于 c = c % a
**=	幂赋值运算符	c **= a 等效于 c = c ** a
//=	取整除赋值运算符	c //= a 等效于 c = c // a

例如：

```
>>> a = 3
>>> a += 2                  # 等效于 a = a + 2，结果 a = 5
>>> a
5
>>> b = 20
>>> b -= 4                  # 等效于 b = b - 4，结果 b = 16
>>> print( b )
16
```

2.4.5　序列解包赋值

解包就是从序列中取出元素的过程，可将一个序列(或任何可迭代对象)解包，并将得到的值存储到一系列变量中。

格式为：变量 1, 变量 2, …, 变量 n = 表达式 1, 表达式 2, …, 表达式 n。

需要注意的是，在赋值符号的两端，变量和表达式的数量必须一致。例如：

```
>>> one = 10
>>> two = 20
```

```
>>> A, B = one, two                    # 简单的序列解包赋值
>>> print(A, B)
10 20
>>> [x, y, z] = ('A', 'B', 'C')        # 将元组中的元素赋值给列表
>>> print([x, y, z])
['A', 'B', 'C']
>>> S = 'STR'
>>> x, y, z = S
>>> print(x, y, z, sep = ',')
S,T,R
>>> S = '中国北京'
>>> i, j, k = S[0], S[1], S[2:]        # 利用切片解决赋值符号两边元素数量不相等的问题
>>> print(i, j, k)
中 国 北京
```

2.5 基本输入与输出

Python 中的基本输入与输出是通过 input()和 print()函数来实现的。

2.5.1 输入语句

input()是 Python 内置函数，用于从控制台读取用户输入的内容。input()函数总是以字符串的形式来处理用户输入的内容，所以用户输入的内容可以包含任何字符。

input()函数的语法格式为：变量 = input("提示信息字符串")。

说明：input()函数能把用户输入的任何字符作为字符串存储到变量中。提示信息会在用户输入前显示在控制台上，作用是提示用户应该输入的内容。提示信息可以不写，但那样的话，在输入前就不会有提示信息了。

```
>>> name = input("Enter your name:")      # 利用 input()函数输入姓名
Enter your name:陈铭
>>> print("Hello,", name)                 # 输出欢迎信息
Hello, 陈铭
>>> x = input("Enter a number:")
Enter a number: 300
>>> y = input("Enter another number: ")
Enter another number: 25
>>> print("x_Type: ", type(x))
x_Type:   <class 'str'>
>>> print("y_Type: ", type(y))
y_Type:   <class 'str'>
>>> z = x + y
>>> print("z_Value: ", z)
z_Value:   30025
>>> print("z_Type: ", type(z))
z_Type:   <class 'str'>
>>> a = int( x )
>>> b = int( y )
```

```
>>> print("a_Type: ", type(a))
a_Type:   <class 'int'>
>>> print("b_Type: ", type(b))
b_Type:   <class 'int'>
>>> c = a + b
>>> print("c_Value: ", c)
c_Value:   325
>>> print("c_Type: ", type(c))
c_Type:   <class 'int'>
```

2.5.2 输出语句

在前面的示例中，我们已经多次用到 print()函数，print()函数用于输出内容到控制台或指定的文件中。

print()函数的语法格式如下：

```
print(value1, value2, …, sep = ' ', end = '\n')
```

说明：

1) "value1, value2, …" 是需要输出的内容，可以是变量和值，一次可以输出多个，中间使用逗号分隔。例如：

```
>>> stu_name = '陈铭'
>>> stu_age = 19
>>> print("姓名: ", stu_name, "年龄: ", stu_age)        # 同时输出多个字符串和变量
姓名:  陈铭 年龄:  19
```

2) 使用 print()函数输出多项时，显示的输出内容默认以空格分隔。如果希望改用其他分隔符，加入 sep 参数并进行设置即可。例如：

```
# 在前面示例的基础上，指定输出分隔符为|
print("姓名: ", stu_name, "年龄: ", stu_age, sep='|')
姓名: |陈铭|年龄: |19
```

end 参数的默认值是 "\n"，"\n" 表示换行。如果希望 print()函数在输出之后不进行换行，就需要对 end 参数进行重新设置。例如：

```
# eg02-02.py
# 设置 end 参数，每次输出之后不进行换行，而是将三次输出显示在同一行中
print('佳木斯', '\t', end="")
print('0454', '\t', end="")
print('154007', '\t', end="")
```

运行结果如下：

```
佳木斯    0454    154007
```

2.6 运算符和表达式

Python 运算符可用于对变量和值执行操作，例如 4+5 中的+就是运算符。运算符是表现对象行为的一种形式，不同对象支持的运算符也有所不同。Python 3 提供的运算符包含算术运算符、关系运算符、逻辑运算符、位运算符、成员运算符、集合运算符等，如表 2-4 所示。

在 Python 中，使用运算符和函数调用连接起来的式子是表达式。

表 2-4　Python 3 提供的运算符

运算符	功能说明
+	将两个数相加，正号，字符串、列表、元组的合并
-	将两个数相减，相反数，集合的差集
*	将两个数相乘，序列的重复
/	除法
//	求整商，返回商的整数部分(向下取整)
%	求余数，格式化字符串
**	求幂运算
>、>=、<、<=、==、!=	比较大小，比较集合的包含关系
or	逻辑或运算
and	逻辑与运算
not	逻辑非运算
in	成员测试
is	对象同一性测试
&、|、^	集合的交集、并集、对称差集

2.6.1 算术运算符及表达式

+运算符既可用于算术加法，也可用于字符串、元组、列表的连接，但不同类型对象之间的相加或连接可能会出现异常。例如：

```
>>> 60 + 34
94
>>> (7, 8, 9)+(10, )
(7, 8, 9, 10)
>>> 'abc' + '456'
'abc456'
>>> 'abc' + 456
Traceback (most recent call last):
    File "<pyshell#10>", line 1, in <module>
        'abc'+456
TypeError: can only concatenate str (not "int") to str
>>> True + 5
6
```

```
>>> False + 5
5
```

–运算符既可用于算术减法，也可用于相反数。例如：

```
>>> 60 - 34
26
>>> --1
1
>>> 6 --- 1
5
```

*运算符既可用于算术乘法，也可用于字符串、元组、列表等序列类型与整数的乘法，从而生成新的序列对象。

```
>>> 2 * 3.14 * 6
37.68
>>> 2 * 3.14 * 5
31.400000000000002
>>> (1, 2, 3) * 2
(1, 2, 3, 1, 2, 3)
>>> 'hello!' * 3
'hello!hello!hello!'
```

/和//运算符分别用于算术除法和算术求整商。例如：

```
>>> 7 / 2
3.5
>>> 7 // 2
3
>>> 7.0 / 2
3.5
>>> 7.0 // 2
3.0
>>> 15 / 4
3.75
>>> 15 // 4
3
>>> -15 // 4
-4
>>> 15 // -4
-4
>>> -15 // -4
3
```

%运算符既可用于整数或实数的求余运算，也可用于格式化字符串。例如：

```
>>> 10 % 3
1
>>> - 10 % 3
2
>>> 10 % -3
```

```
-2
>>> -10 % -3
-1
>>> 234.5 % 5.2
0.499999999999992
>>> '%c, %s, %d' % (97, 97, 97)
'a,97,97'
```

**运算符用于幂运算，作用与内置函数 pow()相同。例如：

```
>>> 2 ** 3
8
>>> pow(2, 3)
8
>>> 16 ** 0.5
4.0
>>> (-16) ** 0.5
(2.4492935982947064e-16+4j)
```

2.6.2　关系运算符及表达式

关系运算符又称比较运算符，用于对变量或表达式的值进行大小比较。如果这种比较是成立的，则返回 True(真)，否则返回 False(假)。关系运算符可以连用，使用起来非常方便。

```
>>> 25 > 36
False
>>> 2 < 4 < 6
True
>>> 2 < 6 >= 4
True
>>> 2 > 6 > 4
False
>>> 'one' > 'five'
True
>>> False < True
True
>>> [2, 3, 4] < [2, 3, 5]
True
>>> [2, 3, 4] < [1, 3, 5]
False
>>> (2, 3, 4) < (2, 3, 4, 5)
True
>>> (2, 3, 4) == (4, 3, 2)
False
>>> {1, 2} < {1, 2, 5, 6}
True
>>> {1, 2} == {2, 1}
True
>>> {1, 2, 4} > {1, 2, 3}
False
```

```
>>> 'hello' > 2
Traceback (most recent call last):
    File "<pyshell#67>", line 1, in <module>
        'hello' >= 2
TypeError: '>=' not supported between instances of 'str' and 'int'
```

2.6.3　逻辑运算符及表达式

逻辑运算符包含逻辑与运算符 and、逻辑或运算符 or 和逻辑非运算符 not。它们具有惰性求值的特性，经常用于连接条件表达式以组成更加复杂的表达式。

逻辑运算符 and 和 or 可以用来操作任何类型的表达式，因此逻辑运算的结果不一定是布尔类型，而可以是任意类型。逻辑运算符 not 一定会返回布尔类型。另外，逻辑运算符 and 和 or 不一定会计算右边表达式的值，有时候只计算左边表达式的值就能得到最终结果。

```
>>> 14 > 6 and 30 > 50
False
>>> 20 and 10
10
>>> 20 or 10
20
>>> 1 not in {1, 3, 5}
False
>>> not False
True
>>> not 0
True
>>> 2 > 4 and m > 9        # 惰性求值
False
>>> 2 < 4 and m > 9
Traceback (most recent call last):
    Filc "<pyshell#79>", line 1, in <module>
        2<4 and m>9
NameError: name 'm' is not defined
>>> 2<4 or m>9
True
```

2.7　混合运算和数值类型的转换

当多个运算符同时出现在一个表达式中时，我们称之为混合运算。为了得到该表达式的运算结果，我们需要知道运算的顺序。在混合运算中，先执行哪个运算符，后执行哪个运算符，依据就是运算符的优先级。

对于表达式 1+2×3−4，Python 会先计算乘法，再计算加法，最后计算减法。2×3 的结果为 6，1 + 6 的结果为 7，7 − 4 的结果为 3，因此表达式的最终结果是 3。计算的顺序是由运算符的优先级决定的。

Python 支持几十种运算符，它们被划分成 19 个优先级，同一优先级往往包括多个运算符，需要按运算符的结合性来判断运算的次序。表 2-5 列出了运算符的优先级和结合性。

表 2-5　Python 运算符的优先级和结合性

运算符说明	Python 运算符	优先级	结合性
小括号	()	19(最高)	无
索引运算符	x[i]或 x[i1: i2 [:i3]]	18	左
属性访问	x.attribute	17	左
乘方	**	16	右
按位取反	~	15	右
符号运算符	+(正号)、−(相反数)	14	右
乘除	*、/、//、%	13	左
加减	+、−	12	左
位移	>>、<<	11	左
按位与	&	10	右
按位异或	^	9	左
按位或	|	8	左
比较运算符	==、!=、>、>=、<、<=	7	左
is 运算符	is、is not	6	左
in 运算符	in、not in	5	左
逻辑非	not	4	右
逻辑与	and	3	左
逻辑或	or	2	左
逗号运算符	exp1, exp2	1(最低)	左

计算表达式 5 > 4 + 3 的结果，>的优先级是 7，+的优先级是 12，因为+比>的优先级高，所以先执行 4 + 3，得到结果 7，再执行 5 > 7，得到结果 False，这就是整个表达式的最终结果。

所谓结合性，就是当一个表达式中出现多个优先级相同的运算符时，运算符的执行次序：左结合性表示从左向右执行，右结合性表示从右向左执行。

计算表达式 10/5×4 的结果，/和×的优先级都是 13，这时的运算次序就是由结合性确定的。这两个运算符都具有左结合性，从左向右执行，所以先执行 10/5，得到结果 2，再执行 2×4，得到最终结果 8。

计算表达式--20 的结果，这里的--是符号运算符，优先级都是 14。另外，这两个运算符都具有右结合性，从右向左执行，所以先求 20 的相反数，得到结果−20，再求−20 的相反数，得到最终结果 20。

Python 中的大部分运算符都具有左结合性，只有乘方运算符、取反运算符、符号运算符、按位与运算符、逻辑非运算符具有右结合性。

混合运算的执行规则是：当一个表达式中出现多个运算符时，Python 会先比较各个运算符的优先级，按照优先级从高到低的次序执行；当运算符的优先级相同时，再根据结合性决定是自左向右执行还是自右向左执行；当执行完所有的运算符后，就会得到最终的结果。

2.7.1　隐式转换

隐式转换是 Python 自动进行的转换，常常发生在数值类型的算术运算中，隐式转换的顺序为逻辑类型、整数类型、浮点类型。

```
>>> value_1 = 5 + True        # True 转换后的整型值为 1，计算 5+1，结果为 6
>>> print(value_1)
6                             # 6 是整数类型
>>> value_2 = 5.0 + False     # False 转换后的浮点值为 0.0，计算 5.0+0.0，结果为 5.0
>>> print(value_2)
5.0                           # 5.0 是浮点类型
>>> value_3 = 2 * 4.5         # 2 被转换为浮点值 2.0，计算 2.0*4.5，结果为 9.0
>>> print(value_3)
9.0                           # 9.0 是浮点类型
```

2.7.2　显式转换

显式转换不是 Python 自动进行的转换，因而需要使用特定的格式。

整数类型和浮点类型的显式转换——int、float。

```
>>> int (14.56)               # 直接舍弃小数部分
14
>>> int (-14.56)              # 直接舍弃小数部分
-14
>>> int(' 2021 ')
2021
>>> int('1001', base = 10)
1001
>>> int('1001', base = 2)
9
>>> float( 8 )                # 转换为浮点数 8.0
8.0
>>> float('2021.0')
2021.0
>>> float( 1234567890123456789 )
1.2345678901234568e+18        # 输出浮点数时，将会舍去一部分数字，也可采用科学记数法
```

字符串类型的显式转换——str。

```
>>> '年龄：' + str(18)
'年龄：18'
>>> '学分：' + str(1.5)
'学分：1.5'
```

2.8 习题

一、选择题

1. Python 语言提供的三大基本数值类型是( )。
    A. 整型、浮点型、复数类型　　　　　B. 整型、二进制类型、浮点型
    C. 整型、二进制类型、复数类型　　　D. 整型、二进制类型、浮点型

2. 以下选项中，不符合 Python 语言变量命名规则的是( )。
    A. name5_　　　　B. 5_name　　　　C. _5name　　　　D. name_5

3. 以下选项中，属于 Python 语言中合法二进制整数的是( )。
    A. 0B1010　　　　B. 0b1012　　　　C. 0X1010　　　　D. 0x1012

4. 以下选项中，不能用来表示 Python 整数的是( )。
    A. 十进制　　　　B. 八进制　　　　C. 十二进制　　　　D. 二进制

5. 假设 word = 'hello'，我们想要这个字符串的第一个字母大写，其他字母不变，以下选项中能实现上述目的的是( )。
    A. print(word[0].upper() + word[1:])　　　B. print(word[1].upper() + word[-1:1])
    C. print(word[0].upper() + word[1:-1])　　D. print(word[1].upper() + word[2:])

6. 以下表达式中，能够成功定义一个集合数据对象的是( )。
    A. x = { 123, 'one', 9.8}　　　　B. x = (123, 'one', 9.8)
    C. x = [123, 'one', 9.8]　　　　D. x = {'one' : 9.8}

7. 以下代码的输出结果是( )。

```
1    x = 365.0
2    print(type(x))
```

    A. <class 'str'>　　B. <class 'float'>　　C. <class 'int'>　　D. <class 'complex'>

8. 关于 Python 语言中的数值操作符，以下选项中描述错误的是( )。
    A. x // y 表示 x 与 y 的整数商
    B. x ** y 表示 x 的 y 次幂，其中的 y 必须是整数
    C. x % y 表示 x 与 y 的商的余数，也称为模运算
    D. x / y 表示 x 与 y 的商

9. 以下代码的输出结果是( )。

```
print( 0.1 + 0.2 == 0.3)
```

    A. False　　　　B. 1.1　　　　C. 0.1　　　　D. true

10. 表达式 'y' < 'x' == False 的结果是( )。
    A. True　　　　B. Error　　　　C. 1　　　　D. False

二、判断题

1. Python 变量名必须以字母、汉字或下画线开头，并且区分字母大小写。　( )

2. Python 不允许使用保留字作为变量名，但允许使用内置函数名作为变量名，虽然这会改变函数名的含义。（　　）

3. 放在一对三引号之间的任何内容都将被认为是注释。（　　）

4. 只能对列表执行切片操作，不能对元组和字符串执行切片操作。（　　）

5. 空的集合可以通过一对花括号来创建。（　　）

6. 元组中的元素可以是可变数据类型。（　　）

7. 集合支持双向索引，−1 表示最后一个元素的下标。（　　）

8. 在 Python 3.x 系列版本中，当使用内置函数 input() 接收用户输入时，不论用户输入什么格式，一律按字符串返回。（　　）

9. 单个数字 5 也是合法的 Python 表达式。（　　）

10. Python 运算符%不仅可以用来求余数，而且可以用来格式化字符串。（　　）

三、填空题

1. 若一个 Python 复数的实部为 6、虚部为 2，则这个 Python 复数的写法是＿＿＿。

2. Python 运算符中用来计算集合并集的是＿＿＿。

3. 逻辑类型的值包括＿＿＿和 False。

4. Python 中的浮点数占＿＿＿字节的存储空间。

5. 列表、元组、字符串是 Python 中的＿＿＿(有序/无序)序列。

6. 已知 x = 10，在执行语句 x -= 6 之后，x 的值是＿＿＿。

7. 表达式 'ac' in 'abcdefg' 的计算结果是＿＿＿。

8. 表达式[2, 3]*3 的计算结果是＿＿＿。

9. Python 语句 list(range(10, 20, 3)) 的执行结果是＿＿＿。

10. Python 语句 "x = 3 == 3, 5" 执行结束后，变量 x 的值为＿＿＿。

## 第 3 章

程序控制结构

学习目标

- 掌握 Python 中的关系运算符和逻辑运算符。
- 掌握单分支选择结构、双分支选择结构、多分支选择结构的用法。
- 掌握 if 语句的嵌套用法。
- 掌握 for 循环的使用方法。
- 掌握 while 循环的使用方法。
- 掌握 break 语句和 continue 语句的使用方法。
- 掌握 random 库的使用方法。

学习重点

能够利用关系运算符和逻辑运算符构造条件表达式，掌握单分支选择结构、双分支选择结构、多分支选择结构的用法、语句结构、执行过程以及 if 语句的嵌套用法，掌握 for 循环和 while 循环的用法、语句结构、执行过程，掌握 break 语句和 continue 语句的使用方法，掌握 random 库的使用方法。

学习难点

if 语句的嵌套，循环的嵌套，random 库的使用方法。

知识导图

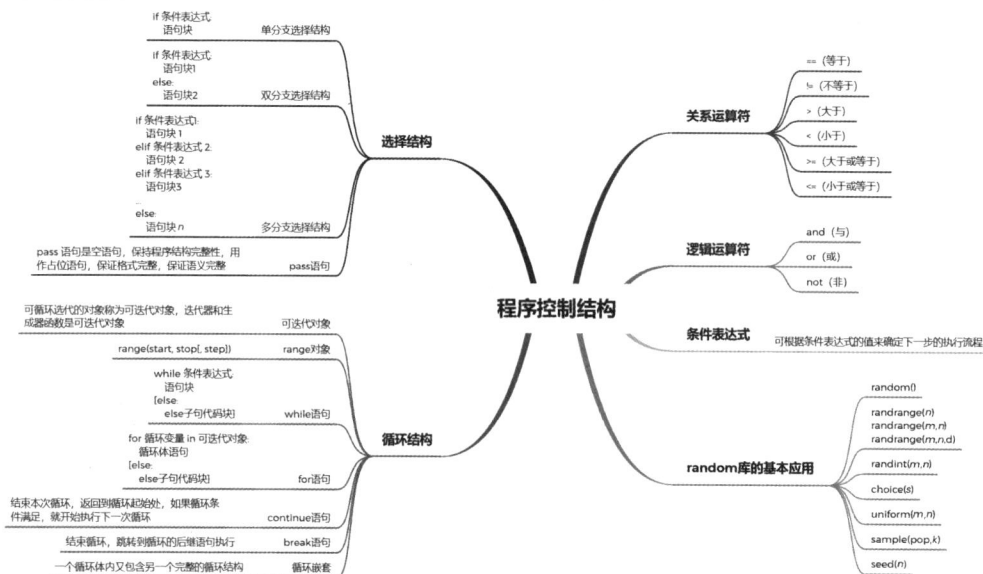

3.1 程序控制结构组成元素

程序的基本结构有三种：顺序结构、选择结构和循环结构。我们在前面学习的程序都是顺序结构的。在顺序结构的程序中，语句都是按从前到后、从上到下的顺序逐句执行的，每条语句都会且仅会执行一次。本章将学习另外两种程序结构：选择结构和循环结构。多样的程序结构能使代码完成更多、更复杂的工作。

在选择结构和循环结构中，需要根据条件表达式的值来确定下一步的执行流程，而在条件表达式中，经常会用到关系运算符和逻辑运算符。条件表达式的值只要不是 False、0(或 0.0、0j 等)、空值 None、空列表、空元组、空集合、空字典、空字符串、空 range 对象或其他空迭代对象，Python 解释器就认为与 True 等效。从这个意义上讲，所有的 Python 合法表达式都可以作为条件表达式，包括含有函数调用的表达式。

3.1.1 关系运算符

Python 语言中的关系运算符如表 3-1 所示(假设 a=1，b=2)。

表 3-1 Python 语言中的关系运算符

关系运算符	描述	示例
==	等于	(a==b)返回 False
!=	不等于	(a!=b)返回 True
>	大于	(a>b)返回 False
<	小于	(a<b)返回 True
>=	大于或等于	(a>=b)返回 False
<=	小于或等于	(a<=b)返回 True

Python 语言中的关系运算符最大的特点是可以连用，这非常类似于数学中的写法，与大家日常的理解完全一致。使用关系运算符的前提是操作数之间必须可以比较大小，例如对一个字符串和一个数值比较大小就没有意义，Python 语言不支持这样的运算。

【例 3-1】关系运算符应用举例。

```
>>> a, b = 1, 2
>>> 0 < a < b              # 表示 a>0 且 a<b，结果为 True
True
>>> a == b                 # 表示 a 和 b 的值相等，结果为 False
False
>>> a > "BC"               # 数值不可与字符串比较大小，语句报错
Traceback (most recent call last):
    File "<pyshell#11>", line 1, in <module>
        a>"BC"             # 数值不可与字符串比较大小，语句报错
TypeError: '>' not supported between instances of 'int' and 'str'
>>> "ABC" > "ab"           # 字符串可按照字符的 Unicode 编码进行比较，结果为 False
False
>>> "Python" < "python"    # 字符串可按照字符的 Unicode 编码进行比较，结果为 True
```

True

另外，Python 不允许在条件表达式中使用赋值运算符=，从而避免了因为误将关系运算符==写成赋值运算符=带来的麻烦。在条件表达式中使用赋值运算符=将抛出异常，提示语法错误。

```
>>> if  a = 3:              # 条件表达式中出现赋值运算符，于是抛出异常
SyntaxError: invalid syntax
```

3.1.2　逻辑运算符

当使用条件表达式的时候，往往还需要借助逻辑运算符 and(与)、or(或)和 not(非)。

【例 3-2】逻辑运算符应用举例。

```
>>> a, b = 1, 2
>>> a > 1 and b < 10         # 表示 a > 1 且 b < 10，结果为 False
False
>>> a > 1 or b < 10          # 表示 a > 1 或 b < 10，结果为 True
True
>>> not(a > 1 and b < 10)    # 表示对 a > 1 且 b < 10 的结果取反，结果为 True
True
```

逻辑运算符具有短路求值或惰性求值的特点，它可能不会对所有表达式进行求值，而是只计算必须计算的那些表达式的值。

3.1.3　条件表达式

使用各种运算符可以构建不同的条件表达式。

1) 假设有整数 x，要求 x 为奇数。

```
x % 2 == 1
```

2) 假设有整数 x，要求 x 是 3 的倍数并且个位上的数字为 3。

```
x % 3 == 0 and x % 10 == 3
```

3) 假设有三条线段，长度分别为a、b、c，要求这三条线段能构成一个三角形。

```
(a + b > c) and (b + c > a) and (a + c > b)
```

4) 对于某个年份 year，year 是闰年的条件是：year 是 4 的倍数且不是 100 的倍数，或者 year 是 400 的倍数。

```
(year % 4 == 0) and (year % 100 != 0) or (year % 400 == 0)
```

3.2　选择结构

常见的选择结构有单分支选择结构、双分支选择结构、多分支选择结构及嵌套的分支结构。另外，循环结构和异常处理结构中也可以带有 else 子句，它们可以看作特殊形式的选择结构，

详见 3.3 节的内容。

3.2.1　单分支选择结构

单分支选择结构是最简单的一种选择结构，语法如下所示。

```
if  条件表达式:
    语句块
```

说明:

1) 当条件表达式为 True 或其他与 True 等效的值时，表示条件满足，语句块被执行，否则语句块不被执行，而是继续执行后面的其他代码。在这里，语句块有可能被执行，也有可能不被执行，这依赖于条件表达式的判断结果，如图 3-1 所示。

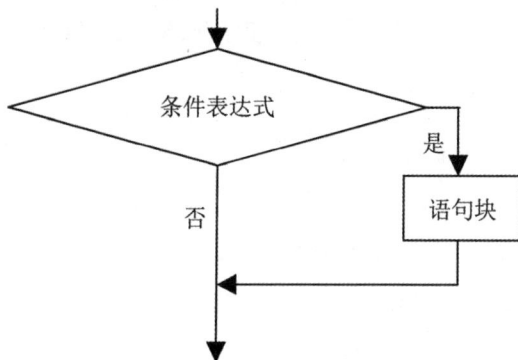

图 3-1　单分支选择结构

2) 条件表达式后面的冒号是不可缺少的，它表示一个语句块的开始，并且这个语句块必须做相应的缩进，一般以 4 个空格为缩进单位。在后面将要介绍的几种形式的选择结构和循环结构中，冒号也都是必不可少的。

3) 在 Python 语言中，代码的缩进非常重要，缩进是体现代码逻辑关系的重要方式，所以在编写语句块的时候，务必注意代码缩进，同一个代码块必须保证使用相同的缩进量。

【例 3-3】从键盘输入两个整数 a 和 b，比较 a 和 b 的大小并输出 a 和 b，但要求输出时 a 为输入的两个整数中的较大者。

【分析】如果用户输入的 a 大于或等于 b，那么直接输出 a 和 b 即可，无须执行任何操作；仅当用户输入的 a 小于 b 时，才需要交换 a 和 b 的值，变量 a 和 b 的数值交换可以利用表达式 "a , b = b , a" 来实现。

参考代码:

```
1    a = int(input("请输入整数 a: "))
2    b = int(input("请输入整数 b: "))
3    print("输入值  a={},b={}".format(a,b))
4    if a < b:
5        a, b = b, a
6    print("比较后的值  a={},b={}".format(a,b))
```

运行结果 1:

```
请输入整数 a：1
请输入整数 b：2
输入值 a=1,b=2
比较后的值 a=2,b=1
```

运行结果 2:

```
请输入整数 a：2
请输入整数 b：1
输入值 a=2,b=1
比较后的值 a=2,b=1
```

通过上述运行结果可以发现，程序可以得到正确的结果。请大家思考，如果对程序中的第 6 行也进行缩进，代码将变成如下形式，那么相同的输入还会得到相同的输出结果吗？

```
1    a = int(input("请输入整数 a："))
2    b = int(input("请输入整数 b："))
3    print("输入值 a={},b={}".format(a,b))
4    if a < b:
5        a, b = b, a
6        print("比较后的值 a={},b={}".format(a,b))
```

另外，如果语句块中的语句只有一条，那么可以将这条语句直接写在 if 条件表达式的后面。例如，上面程序中的 if 结构也可以写成：

```
1    a = int(input("请输入整数 a："))
2    b = int(input("请输入整数 b："))
3    print("输入值 a={},b={}".format(a,b))
4    if a < b : a, b = b, a
5    print("比较后的值 a={},b={}".format(a,b))
```

3.2.2　双分支选择结构

我们在解决很多问题的时候，可能有两种结果需要处理，为此可以引入双分支选择结构，语法格式如下所示。

```
if 条件表达式：
    语句块 1
else：
    语句块 2
```

当条件表达式的值为 True 时，执行语句块 1，否则执行语句块 2。这里的语句块 1 和语句块 2 在一次运行过程中有且只有一个能被执行，如图 3-2 所示。

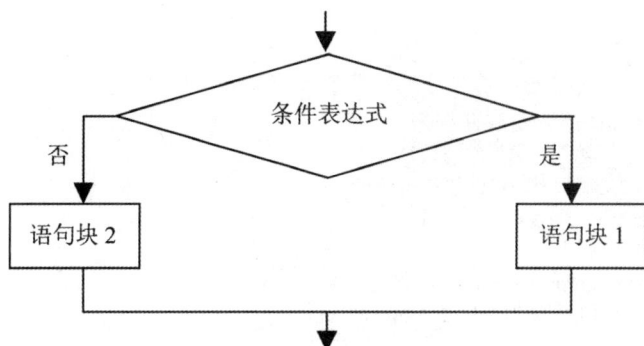

图 3-2　双分支选择结构

【例 3-4】宋代才子苏轼写过一首词《菩萨蛮·回文夏闺怨》，词句如下：

柳庭风静人眠昼，昼眠人静风庭柳。

香汗薄衫凉，凉衫薄汗香。

手红冰碗藕，藕碗冰红手。

郎笑藕丝长，长丝藕笑郎。

这是一首著名的回文词，你能编写一段代码来判断用户输入的字符串是否为回文吗？

【分析】什么是回文？形如 abcba、34gg43 的就是回文。也就是说，如果一个字符串从左向右读和从右向左读都是一样的话，那么它就是回文。从左向右取字符串就是原字符串本身，从右向左取字符串则是原字符串的逆序串。因此，判断字符串是否为回文就可转换为判断字符串与其逆序串是否相等。

参考代码：

```
1    str = input("请输入字符串：")
2    if (str == str[::-1]):
3        print(str +"为回文串")
4    clsc:
5        print(str +"不是回文串")
```

运行结果 1：

```
请输入字符串：abcde
abcde 不是回文串
```

运行结果 2：

```
请输入字符串：abcba
abcba 为回文串
```

【例 3-5】输入任意三个整数 a、b、c，判断 a、b、c 能否作为三角形的三条边。如果能，则求出三角形的面积。

【分析】如果任意两边之和大于第三边，则利用海伦公式计算三角形的面积，否则提示输入的数据有误。

参考代码：

```
1    import math
2    a = float(input("请输入三角形的边长a: "))
3    b = float(input("请输入三角形的边长b: "))
4    c = float(input("请输入三角形的边长c: "))
5    if ( a + b > c and b + c > a and a + c > b):
6        p = (a + b + c) / 2
7        area = math.sqrt(p * (p - a) * (p - b) * (p - c))
8        print("三角形的面积为: {:.2f}".format(area))
9    else:
10       print("用户输入的数据有误! ")
```

运行结果1：

```
请输入三角形的边长a: 1
请输入三角形的边长b: 2
请输入三角形的边长c: 3
用户输入的数据有误!
```

运行结果2：

```
请输入三角形的边长a: 3
请输入三角形的边长b: 4
请输入三角形的边长c: 5
三角形的面积为: 6.00
```

注意，Python还提供了一个三元运算符，并且在三元运算符构成的表达式中还可以嵌套三元运算符，从而能够实现与选择结构相似的效果。语法格式如下：

语句1 if 条件表达式 else 语句2

当条件表达式的值与 True 等效时，表达式的值为语句1，否则表达式的值为语句2。另外，语句1和语句2本身可以是复杂表达式，也可以包含函数调用，甚至可以是三元运算符构成的表达式。这种结构的表达式也具有惰性求值的特点。

【例3-6】求 x 的绝对值。

参考代码：

```
1    x = int(input("请输入 x 的值: "))
2    print("x 的绝对值为{}".format(x)) if x >= 0 else print("x 的绝对值为{}".format(-x))
```

运行结果1：

```
请输入 x 的值: 10
x 的绝对值为10
```

运行结果2：

```
请输入 x 的值: -10
x 的绝对值为10
```

3.2.3　多分支选择结构

有的时候情况比较复杂，程序的分支会多于两个，此时就需要引入多分支选择结构，多分支选择结构的语法格式如下所示。

```
if 条件表达式 1:
    语句块 1
elif 条件表达式 2:
    语句块 2
elif 条件表达式 3:
    语句块 3
…
[else:
    语句块 n]
```

其中，elif 是 else if 的缩写。

【例 3-7】根据用户的身高和体重，计算用户的 BMI 指数，并给出相应的健康建议。BMI 指数是利用体重(kg)除以身高(m)的平方得出的数字[BMI=体重÷身高^2]，它是目前国际上常用的衡量人体胖瘦程度以及是否健康的一个标准。下面我们先来看看标准的 BMI 数值。

- 过轻：低于 18.5。
- 正常：18.5～23.9。
- 过重：24～27.9。
- 肥胖：28～32。
- 过于肥胖：32 以上。

参考代码：

```
1   height = eval(input("请输入您的身高(m)：  "))
2   weight = eval(input("请输入您的体重(kg)：  "))
3   BMI = weight / height / height
4   print("您的 BMI 指数是：{:.1f}".format(BMI))
5   if BMI < 18.5:
6       print("您的体形偏瘦，要多吃多运动哦!")
7   elif 18.5 <= BMI < 24:
8       print("您的体形正常，继续保持哟!")
9   elif 24 <= BMI < 28:
10      print("您的体形偏胖，有发福迹象!")
11  elif 28 <= BMI <= 32:
12      print("不要悲伤，您是个迷人的胖子!")
13  else:
14      print("什么也不说了，您照照镜子就知道了……")
```

运行结果：

```
请输入您的身高(m)：1.8
请输入您的体重(kg)：75
您的 BMI 指数是：23.1
您的体形正常，继续保持哟!
```

3.2.4　pass 语句

pass 语句是空语句，作用是保持程序结构的完整性，一般用作占位语句，目的是保证格式完整和语义完整。

在实际开发中，我们有时候会先搭建起程序的整体逻辑结构，但是暂时不去实现某些细节，而是在这些地方标明一些注释，从而方便以后添加代码。请看下面的例子：

```
1    age = int(input("请输入你的年龄："))
2    if age < 12:
3        print("婴幼儿")
4    elif age < 18:
5        print("青少年")
6    elif age < 30:
7        print("成年人")
8    elif age < 50:
9        #称呼未定
10   else:
11       print("老年人")
```

当年龄大于或等于 30 岁并且小于 50 岁时，我们没有使用 print()语句，而是使用了注释，希望以后再处理中年人的情况。我们希望当 Python 执行到该 elif 分支时，会跳过注释，什么都不执行。但是 Python 提供了一种更为专业的做法，就是 pass 空语句，pass 是 Python 中的关键字，用来让解释器跳过此处，什么都不做。

就像上面这种情况，有时候程序需要占位或者放一条语句，但又不希望这条语句做任何事情，此时就可以通过 pass 语句来实现，使用 pass 语句相比使用注释更加优雅。

```
1    age = int(input("请输入你的年龄："))
2    if age < 12:
3        print("婴幼儿")
4    elif age < 18:
5        print("青少年")
6    elif age < 30:
7        print("成年人")
8    elif age < 50:
9        pass
10   else:
11       print("老年人")
```

另外，pass 语句也可以用在循环结构和函数中。在循环中，pass 常用于为复合语句编写空的主体。例如，如果想要一个 while 循环执行无限次，但每次迭代时不执行任何操作，那么可以这样写：

```
while True:
    pass
```

在函数中，当编写程序时，如果还没有完成执行语句部分的思路，那么可以使用 pass 语句先占位，等到后面再完成相应的代码，就像下面这样：

```
def  iplaypython():
    pass
```

3.3　循环结构

现在大家对使用 Python 语言编写程序求三角形的面积应该已经得心应手了，下面再增加一点难度：如果要求面积的三角形不止 1 个，而是 10 个或 20 个，该怎么办呢？将程序运行 10 遍或 20 遍吗?显然更好的方法是使程序能自动反复执行多次，从而求出若干三角形的面积。

在我们之前所写的程序中，每条基本语句至多被执行一次，程序的长度是程序中所有执行路径长度的上限。因此，程序的功能会受程序长度的限制，要想写出的程序能完成更多、更复杂的工作，就必须突破这样的限制。

我们所遇到的最基本的复杂工作就是重复计算，例如：

- 从 1 加到 100，和是多少？
- 输出数列 1、1、2、3、5、8、…的前 n 项。
- 在所有的三位数中，找出个位是 5 且是 3 的倍数的所有整数。

以上问题的基本特征如下：

- 需要做一系列的重复性操作。
- 这些重复性操作都有规律，可以表述清楚。

为了解决这样的问题，代码中需要引入循环结构。Python 主要提供了 for 循环和 while 循环两种形式的循环结构，多个循环可以嵌套使用，此外还可以与选择结构配合使用以实现复杂的业务逻辑。while 循环一般用于循环次数难以提前确定的情况，当然也可以用于循环次数已经确定的情况；for 循环一般用于循环次数可以提前确定的情况，尤其适用于枚举或遍历序列或可迭代对象中元素的场合。

3.3.1　可迭代对象(iterable)

可循环迭代的对象称为可迭代对象，迭代器和生成器是可迭代对象，Python 语言提供了定义迭代器和生成器的协议及方法。

相对于序列，可迭代对象仅在迭代时产生数据，因而可以节省内存空间。Python 语言提供了若干内置的可迭代对象，例如 range、map、filter、enumetate、zip 对象。此外，标准库 itertools 中也包含各种迭代器，这些迭代器不仅高效，而且内存消耗小。迭代器既可以单独使用，也可以组合使用。

在 Python 中，实现了__iter__()的对象是可迭代对象。collections.abc 模块中定义了抽象基类 Iterable，可通过使用内置的 isinstance()来判断一个对象是否为可迭代对象。序列对象都是可迭代对象，生成器函数和生成器表达式也是可迭代对象。

3.3.2　range 对象

range()是 Python 内置函数之一，通过调用这个函数可以产生一个可迭代序列，一般形式为：

```
range(start, stop[, step])
```

range()返回的数字序列从 start 开始，到 stop 结束(但不包含 stop)。如果指定了可选的步长 step，则序列按照步长 step 增加。换言之，range()可生成满足指定条件的数字序列，具体来说就是返回一个从 start 开始到小于 stop 的相邻数的差值为 step 的等差数列，结果中包含从 start 开始直到小于 stop 的整数，range()的参数必须为整数。step 参数如果省略，那么其默认值为 1。start 参数如果省略，那么其默认值为 0。如果 step 为 0，则会引发 ValueError。

range()有以下三种不同的调用方式：

1) range(n)。range(n)得到的可迭代序列为 0、1、2、3、…、$n-1$。例如，range(100)表示序列 0、1、2、3、…、99。当 $n \leq 0$ 的时候，序列为空。

2) range(m, n)。range(m, n)得到的可迭代序列为 m、$m+1$、$m+2$、…、$n-1$。例如，range(11, 16)表示序列 11、12、13、14、15。当 $m \geq n$ 的时候，序列为空。

3) range(m, n, d)。range(m, n, d)得到的可迭代序列为 m、$m+d$、$m+2d$、…，序列按步长值 d 递增，如果 d 为负，则递减，直至最接近但不包括 n 的等差值。因此，range(11, 16, 2)表示序列 11、13、15，range(15, 4, -3)表示序列 15、12、9、6。这里的 d 既可以是正整数，也可以是负整数，正数表示增量，负数表示减量，也有可能出现空序列的情况。

如果 range()产生的序列为空，那么当使用这样的迭代器控制 for 循环的时候，其循环体将一次也不执行，循环立即结束。

注意，在很多情况下，range()返回的对象都很像一个列表，但它确实不是列表。range()仅在迭代的情况下才返回指定索引的值，但是它并不会在内存中真正产生一个列表，这样做也是为了节约内存空间。例如：

```
>>> range(1, 10)
range(1, 10)
>>> print(range(1, 10))
range(1, 10)
>>> list(range(1, 10))
[1, 2, 3, 4, 5, 6, 7, 8, 9]
```

更多的 range()示例如下：

```
>>>list(range(10))            # 从 0 开始到 9
[0, 1, 2, 3, 4, 5, 6, 7, 8, 9]
>>> list(range(1, 11))        # 从 1 开始到 10
[1, 2, 3, 4, 5, 6, 7, 8, 9, 10]
>>> list( range(0, 30, 5))    # 步长为 5
[0, 5, 10, 15, 20, 25]
>>> list(range(0, 10, 3))     # 步长为 3
[0, 3, 6, 9]
>>> list(range(0, -10, -1))   # 负数
[0, -1, -2, -3, -4, -5, -6, -7, -8, -9]
```

3.3.3 while 语句

while 语句(条件循环语句)在循环开始前并不知道重复执行循环语句(块)的次数，while 语句会按不同条件执行循环语句(块)零次或多次。在 while 语句中，可以使用一个表示逻辑条件的表达式来控制循环，当条件成立的时候反复执行循环体，直到条件不成立的时候循环才结束。while 语句的语法格式比较简单，如下所示。

```
while  条件表达式:
    语句块
[else:
    else 子句代码块]
```

说明：

1) while 语句的执行过程如下，如图 3-3 所示。

① 计算条件表达式。

② 如果条件表达式的值为 True，就转到循环语句(块)，即进入循环体。当到达循环语句序列的结束点时，循环体转①，即转到 while 语句的开头，继续循环。

③ 如果条件表达式的值为 False，则退出 while 循环，即转到 while 语句的后继语句。

2) 条件表达式是每次进入循环之前进行判断的条件，可以为关系表达式或逻辑表达式，其运算结果为 True(真)或 False(假)，条件表达式中必须包含循环控制变量。

3) 循环语句序列可以是一条语句，也可以是多条语句。

4) 循环语句序列中至少应包含改变循环条件的语句，以使循环趋于结束，避免出现"死循环"。

5) 条件表达式后面的冒号不可省略，语句块需要注意缩进。

6) 对于带有 else 子句的循环结构，如果循环因为条件表达式不成立或循环语句序列遍历结束而自然退出，则执行 else 结构中的语句；如果循环是因为执行了 break 语句而导致循环提前退出，则不执行 else 结构中的语句。

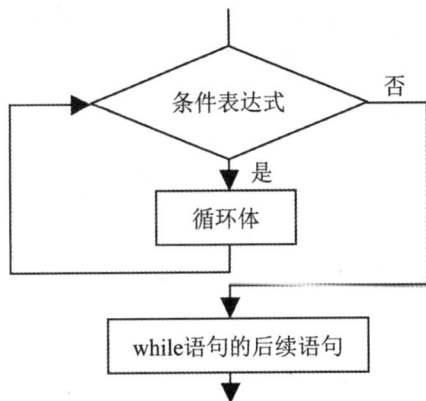

图 3-3　while 语句的执行过程

【例 3-8】编写程序，输出从 2001 年到 2500 年的所有闰年，要求每行输出 8 个闰年。

【分析】利用前面讲过的条件表达式(year % 4 == 0) and (year % 100 != 0) or (year % 400 == 0) 可以判断出 year 是不是闰年，让 year 从 2001 取到 2500，然后对每一个年份都进行判断，这可以使用循环来完成，注意题目要求每输出 8 个闰年就要换行。

参考代码：

```
1    y = 2001
2    count = 0
3    flag = True
4    while flag:
5        if y % 4 == 0 and y % 100 != 0 or y % 400 == 0:
```

```
6            if count % 8 == 0:
7                print()                    # 每行显示 8 个数字，打印空行
8            print(y, end = ' ')
9            y += 1
10           count += 1
11        else:
12           y += 1
13        if y == 2500:
14           flag = False
```

运行结果：

```
2004 2008 2012 2016 2020 2024 2028 2032
2036 2040 2044 2048 2052 2056 2060 2064
2068 2072 2076 2080 2084 2088 2092 2096
2104 2108 2112 2116 2120 2124 2128 2132
2136 2140 2144 2148 2152 2156 2160 2164
2168 2172 2176 2180 2184 2188 2192 2196
2204 2208 2212 2216 2220 2224 2228 2232
2236 2240 2244 2248 2252 2256 2260 2264
2268 2272 2276 2280 2284 2288 2292 2296
2304 2308 2312 2316 2320 2324 2328 2332
2336 2340 2344 2348 2352 2356 2360 2364
2368 2372 2376 2380 2384 2388 2392 2396
2400 2404 2408 2412 2416 2420 2424 2428
2432 2436 2440 2444 2448 2452 2456 2460
2464 2468 2472 2476 2480 2484 2488 2492
2496
```

在使用 while 语句的时候，我们必须自己管理循环中使用的变量，以上程序中的 y += 1 就是自己在做增量操作。如果去掉 y += 1，变量 y 的值将一直等于 2001，由于循环条件一直成立，因此这个循环将无法结束，变成"死循环"。

【例 3-9】2005 年，我国大约有 13 亿人口，如果按人口年增长 0.8% 计算，多少年后将达到 26 亿人口？

【分析】设置变量 n 为我国人口数量，在 13 亿人口的基础上，人口数量每年增长 0.8%，循环继续的条件为 $n < 26$，每执行一次循环，年数 y 就要增加 1。

参考代码：

```
1    n = 13
2    y = 0
3    while n < 26:
4        y += 1
5        n = n * (1 + 0.008)
6    print(y)
```

运行结果：

87

【例 3-10】从键盘输入一列非负数字，求其中的最大值、最小值和平均值，遇到-1 时，程序停止运行。

【分析】在这个题目中，用户输入的数字有多少提前并不知道，但是循环条件非常明确，输入-1 就停止程序的运行，因此采用 while 语句来实现最为恰当。

参考代码：

```
1    count = 0
2    total = 0
3    print("请输入一个非负数，以-1 作为输入结束的标志!")
4    num = eval(input("输入数据: "))
5    min = num
6    max = num
7    while(num != -1):
8        count += 1
9        total += num
10       if num < min:
11           min = num
12       if num > max:
13           max = num
14       num = eval(input("输入数据: "))
15   if count > 0:
16       print("最小值{:.2f}, 最大值{:.2f}, 平均值{:.2f}".format(min, max, total / count))
17   else:
18       print("输入为空")
```

运行结果：

```
请输入一个非负数，以-1 作为输入结束的标志!
输入数据: 5
输入数据: 2
输入数据: 8
输入数据: 9
输入数据: 2.3
输入数据: 1.2
输入数据: 9.9
输入数据: -1
最小值 1.20, 最大值 9.90, 平均值 5.34
```

【例 3-11】编写程序解决爱因斯坦台阶问题：有人走一台阶，若以每步走两级，则最后剩下一级；若每步走三级，则剩两级；若每步走四级，则剩三级；若每步走五级，则剩四级；若每步走六级，则剩五级；若每步走七级，则刚好不剩；问这个台阶至少有多少级？

【分析】设置变量 n 来表示台阶数量，n 应该满足的条件是：n 除以 2 的余数为 1，n 除以 3 的余数为 2，n 除以 4 的余数为 3，n 除以 5 的余数为 4，n 除以 6 的余数为 5，n 除以 7 的余数为 0。

参考代码：

```
1    n = 7
2    flag = True
```

```
3       while flag:
4           if n % 2 == 1 and n % 3 == 2 and n % 4 == 3 and n % 5 == 4 and n % 6 == 5 and n % 7 == 0:
5               flag = False
6           n += 1
7       print("满足条件的台阶数为{}".format(n - 1))
```

运行结果:

满足条件的台阶数为 119

3.3.4 for 语句

for 语句(遍历循环语句)用于遍历可迭代对象集合中的元素,并对集合中的每个元素执行一次相关的循环体语句。当集合中的所有元素都完成迭代后,控制将被传递给 for 语句之后的下一条语句。for 语句的语法格式如下:

```
for 循环变量 in 可迭代对象:
        循环体语句
[else:
        else 子句代码块]
```

其中,for 和 in 都是关键字,for 语句中包含三部分,其中最重要的部分就是可迭代对象。由关键字 for 开始的行称为循环的首部,语句块称为循环体。与 if 结构中的语句块情况类似,for 结构中首部后面的冒号必不可少,这里的循环体语句属于下一层,同样需要缩进,且语句块中各条语句的缩进量必须相同。

在 for 语句中,循环变量将按顺序遍历可迭代对象中的所有值,并且对每一个值都执行循环体语句一次,由于变量取到的值在每一次循环中不一定相同,因此每次循环时虽然都执行相同的语句块代码,但执行的效果却随变量取值的变化而变化。

【例 3-12】编写程序,利用 for 循环计算 1 和 100 之间所有奇数的和与所有偶数的和。

参考代码:

```
1       sum_odd = 0
2       sum_even = 0
3       for i in range(1, 101):
4           if i % 2 == 0:
5               sum_even += i
6           else:
7               sum_odd += i
8       print("1 和 100 之间所有奇数的和为", sum_odd)
9       print("1 和 100 之间所有偶数的和为", sum_even)
```

运行结果:

1 和 100 之间所有奇数的和为 2500
1 和 100 之间所有偶数的和为 2550

【例 3-13】输入 10 个数，求这 10 个数的和。

【分析】将每次输入的数存入变量 x 中，并使用变量 sum 存放它们的和。为了求 sum，可以利用一个循环，让它循环 10 次，每循环一次，就读入一个新的 x 值，并把它加到 sum 中。注意在循环开始前应将 sum 的初始值设置为 0。

参考代码：

```
1    sum = 0
2    for i in range(10):
3        x = eval(input("请输入一个数: "))
4        sum += x
5    print(sum)
```

运行结果：

```
请输入一个数: 1
请输入一个数: 2
请输入一个数: 3
请输入一个数: 4
请输入一个数: 5
请输入一个数: 6
请输入一个数: 7
请输入一个数: 8
请输入一个数: 9
请输入一个数: 10
55
```

【例 3-14】编写程序，输出 1×2×3 + 3×4×5 + 5×6×7 + … + 99×100×101 的值。

【分析】观察以上多项式，找出规律，可以使用 range(1, 100, 2) 产生序列 1、3、5、…、99。

参考代码：

```
1    sum = 0
2    for i in range(1, 100, 2):
3        x = i * (i + 1) * (i + 2)
4        sum += x
5    print(sum)
```

运行结果：

```
13002450
```

【例 3-15】编写程序，计算 $s = a + aa + aaa + \cdots + aaa...aaa$ 的值，其中 a 是一个 1～9 的数字，n 是一个正整数，表示上述公式中最后一个多项式里 a 的个数。当 a=2、n=5 时，s=2+22+222+2222+22222=24690。

【分析】该如何表示以上多项式中的某一项呢？如果 item 表示当前项且为数值型，则下一项为 item*10+a。

参考代码：

```
1    a = int(input("请输入一个 1～9 的数字: "))
2    n = int(input("请输入一个正整数: "))
```

```
3    item = 0
4    sum = 0
5    for i in range(1, n + 1):
6        item = item * 10 + a
7        sum += item
8    print("多项式的和为{}".format(sum))
```

运行结果：

```
请输入一个1～9的数字：2
请输入一个正整数：5
多项式的和为24690
```

3.3.5 continue 语句和 break 语句

for 语句和 while 语句都通过循环的首部来控制循环的执行，一旦进入循环体，就会完整地执行一遍其中的语句，然后重复。但在实践中，我们还会遇到一些只执行循环体中的部分语句就结束循环或者立刻转而执行下一次循环的情况，此时就需要用到循环控制语句 continue 和 break。

continue 语句只能用在 for 循环或 while 循环中，当遇到 continue 语句时，程序将跳过循环体中尚未执行的语句，直接返回到循环的起始处，并根据循环条件判断是否执行下一次循环。break 语句和 continue 语句类似，也用于退出 for 循环或 while 循环。注意，当多个 for 语句或 while 语句彼此嵌套时，break 语句只应用于最里层的循环，也就是说，break 语句只能跳出最近的一层循环。

continue 语句和 break 语句的区别在于：continue 语句仅结束本次循环，并返回到循环的起始处，如果循环条件满足，就开始执行下一次循环；而 break 语句则是结束循环，直接跳转到循环的后继语句并执行。

【例 3-16】输出 10 以内的奇数。

参考代码：

```
for i in range(10):
    if i % 2 == 0:
        continue
    print(i, end = ' ')
```

运行结果：

```
1 3 5 7 9
```

【例 3-17】判断一个正整数 $n(n \geq 2)$ 是否为素数。素数又称质数。一个大于 1 的自然数，除了 1 和它自身，不能再被其他整数整除的数称为素数。

参考代码：

```
1    n = int(input("请输入一个正整数 n(n≥2)："))
2    flag = 1
3    for i in range(2, n):
4        if n % i == 0:
```

```
5              flag = 0
6              break
7      if flag == 1:
8          print(n, "是素数")
9      else:
10         print(n, "不是素数")
```

运行结果:

```
请输入一个正整数 n(n≥2): 7
7 是素数
```

3.3.6　循环嵌套

一个循环体内又包含另一个完整的循环结构,称为循环嵌套。嵌套的循环中还可以继续嵌套循环,这就是多层循环。

【例 3-18】编程输出以下形式的九九乘法表。

1×1=1	1×2=2	1×3=3	1×4=4	1×5=5	1×6=6	1×7=7	1×8=8	1×9=9
2×1=2	2×2=4	…						2×9=18
…								…
9×1=9	9×2=18	…						9×9=81

【分析】首先观察乘法表中第一行的变化规律,我们发现被乘数为 1 且保持不变,而乘数从 1 变化到 9,每次增量为 1。因此,只需要构造以下循环即可输出乘法表的第一行。

```
1      for j in range(1,10):
2          print("1×{}={}".format(j, 1×j), end="  ")
```

然后观察乘法表中第二行的变化规律,与第一行唯一不同的是被乘数为 2,处理过程完全一样。因此,只需要将被乘数改成 2,并执行一次上述循环即可。

同理,对于乘法表的第 3 行、第 4 行等,只需要使被乘数从 3 变化到 9,并将上述循环执行 7 次即可。综上,在上述循环的外面再添加一个循环(构成双重循坏),即可得到题目要求的九九乘法表。

参考代码:

```
1      for i in range(1,10):
2          for j in range(1,10):
3              print("{}*{}={}".format(i, j, i*j), end="  ")
4          print()
```

运行结果:

```
1*1= 1   1*2= 2   1*3= 3   1*4= 4   1*5= 5   1*6= 6   1*7= 7   1*8= 8   1*9= 9
2*1= 2   2*2= 4   2*3= 6   2*4= 8   2*5=10   2*6=12   2*7=14   2*8=16   2*9=18
3*1= 3   3*2= 6   3*3= 9   3*4=12   3*5=15   3*6=18   3*7=21   3*8=24   3*9=27
4*1= 4   4*2= 8   4*3=12   4*4=16   4*5=20   4*6=24   4*7=28   4*8=32   4*9=36
5*1= 5   5*2=10   5*3=15   5*4=20   5*5=25   5*6=30   5*7=35   5*8=40   5*9=45
6*1= 6   6*2=12   6*3=18   6*4=24   6*5=30   6*6=36   6*7=42   6*8=48   6*9=54
7*1= 7   7*2=14   7*3=21   7*4=28   7*5=35   7*6=42   7*7=49   7*8=56   7*9=63
```

| 8*1=8 | 8*2=16 | 8*3=24 | 8*4=32 | 8*5=40 | 8*6=48 | 8*7=56 | 8*8=64 | 8*9=72 |
| 9*1=9 | 9*2=18 | 9*3=27 | 9*4=36 | 9*5=45 | 9*6=54 | 9*7=63 | 9*8=72 | 9*9=81 |

【例3-19】 找出300以内的所有素数。

【分析】 例3-17已经介绍了如何判断一个正整数 n 是否为素数，现在只需要遍历2～300范围内的每一个整数，代入前面判断素数的代码中，如果判断是素数，输出即可。这里的遍历操作可以用一个外层的 for 循环来实现。

参考代码：

```
1    j = 0
2    for n in range(2, 300):
3        for i in range(2, n):
4            if n % i == 0:
5                break
6        else:
7            j += 1
8            print("{:>4}".format(n), end='')
9            if j % 8 == 0:
10               print()
```

运行结果：

2	3	5	7	11	13	17	19
23	29	31	37	41	43	47	53
59	61	67	71	73	79	83	89
97	101	103	107	109	113	127	131
137	139	149	151	157	163	167	173
179	181	191	193	197	199	211	223
227	229	233	239	241	251	257	263
269	271	277	281	283	293		

如果还需要知道2～300范围内一共有多少个素数，该如何修改代码呢？我们首先需要设置一个计数变量来辅助计数，然后只需要在代码执行到最后时输出这个变量的值即可。

参考代码：

```
1    j = 0
2    for n in range(2, 300):
3
4        for i in range(2, n):
5            if n % i == 0:
6                break
7        else:
8            j += 1
9            print("{:>4}".format(n), end='')
10           if j % 8 == 0:
11               print()
12   print("\n2～300 范围内共有{}个素数".format(j))
```

运行结果：

2	3	5	7	11	13	17	19
23	29	31	37	41	43	47	53
59	61	67	71	73	79	83	89
97	101	103	107	109	113	127	131
137	139	149	151	157	163	167	173
179	181	191	193	197	199	211	223
227	229	233	239	241	251	257	263
269	271	277	281	283	293		

2～300 范围内共有 62 个素数

【例 3-20】找出 1000 以内所有的完全数。完全数又称完美数或完备数，这是一种特殊的自然数，这种数的所有真因子(除了自身以外的约数)的和恰好等于该数本身。第一个完全数是 6，第二个完全数是 28，第三个完全数是 496，后面的完全数还有 8128、3350336 等。

【分析】外层循环遍历 1～1000 范围内的所有整数(已知 1000 不是完全数，所以终值只能到 999)，内层循环则对每一个 i 取到的整数求它的真因子之和，退出内层循环后，如果所有真因子的和等于该数自身，就将该数输出。在本题中，对于每一个 i 取到的整数做如下三件事：

(1) 将存放约数之和的变量 sum 初始化为 0。

(2) 通过 for 循环求 i 的真因子并将它们的和存放在 sum 中。

(3) 判断 sum 与该数是否相等。

参考代码：

```
1    for n in range(1, 1000):
2        sum = 0
3        for i in range(1, n):
4            if n % i == 0:
5                sum += i
6        if sum == n:
7            print(n, end = "    ")
```

运行结果：

6 28 496

3.4 random 库的基本应用

计算机完成的计算通常是确定性的，但是对于一些应用，人们可能希望在计算中出现一些随机性的因素。例如，假设用计算机模拟现实世界中的现象和活动过程，如果每次模拟得到的结果都一模一样，那么这种模拟也就没有任何意义了。

要把非确定性因素引入计算机，最简单的方式就是生成一些随机数，并在计算中使用这些随机数。

Python 语言内置的 random 库提供了一些与随机数有关的功能——主要是提供了一些能够生成各种随机数的函数。下面简单介绍其中几个比较常用的函数。

1) random()，返回左闭右开区间[0.0,1.0)里的一个随机浮点数。

2) randrange(n)、randrange(m,n)、randrange(m,n,d)，返回给定区间里的一个随机整数(参考 range()函数的规定，这几个函数相当于按同样的形式调用 range()，然后从生成的序列中随机选出一个数并返回)。

3) randint(m,n)，相当于 randrange($m, n+1$)。

4) choice(s)，从序列 s 中随机选择一个元素。

5) uniform(m,n)，生成一个取值区间为[m,n]的随机浮点数。

6) sample(pop,k)，从序列 pop 中随机选取 k 个元素，以列表形式返回。

7) shuffle(s)，将序列 s 中的元素随机排列，然后返回值为 None。

8) seed(n)，用整数 n 重置随机数生成器。seed()函数能利用当时的系统时间重置随机数生成器。调用 seed()函数相当于要求重新开始一个随机序列。

【例 3-21】random 库的应用举例。

```
>>> from random import *
>>> random()                    #返回左闭右开区间[0.0,1.0)里的一个随机浮点数
0.12369542255478017
>>> randrange(0,10,2)           #返回 range(0,10,2)产生的可迭代序列中的一个随机数
4
>>> choice("ABCDE")             #返回序列"ABCDE"中的一个随机元素
'A'
>>> uniform(1,5)                #返回区间[1,5]里的一个随机浮点数
1.8685510630915485
>>> ls = [1,2,3,4,5]
>>> shuffle(ls)                 #将列表 ls 中的所有元素随机排列
>>> print(ls)
[5, 4, 2, 1, 3]
>>> sample(ls,4)                #在序列 ls 中随机取 4 个元素，然后以列表的形式返回
[3, 1, 2, 5]
>>> seed(120)                   #若使用相同的 seed，则每次生成的随机数都相同
>>> random()
0.5149379540077491
>>> seed(120)                   #若使用相同的 seed，则每次生成的随机数都相同
>>> random()
0.5149379540077491
```

注意：

所有标准库提供的 random()函数其实都是假 random。所谓假 random，是指返回的随机数其实是一种稳定算法得出的稳定结果序列，而不是真正意义上的随机序列。如果一直调用标准库 random，那么在调用 n 次以后，输出结果就会循环最开始的序列了。也就是说，标准库 random 所能生成的不同结果的个数也是有限的。32 位系统一般几万次以后就会出现重复。seed 就是这种稳定算法开始计算的第一个值，所以只要 seed 是一样的，后续所有"随机"结果和顺序就会完全一致。

random.seed()用于指定生成随机数时所用算法的初始值。

● 如果使用相同的 seed，则每次生成的随机数都相同。

- 如果不设置 seed，系统将根据时间自行选择 seed。此时生成的随机数会因时间差异而不同。
- 设置的 seed 仅一次有效。

【例 3-22】seed()函数应用举例。

程序 1：

```
1    import random
2    n = 0
3    while(n < 5):
4        random.seed(10)
5        print(random.random())
6        n += 1
```

运行结果：

```
0.5714025946899135
0.5714025946899135
0.5714025946899135
0.5714025946899135
0.5714025946899135
```

程序 2：

```
1    import random
3    n = 0
3    random.seed(10)
4    while(n < 5):
5        print(random.random())
6        n += 1
```

运行结果：

```
0.5714025946899135
0.4288890546751146
0.5780913011344704
0.2060982321395017
0.8133212513573219
```

【例 3-23】有一种称为"幸运 7"的游戏，游戏规则如下：玩家掷两枚骰子，如果点数之和为 7，玩家就赢 4 元，否则玩家就输 1 元。请你分析一下，这样的规则是否公平。

【分析】可以用计算机模拟掷骰子的过程，并测算两个骰子点数之和为 7 的概率。

参考代码：

```
1    from random import *
2
3    count = 0
4    for i in range(100000):
5        num1 = randint(1,6)
6        num2 = randint(1,6)
7        if num1 + num2 == 7:
```

```
8            count += 1
9    print(count / 100000)
```

在模拟过程中，我们让计算机循环执行 100 000 次，然后看看这 100 000 次中两个骰子的点数之和为 7 的概率是多少。运行代码 5 次，结果分别如下。

```
0.16588
0.16806
0.16522
0.16471
0.16624
```

可以发现，赢的概率在 0.16 和 0.17 之间，输的概率是赢的 5 倍，因此玩"幸运 7"这个游戏，输钱的可能性大于赢钱的可能性。

假设玩家刚开始有 10 元，当全部输掉时游戏结束，下面写一段代码来模拟玩家参与游戏的过程。

参考代码：

```
1    from random import *
2
3    money = 10
4    max = money
5    count = 0
6    while money > 0:
7        num1 = randint(1, 6)
8        num2 = randint(1, 6)
9        if num1 + num2 == 7:
10           money += 4
11           if money > max:
12               max = money
13       else:
14           money -= 1
15       print("{:3d}".format(money), end = ' ')
16       count += 1
17       if count % 5 == 0:
18           print()
19   print("max={}".format(max))
```

运行结果：

```
    9    8    7    6   10
    9    8    7    6    5
    4    3    2    6    5
    4    3    2    6    5
    4    3    7   11   10
    9    8    7    6   10
    9    8    7    6   10
   14   13   12   11   10
    9    8    7    6    5
    4    3    2    1    0
max=14
```

3.5　经典程序分析

【例 3-24】面试者的基本数据如表 3-2 所示。

表 3-2　面试者的基本数据

序号	年龄	工作经验/年	所学专业
1	24	0	计算机
2	32	4	电子
3	36	8	电子
4	26	2	通信

分别输入每一位面试者的基本数据，输出是否符合面试要求，面试要求如下。

1) 计算机专业：年龄小于 25 岁。

2) 电子专业：有 4 年以上工作经验。

3) 通信专业：无年龄和工作经验要求。

满足面试要求的，输出"获得面试机会！"；不满足面试要求的，输出"抱歉，您不符合面试要求！"。

【分析】可使用选择结构进行判断，并设置变量 age 表示年龄、year 表示工作经验/年、major 表示所学专业，于是满足面试要求的条件表达式应该写成：age < 25 and major == "计算机" or year >= 4 and major == "电子" or major == "通信"。

参考代码：

```
1    age = int(input("请输入您的年龄："))
2    year = int(input("请输入您的工作经验/年："))
3    major = input("请输入您的专业：")
4    if age < 25 and major == "计算机" or year >= 4 and major == "电子" or major == "通信":
5        print("获得面试机会！")
6    else:
7        print("抱歉，您不符合面试要求！")
```

运行结果 1：

```
请输入您的年龄：24
请输入您的工作经验/年：0
请输入您的专业：计算机
获得面试机会！
```

运行结果 2：

```
请输入您的年龄：28
请输入您的工作经验/年：2
请输入您的专业：电子
抱歉，您不符合面试要求！
```

【例 3-25】输入百分制成绩，输出相应的等级：90 分以上为 A；80～89 分为 B；70～79 分为 C；60～69 分为 D；60 分以下为 E；如果输入的分数大于 100 或小于 0，则输出"输入的成绩有误！"。

【分析】可使用多分支选择结构来完成任务。

参考代码：

```
1    score = eval(input("请输入成绩："))
2    if (0 <= score <= 100):
3        if score >= 90:
4            print("A")
5        elif score >= 80:
6            print("B")
7        elif score >= 70:
8            print("C")
9        elif score >= 60:
10           print("D")
11       else:
12           print("E")
13   else:
14       print("输入的成绩有误！")
```

运行结果 1：

```
请输入成绩：88
B
```

运行结果 2：

```
请输入成绩：120
输入的成绩有误！
```

【例 3-26】利用"牛顿迭代法"求出 1～x 范围内所有整数的算术平方根，并与 math 库中 sqrt()函数的计算结果进行比较。

【分析】利用"牛顿迭代法"计算整数的算术平方根时需要使用 while 循环，这是一套需要反复使用的规则，称为迭代规则，反复使用迭代规则就一定能得到解，但何时结束要看计算的实际进展情况以及对计算结果的精度要求。下面利用迭代规则求解一个正整数的算术平方根，步骤如下：

(1) 假设需要求正整数 x 的算术平方根，任取 y 为某个正实数。

(2) 如果 $y*y=x$，计算结束，y 就是 x 的算术平方根。

(3) 否则令 $z=(y+x/y)/2$。

(4) 令 y 的新值等于 z，转回步骤(1)。

按上述规则反复计算，可以得到一个序列，这个序列将趋向于 x 的算术平方根，这种计算整数算术平方根的方法就是"牛顿迭代法"。按照上述分析，可以写出如下利用"牛顿迭代法"求整数算术平方根的代码：

```
1    x = float(input("请输入一个正整数："))
2    y = 1.0
```

```
3    while y * y != x:
4        y = (y + x / y) / 2
5    print("算术平方根为：", y)
```

上述代码看起来没有任何问题，但运行后，当输入 2.0 的时候却没有任何结果，看来程序进入了死循环。在 IDLE 中，可以使用 Ctrl+C 组合键来终止正在执行的程序。现在修改代码，在 while 循环中增加一条 print 语句，用来查看循环的状态。

```
1    x = float(input("请输入一个正整数："))
2    y = 1.0
3    while y * y != x:
4        y = (y + x / y) / 2
5        print(y, y * y)
6    print("算术平方根为：", y)
```

再次运行程序，当输入 2.0 时，可以看到程序反复出现同样的信息(1.4142135623730951.9999999999999996)，变量 y 的平方总也不能正好等于 2.0，因此循环无法终止。

实际上，这是近似计算带来的问题，由于 2.0 的平方根是无理数，浮点数只能表示其近似值，而且计算机在表示数据时精度是有限的，导致变量 y 的平方总也不能等于 2.0。因此在计算浮点数时，不能用"等于"进行判断，而应该根据两者的差值是否小于某个能接受的较小数来进行判断，如 10^{-8}。

继续修改代码，增加计数变量 n 以辅助统计循环次数。在循环过程中，增加 print 语句以输出每次循环中的 y 值，从而使大家可以看到程序迭代求整数算术平方根的过程。最后，对"牛顿迭代法"求得的算术平方根和 math 库中 sqrt() 函数的计算结果进行对比。修改后的程序代码如下：

```
1    import math
2    x = float(input("输入一个正整数："))
3    n = 0
4    y = 1.0
5    while abs(y * y - x) > 1e -8:
6        y = (y + x / y) / 2
7        n = n + 1
8        print(n, y)
9    print("算术平方根为：", y)
10   print("sqrt 算术平方根为：", math.sqrt(x))
```

运行结果：

```
请输入一个正整数：2
1 1.5
2 1.4166666666666665
3 1.4142156862745097
4 1.4142135623746899
算术平方根为：  1.4142135623746899
sqrt 算术平方根为：  1.4142135623730951
```

利用"牛顿迭代法"求 1～x 范围内所有整数的算术平方根，并与 math 库中 sqrt() 函数的计算结果进行比较的完整代码如下：

```
1    import math
2    x = int(input("请输入一个正整数："))
3    n = 0
4    for i in range(1, x + 1):
5        y = 1.0
6        while abs(y * y - i) > 1e - 8:
7            y = (y + i / y) / 2
8            n = n + 1
9        print("{}的算术平方根为：{:.10f}".format(i,y),end = '   ')
10       print("{}的 sqrt 算术平方根为：{:.10f}".format(i,math.sqrt(i)))
```

运行结果：

```
请输入一个正整数：6
1 的算术平方根为：1.0000000000    1 的 sqrt 算术平方根为：1.0000000000
2 的算术平方根为：1.4142135624    2 的 sqrt 算术平方根为：1.4142135624
3 的算术平方根为：1.7320508100    3 的 sqrt 算术平方根为：1.7320508076
4 的算术平方根为：2.0000000000    4 的 sqrt 算术平方根为：2.0000000000
5 的算术平方根为：2.2360679775    5 的 sqrt 算术平方根为：2.2360679775
6 的算术平方根为：2.4494897428    6 的 sqrt 算术平方根为：2.4494897428
```

【例 3-27】编写程序，计算 $s = 1 + \dfrac{1}{3} - \dfrac{1}{5} + \dfrac{1}{7} - \dfrac{1}{9} \cdots$ 的前 n 项结果。

【分析】这是一个级数计算的问题，在每一个子项中，变化的有符号和分母，可使用循环结构来完成。第 n 项的分母为 $2*n-1$，那么如何确定符号呢？设置符号变量 $f=1$，从第 3 项开始，每循环一次，$f=f*(-1)$，这样就可以实现符号的交替变换。

参考代码：

```
1    n = int(input("请输入项数："))
2    s = 1
3    f = 1
4    for i in range(2, n + 1):
5        s = s + (1 / (2 * i - 1)) * f
6        f = -f
7    print("s={}".format(s))
```

运行结果：

```
请输入项数：5
s=1.165079365079365
```

【例 3-28】编写程序，产生两个 1～100 的随机整数 a 和 b，求这两个整数的最大公约数和最小公倍数。

【分析】

1) 可以利用语句形式 random.randint(1,100)生成两个 1～100 的随机整数，分别存放在变量 a 和 b 中。

2) 利用"辗转相除法"求最大公约数，具体算法如下：对于已知的两个正整数 a、b，使得 $a>b$；a 除以 b 得余数 r；若 $r!=0$，则令 $a=b$、$b=r$，继续相除并得到新的余数。若仍然 $r!=0$，则重复此过程，直到 *r*=0 为止，最后的 *b* 就是最大公约数。

　　3) 只要求得最大公约数，最小公倍数就是已知的两个正整数之积除以最大公约数的商。

参考代码：

```
1    from random import *
2    a = randint(1, 100)
3    b = randint(1, 100)
4    x, y = a, b
5    r = a % b
6    while r != 0:
7        x = y
8        y = r
9        r = x % y
10   print("随机产生的两个整数为{}和{}".format(a, b))
11   print("两个数的最大公约数为： {}".format(y))
12   print("两个数的最大公倍数为： {}".format(int(a * b / y)))
```

运行结果：

```
随机产生的两个整数为 30 和 26
两个数的最大公约数为：2
两个数的最大公倍数为：390
```

3.6　习题

一、选择题

1. 以下选项中，不是 Python 保留字的是(　　)。

　　A. while　　　　　　B. continue　　　　　C. goto　　　　　　D. for

2. 以下哪条 Python 语句是正确的？(　　)

　　A. min = x if x < y = y　　　　　　　　B. max = x > y ? x : y

　　C. if (x > y) print(x)　　　　　　　　　D. while True: pass

3. 以下关于分支和循环结构的描述中，错误的是(　　)。

　　A. 在选择结构和循环语句中使用形如 x <= y <= z 的表达式是合法的

　　B. 选择结构中的代码块是用冒号来标记的

　　C. 双分支选择结构的 <表达式 1> if <条件> else <表达式 2> 形式适合用来控制程序分支

　　D. while 循环如果设计不小心，就会出现死循环

4. 以下关于程序控制结构的描述中，错误的是(　　)。

　　A. 单分支选择结构使用 if 保留字判断是否满足某个条件，满足的话，就执行相应的处理代码

　　B. 双分支选择结构使用 if-else 根据条件的真假，执行两种处理代码

　　C. 单分支选择结构可以使用简写形式：if 条件 表达式

　　D. 多分支选择结构使用 if-elif-else 处理多种可能的情况

5. 以下关于程序控制结构的描述中，错误的是(　　)。

A. 在每个 if 条件后都要使用冒号

B. 在 Python 中，没有 switch-case 语句

C. Python 中的 pass 语句是空语句，一般用作占位语句

D. elif 可以单独使用

6. 关于 Python 分支结构，以下选项中描述不正确的是(   )。

A. if 语句的条件部分可以使用任何能够产生 True 和 False 的语句及函数

B. 双分支选择结构有一种紧凑形式，可使用保留字 if 和 elif 来实现

C. 多分支选择结构用于设置多个判断条件以及对应的多条执行路径

D. if 语句中语句块的执行与否依赖于条件判断

7. 关于 Python 循环结构，以下选项中描述错误的是(   )。

A. 遍历循环中的遍历结构可以是字符串、文件、序列和 range()函数等

B. break 语句用来跳出最内层的 for 循环或 while 循环

C. continue 语句只能跳出当前层次的循环

D. Python 通过 for、while 等保留字来提供遍历循环和条件循环结构

8. 以下代码的输出结果是(   )。

```
1    print( 1 + 2 == 3)
```

A. True   B. −1   C. 0   D. False

9. 以下程序的输出结果是(   )。

```
1    a = 30
2    b = 1
3    if a >= 10:
4        a = 20
5    elif a >= 20:
6        a = 30
7    elif a >= 30:
8        b = a
9    else:
10       b = 0
11   print('a={}, b={}'.format(a,b))
```

A. a=30, b=1   B. a=20, b=1   C. a=20, b=20   D. a=30, b=30

10. for 或 while 在与 else 搭配使用时，什么时候会执行 else 对应的语句块？(   )

A. 总会执行

B. 永不执行

C. 仅循环正常结束(for 遍历完成/while 条件不满足)时执行

D. 仅循环非正常结束(以 break 语句结束)时执行

11. 执行以下程序，输入 93python22，输出结果是(   )。

```
1    w = input('请输入由数字和字母构成的字符串：')
2    for x in w:
3        if '0' <= x <= '9':
4            continue
```

```
5        else:
6            w.replace(x,'')
7    print(w)
```

A. python9322　　　　B. python　　　　C. 93python22　　　　D. 9322

12. 观察以下代码：

```
1    a = input("").split(",")
2    x = 0
3    while x < len(a):
4        print(a[x], end="")
5        x += 1
```

当执行上述代码时，如果从键盘获得"Python 语言,是,脚本,语言"，那么输出结果是(　　)。

　　A. 执行代码时出错　　　　　　　　B. Python 语言,是,脚本,语言

　　C. Python 语言是脚本语言　　　　　D. 无输出

13. 以下程序的输出结果是(　　)。

```
1    for i in range(3):
2        for s in "abcd":
3            if s == "c":
4                break
5            print(s, end="")
```

A. abcabcabc　　　　B. aaabbbccc　　　　C. aaabbb　　　　D. ababab

14. 以下程序的输出结果是(　　)。

```
1    for i in "the number changes":
2        if i == "n":
3            break
4        else:
5            print(i, end="")
```

　　A. the umber chages　　　　　　　B. thenumberchanges

　　C. theumberchages　　　　　　　D. the

15. 执行以下程序，输入 qp，输出结果是(　　)。

```
1    k = 0
2    while True:
3        s = input('请输入 q 退出:')
4        if s == 'q':
5            k += 1
6            continue
7        else:
8            k += 2
9            break
10   print(k)
```

　　A. 2　　　　　　　　　　　　　　B. 请输入 q 退出:

　　C. 3　　　　　　　　　　　　　　D. 1

16. Python 中用于遍历循环的关键字是(   )。

    A. for   B. try   C. except   D. while

17. 关于 break 语句，下列说法中正确的是(   )。

    A. 按照缩进跳出一层语句块

    B. 按照缩进跳出除函数缩进外的所有语句块

    C. 跳出一层 for/while 循环

    D. 跳出所有 for/while 循环

18. 以下哪一项关于 and 的运算结果是 False?(   )

    A. (False and True) == False   B. (False and False) == False

    C. (True and False) == True   D. (True and True) == True

19. 以下程序的输出结果是(   )。

```
1    j = ""
2    for i in "12345":
3        j += i + ","
4    print(j)
```

    A. 1,2,3,4,5   B. 12345   C. '1,2,3,4,5,'   D. 1,2,3,4,5,

20. 以下关于循环结构的描述中，错误的是(   )。

    A. 遍历循环对循环的次数是不确定的

    B. 非确定次数的循环用 while 语句来实现，确定次数的循环用 for 语句来实现

    C. 非确定次数的循环的次数是根据条件判断来决定的

    D. 遍历循环的循环次数由遍历结构中元素的个数体现

二、判断题

1. Python 使用缩进来体现代码之间的逻辑关系。   (   )

2. else 只能用于 if 语句中。   (   )

3. 如果仅仅用于控制循环次数，那么 for i in range(20) 和 for i in range(20, 40) 的作用是等效的。   (   )

4. 在 Python 中，循环结构必须带有 else 子句。   (   )

5. 在循环中，break 语句的作用是退出循环。   (   )

6. 当作为条件表达式时，空值、空字符串、空列表、空元组、空字典、空集合、空迭代对象以及任意形式的数字 0 都等效于 False。   (   )

7. 在循环中，continue 语句的作用是跳出当前循环。   (   )

8. 带有 else 子句的循环如果因为执行了 break 语句而退出的话，则会执行 else 子句中的代码。   (   )

9. 对于带有 else 子句的循环语句，如果是因为循环的条件表达式不成立而自然结束循环，则执行 else 子句中的代码。   (   )

10. 使用 random() 函数不可能产生相同的随机数。   (   )

三、填空题

1. 迭代器是一种对象，表示可迭代的数据集合，包括方法_____和_____，用于实现迭代功能。

2. 在 Python 无穷循环 while True:的循环体中，可以使用_____语句退出循环。

3. Python 语句 for i in range(1, 21, 5):print(i, end=' ')的输出结果为_____。

4. Python 语句 for i in range(10, 1, −2):print(i, end=' ')的输出结果为_____。

5. 循环语句 for i in range(−3, 21, 4)的循环次数为_____。

6. 要使语句 for i in range(__, −4, −2)循环执行 15 次，则循环变量 i 的初值应为_____。

7. 下列 Python 语句执行后的输出结果是_____，循环一共执行了_____次。

```
1    i = -1
2    while i < 0:
3        i *= i
4    print(i)
```

8. 观察以下程序：

```
1    sum = 0
2    for i in range(1, 9, 2):
3        sum = sum + i
4    print("sum=", sum)
```

程序的运行结果是_____。在程序执行过程中，循环一共执行了_____次，第一次循环时，i 被赋值为_____；最后一次循环时，i 被赋值为_____。

9. 观察以下程序：

```
1    while True:
2        print("这是一个死循环")
```

当上述程序运行时，程序会进入_____状态，在编程时一定要避免出现上述问题，如果不小心进入这种状态，可以按_____组合键来终止这种状态。

10. 观察以下程序：

```
1    word = input("请输入一串字符：")
2    reversedword = ""
3    for ch in word:
4        reversedword = ch + reversedword        #*
5    print("The reversed word is:" + reversedword)
```

当程序运行时，输入字符串"abcd"，运行结果是_____；在上述程序中，用*注释的代码行可以替换成 reversedword=reversedword+ch 吗？_____。如果可以替换，那么当程序运行时，输入字符串"abcd"，运行结果是_____。

四、编程题

1. 编写程序，输入整数 $n(n \geqslant 0)$，分别利用 for 循环和 while 循环求 $n!$。

【提示】

1) $n! = n \times (n-1) \times (n-2) \times \cdots \times 2 \times 1$。例如 $5! = 5 \times 4 \times 3 \times 2 \times 1 = 120$，特别是 $0! = 1$。

2) 一般情况下，累乘的初值为1，累加的初值为0。

3) 如果输入的是负整数，则继续提示输入非负整数，直到 $n \geqslant 0$。

2. 编写程序，输入三角形的3条边，判断是否可以构成三角形。如果可以，则进一步求三角形的周长和面积，否则提示"无法构成三角形!"。运行结果均保留一位小数。

【提示】

1) 输入的3条边要想构成三角形，就必须满足如下条件：每条边的边长均大于0，并且任意两边之和大于第三边。

2) 已知三角形的3条边，可以使用海伦公式计算三角形的面积：

$$s = \sqrt{h*(h-a)*(h-b)*(h-c)}$$，其中 h 为三角形周长的一半。

3) 三角形的周长 $L=a+b+c$。

3. 编写程序，实现猜数游戏。在程序中随机生成一个0～9(包含0和9)的随机整数 t，让用户通过键盘输入所猜的数。如果输入的数大于 t，显示"很遗憾，太大了！"；如果输入的数小于 t，显示"很遗憾，太小了！"；如此循环，直到猜中为止，此时显示"恭喜！猜中了！你一共猜测了 n 次"，其中 n 是指用户在这次游戏中一共尝试的次数。

4. 编写程序，计算糖果总数。假设有一盒糖果，我们可以按照如下方式从中拿糖果：

- 1个1个地取，正好取完。
- 2个2个地取，还剩1个。
- 3个3个地取，正好取完。
- 4个4个地取，还剩1个。
- 5个5个地取，还差1个。
- 6个6个地取，还剩3个。
- 7个7个地取，正好取完。
- 8个8个地取，还剩1个。
- 9个9个地取，正好取完。

请问，这个盒子里至少有多少颗糖果？

第 4 章

组合数据类型

学习目标

- 了解列表、元组、字典和集合的概念。
- 掌握 Python 中列表、元组、字典和集合的使用方法。

学习重点

列表、元组、字典、集合的相关操作。

学习难点

列表切片、列表推导式、有关序列类型数据的方法或函数。

知识导图

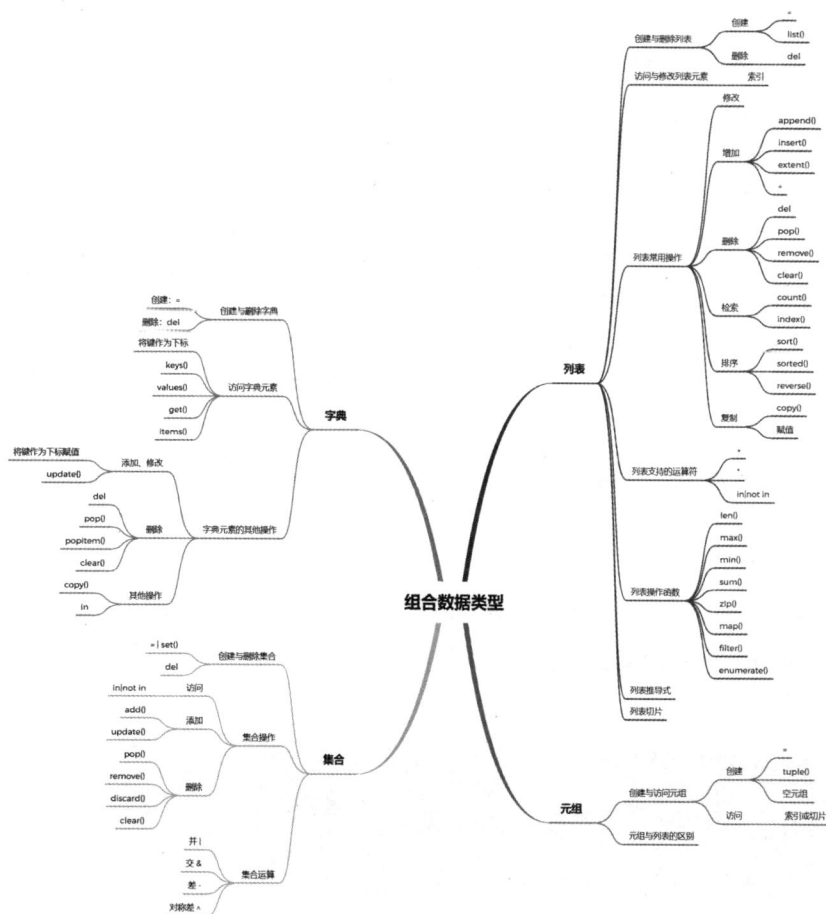

4.1 列表

列表(list)是 Python 中最常用的数据类型。列表用来存放一组有序的数据，其中的每一个数据称为列表的元素，元素之间用逗号隔开，并放在一对中括号"["和"]"中，元素的个数称为列表的长度，列表可以认为是下标从零开始的数组。列表中元素的类型可以不同，列表可以有一个或多个元素，也可以一个元素都没有，空列表也是合法的。

4.1.1 列表的创建与删除

1. 列表的创建

1) 使用=可以直接将一个列表赋值给变量，语法格式如下：变量 = [元素 1, 元素 2, …]。

```
>>> scores = [100, 87.5, 76, 0, 65.5, 50]
>>> names = ["南仁东", "焦裕禄", "孙家栋", "张福清", "王继才"]
>>> list1 = [["马龙", 15], ["丁俊晖", 3], ["苏炳添", 2], ["郭艾伦", 1]]
>>>print(scores, names, list1)
```

2) 使用 list()函数可以把元组、range 对象、字符串、字典、集合转换为列表。

```
>>> x=list()                        # 创建一个空列表
>>>print(type(x))                   # 输出 x 的类型<class 'list'>
>>>list(range(1, 5))                # 输出[1, 2, 3, 4]
>>>list('wonderful')                # 输出['w', 'o', 'n', 'd', 'e', 'r', 'f', 'u', 'l']
>>>list({1, 3, 5, 7})               # 输出[1, 3, 5, 7]
>>>list((2, 4, 6, 8))
>>>list({'a':97, 'b':98, 'c':99})   # 将字典中的"键"转换为列表['a', 'c', 'b']
>>> list({'a':97, 'b':98, 'c':99}.items())   # 将字典中的"键:值"对转换为列表[('a', 97), ('b', 98), ('c', 99)]
```

2. 列表的删除

使用 del 命令可以删除不需要的列表。

```
>>>del scores
>>>scores
NameError: name 'scores' is not defined
```

4.1.2 列表元素的访问

列表中的每一个元素都有自己的位置，列表元素的位置是使用索引或下标来表示的。因此，可以通过索引或下标来访问列表中的元素。如图 4-1 所示，既可以正向索引也可以逆向索引地访问列表元素。

```
>>> list2=['P', 'y', 't', 'h', 'o', 'n']
>>> list2[1]                        # 输出结果为 'y'
>>> list2[-5]                       # 输出结果为 'y'
```

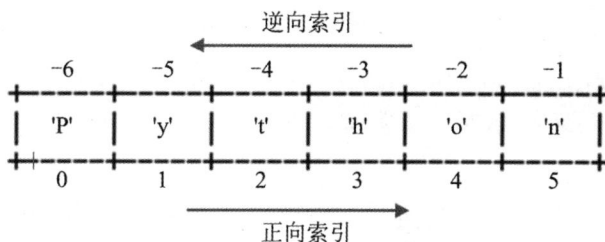

图 4-1 列表的双向索引示意图

【例 4-1】根据输入的数字输出对应的星期信息。例如，输入 1，输出 "It's Monday."。

分析：题目要求输入一个整数，然后输出和这个整数对应的字符串信息。由于列表中的每个元素都对应着一个整数索引，因此可以考虑将星期信息作为元素并按照顺序保存在一个列表中，然后将用户输入的整数作为索引，输出对应的元素即可。

注意：列表元素的索引是从 0 开始的，而代表星期信息的整数从 1 开始。在编写程序时，一定要留意二者差 1 的问题。

参考代码：

```
1    # 根据输入的数字，输出对应的星期信息
2    weeks = ['Monday', 'Tuesday', 'Wednesday', 'Thursday', 'Friday', 'Saturday', 'Sunday']
3    n = int(input('请输入一个整数(1～7)：'))
4    print("It's {}.".format(weeks[n-1]))
```

运行结果：

```
请输入一个整数(1～7)：1
It's Monday.
```

4.1.3 列表常用操作

1. 修改列表元素

可通过列表索引的方式修改列表元素的值。

基本语法格式：列表名[索引] = 新值。

例如：

```
>>> list2 = ['P', 'y', 't', 'h', 'o', 'n']
>>> list2[1] = 'Y'
>>> list2            # 输出结果为['P', 'Y', 't', 'h', 'o', 'n']
>>> list1 = [["马龙", 15], ["丁俊晖", 3], ["苏炳添", 2], ["郭艾伦", 1]]
>>> list1[2][1] = 3
>>> list1            # 输出结果为[['马龙', 15], ['丁俊晖', 3], ['苏炳添', 3], ['郭艾伦', 1]]
```

2. 增加列表元素

可通过使用 append()、insert()、extend()方法来添加列表元素。

1) append()方法

用于在列表尾部追加一个元素。基本语法格式：列表名.append(新元素)。

例如：

```
>>> list1.append(["易建联", 3])
>>> list1              # 输出结果为[['马龙', 15], ['丁俊晖', 3], ['苏炳添', 3], ['郭艾伦', 1], ['易建联', 3]]
```

2) insert()方法

用于在列表中任意指定的位置插入一个元素，该位置之后的所有元素将自动向后移动，下标加1。基本语法格式：列表名.insert(索引，新元素)。

例如：

```
>>> names.insert(1,"郭永怀")
>>> names              # 输出结果为['南仁东', '郭永怀', '焦裕禄', '孙家栋', '张福清', '王继才']
```

3) extend()方法

用于将另一个列表中的所有元素追加至当前列表的尾部。基本语法格式：列表名1.extend(列表名2)。

例如：

```
>>> name1 = ["钟南山", "张伯礼","张定宇","陈薇"]
>>> names.extend(name1)
>>> names              # 输出结果为['南仁东', '郭永怀', '焦裕禄', '孙家栋', '张福清', '王继才', '钟南山', '张伯礼',
                       # '张定宇', '陈薇']
```

3. 删除列表元素

1) del 命令

del 命令用于删除指定的列表元素。基本语法格式：del 列表名[索引]。

例如：

```
>>> scores = [100, 87.5, 76, 0, 65.5, 50]
>>> del scores[3]
>>> scores              # 输出结果为[100, 87.5, 76, 65.5, 50]
```

2) pop()方法

pop()方法用于删除并返回列表中指定位置的元素，不指定位置时默认返回列表中的最后一个元素。如果列表为空或指定的位置不存在，就会抛出异常。基本语法格式：列表名.pop(索引)。

例如：

```
>>> scores.pop(-1)      # 输出结果为50
```

3) remove()方法

remove()方法用于删除列表中第一个元素值与指定值相等的元素，如果列表中不存在指定的值，就抛出异常。基本语法格式：列表名.remove(元素)。

例如：

```
>>> list3 = [10, 20, 20, 30, 20]
>>> list3.remove(20)
>>> list3              # 输出结果为[10, 20, 30, 20]
```

4) clear()方法

clear()方法用于清空列表中的所有元素。基本语法格式：列表名.clear()。

例如：

```
>>> list3.clear()        # 清空 list3 列表，使其成为一个空列表，等效于 del list3[ : ]
```

以上删除操作都属于原地操作。

4. 检索列表元素

1) count()方法

count()方法用于返回列表中指定元素出现的次数。基本语法格式：列表名.count(列表元素)。

例如：

```
>>> list3 = [10, 20, 30, 20]
>>> list3.count(20)         # 2
```

2) index()方法

index()方法用于返回指定元素在列表中首次出现的位置，如果该元素不在列表中，就抛出异常。基本语法格式：列表名.index(列表元素)。

例如：

```
>>> list3.index(20)         # 1
```

5. 排序列表元素

1) sort()方法

sort()方法用于对原列表元素按照某规则进行排序。基本语法格式：列表名.sort()。

例如：

```
>>> list2=['P', 'y', 't', 'h', 'o', 'n']
>>> list2.sort()
>>> list2                          # ['P', 'h', 'n', 'o', 't', 'y']
```

2) sorted()函数

除了使用 sort()方法以外，还可以使用 sorted()函数对列表进行排序。基本语法格式：sorted(列表, reverse=False)。

sorted()函数不会改变原列表中元素的顺序，而是由参数 reverse 控制升序还是降序。当 reverse 为 False 或省略时表示升序，当 reverse 为 True 时表示降序。

例如：

```
>>> list2=['P', 'y', 't', 'h', 'o', 'n']
>>> sorted(list2)                  # ['P', 'h', 'n', 'o', 't', 'y']
>>> sorted(list2, reverse = True)  # ['y', 't', 'o', 'n', 'h', 'P']
>>> list2                          # ['P', 'y', 't', 'h', 'o', 'n']
```

sort()方法与 sorted()函数的区别如下：

* 语法格式不同。

- sort()方法是原地排序，而 sorted()函数是非原地排序。

3) reverse()方法

reverse()方法用于将列表中的所有元素逆序排列。基本语法格式：列表名.reverse()。

例如：

```
>>> list2=['P','y','t','h','o','n']
>>> list2.reverse()
>>> list2                          # ['n', 'o', 'h', 't', 'y', 'P']
```

注意：

在对列表中的元素进行排序时，这些元素的类型必须相同。比如全为数值或字符串。如果类型不一致，则不能进行排序。

6. 复制列表

1) copy()方法

copy()方法用于生成表的备份，可将备份赋值给新的列表，对新列表所做的操作不会影响原来的列表，这种操作被称为"深拷贝"。基本语法格式：列表.copy()。

例如：

```
>>> name3 = ['钟南山', '张伯礼', '张定宇', '陈薇', '李兰娟']
>>> name4 = name3.copy()
>>> name4                # ['钟南山', '张伯礼', '张定宇', '陈薇', '李兰娟']
>>> name4.append("张文宏")
>>> name4                # ['钟南山', '张伯礼', '张定宇', '陈薇', '李兰娟', '张文宏']
>>> name3                # ['钟南山', '张伯礼', '张定宇', '陈薇', '李兰娟']
```

2) 赋值操作

可通过赋值运算符将一个列表赋给另一个列表，这种操作被称为"浅拷贝"。基本语法格式：列表 2 = 列表 1。

例如：

```
>>> name4 = ['钟南山', '张伯礼', '张定宇', '陈薇', '李兰娟', '张文洪']
>>> name5 = name4
>>> name4[-1] = '张文宏'
>>> name4                # ['钟南山', '张伯礼', '张定宇', '陈薇', '李兰娟', '张文宏']
>>> name5                # ['钟南山', '张伯礼', '张定宇', '陈薇', '李兰娟', '张文宏']
```

通过赋值操作得到的新列表与原来的列表共用一片存储空间，它们是同一列表，只是取了不同的名称而已。因此，当对其中一个列表进行操作时，另一个列表也会发生改变。

4.1.4 列表对象支持的运算符

1. 加法运算符

加法运算符+可以实现为列表增加元素的目的，但不属于原地操作，而是返回新列表，涉及大量元素的复制，效率非常低。但是，使用复合赋值运算符+=实现为列表追加元素的操作属于原地操作，与append()方法一样高效。基本语法格式：列表 1+列表 2。

例如：

```
>>> list1 = [0, 1, 2, 3, 4]
>>> id(list1)
2809145336256
>>> list1 = list1 + [5]              # 连接两个列表
>>> list1
[0, 1, 2, 3, 4, 5]
>>> id(list1)                        # 内存地址发生改变
2809145329920
>>> list1 += [6]                     # 为列表追加元素
>>> list1
[0, 1, 2, 3, 4, 5, 6]
>>> id(list1)                        # 内存地址不变
2809145329920
```

2. 乘法运算符

乘法运算符*可以实现列表和整数相乘，实际上相当于将列表元素重复指定的次数，并返回新列表。复合运算符*=也可以用于列表元素的重复，属于原地操作。基本语法格式：列表*n。

功能：重复列表元素 n 次，这里的 n 为数值表达式。

```
>>> list2 = [1, 2, 3, 4]
>>> id(list2)
2809151725440
>>> list2 = list2 * 2                # 元素重复，返回新列表
>>> list2
[1, 2, 3, 4, 1, 2, 3, 4]
>>> id(list2)                        # 内存地址发生改变
2809145331264
>>> list2 *= 2                       # 元素重复，原地进行
>>> list2
[1, 2, 3, 4, 1, 2, 3, 4, 1, 2, 3, 4, 1, 2, 3, 4]
>>> id(list2)                        # 内存地址不变
2809145331264
```

3. 成员测试运算符

成员测试运算符 in 或 not in 用于测试列表中是否包含或不包含某个元素。

基本语法格式：
- 元素 in 列表
- 元素 not in 列表

功能：当使用 in 运算符时，若要查找的元素在列表中，则返回 True，否则返回 False；not in 运算符的情况与 in 运算符正好相反。

例如：

```
>>> 3 in [1, 2, 3]
True
>>> 3 in [1, 2, [3, 4]]
```

False

4.1.5 列表操作函数

1. len()函数

基本语法格式：len(列表)。

功能：返回列表中元素的个数。

例如：

```
>>> list1 = [["马龙", 15], ["丁俊晖", 3], ["苏炳添", 2], ["郭艾伦", 1]]
>>> print(len(list1))              # 结果为4
>>> for i in range(len(list1)):
        print(list1[i], end=",")

['马龙', 15],['丁俊晖', 3],['苏炳添', 2],['郭艾伦', 1],
```

2. max()函数

基本语法格式：max(列表)。

功能：返回列表中元素的最大值。

例如：

```
>>> scores = [100, 87.5, 76, 0, 65.5, 50]
>>> max(scores)                # 100
```

3. min()函数

基本语法格式：min(列表)。

功能：返回列表中元素的最小值。

例如：

```
>>> scores = [100, 87.5, 76, 0, 65.5, 50]
>>> min (scores)               # 0
```

4. sum()函数

基本语法格式：sum(列表)。

功能：返回列表中元素的和。

例如：

```
>>> sum (scores)               # 379.0
```

5. zip()函数

基本语法格式：zip(列表 1,列表 2, …,列表 n)。

功能：将多个列表中的元素重新组合为元组并返回包含这些元组的 zip 对象，通常与 list() 函数一起使用。

例如：

```
>>> list(zip([0,1,2,3,4], ['a','b','c'], [11,22,33,44]))
[(0, 'a', 11), (1, 'b', 22), (2, 'c', 33)]
>>> list(zip(range(3), [10, 20, 30]))
[(0, 10), (1, 20), (2, 30)]
>>> list(zip(range(3), "abcd"))
[(0, 'a'), (1, 'b'), (2, 'c')]
>>> list(zip(range(3), ('a', 2, [10])))
[(0, 'a'), (1, 2), (2, [10])]
```

6. map()函数

基本语法格式：map(func, list)。

功能：把 func 函数依次映射到列表 list 中的每个元素，并返回一个可迭代的 map 对象。

map()函数中的 list 参数可以是任意可迭代对象。

例如：

```
>>> list(map(str, [1,2,3]))              # 把列表中的元素转换为字符串['1', '2', '3']
>>> list(map(str, range(3)))             # 把 range 对象中的元素转换为字符串 ['0', '1', '2']
```

7. filter()函数

基本语法格式：filter(func, list)。

功能：根据 func 函数的返回值对 list 列表中的元素进行过滤。

例如：

```
>>> list(filter(lambda x:x>10, [10, 0, 5, 20, 30]))    # 返回列表中所有大于 10 的元素
[20, 30]
```

8. enumerate()函数

基本语法格式：enumcrate(列表)。

功能：枚举列表中的元素并返回可迭代的 enumerate 对象，enumerate 对象中的每个元素都是包含索引和值的元组。该函数通常与 list()函数一起使用。

enumerate()函数中的参数除了可以是列表以外，也可以是元组、range 对象等。

例如：

```
>>> list(enumerate(['道路自信','理论自信','制度自信','文化自信']))
[(0, '道路自信'), (1, '理论自信'), (2, '制度自信'), (3, '文化自信')]
```

4.1.6 列表推导式

利用列表推导式，读者便可以一种非常简洁的方式对列表或其他可迭代对象的元素进行遍历、过滤或再次计算，从而快速生成满足特定需求的新列表。

基本语法格式: 列表= [循环变量相关表达式 for 循环变量 in 可迭代对象 if 条件表达式]。

说明：

1) 循环变量相关表达式中包含了循环变量的各种运算。

2）"for 循环变量 in 可迭代对象"指定了循环变量的变化区间和方式。

列表推导式在逻辑上等效于循环语句。

例如：

```
>>> list1 = [x * 2 for x in range(5)]
>>> list1                                    # [0, 2, 4, 6, 8]
```

上述列表推导式不仅等效于下面的循环语句：

```
>>> list1 = []
>>> for x in range(5):
        x *= 2
        list1.append(x)
>>> list1                                    # [0, 2, 4, 6, 8]
```

也等效于下面的语句：

```
>>> list1 = list(map(lambda x: x * 2, range(5)))    #[0, 2, 4, 6, 8]
```

以上三种方法可以实现相同的操作，利用列表推导式显然更简洁、更好理解。

4.1.7 列表切片

利用索引可以提取列表中的某一元素，而利用切片则可以提取列表中的部分元素。除了列表可以使用切片操作以外，元组、字符串、range 对象等有序序列也都可以使用切片截取序列中的部分元素。切片操作可通过使用两个冒号分隔 3 个数字来完成，语法格式为：列表[start:end:step]。

其中，start 为起始索引，省略时默认为 0；end 为终止索引，表示切片在此处终止但不包含该位置，省略时默认为列表的长度；step 表示切片的步长，省略时默认为 1，当 step 为负整数时，表示逆向切片，这时 start 应在 end 的右侧。

1. 使用切片获取列表中的部分元素

例如：

```
>>> list1 = ['政治意识', '大局意识', '核心意识', '看齐意识']
>>> list1[1 : 3]
['大局意识', '核心意识']
>>> list1[1 : 3 : 2]
['大局意识']
>>> list1[: : 2]
['政治意识', '核心意识']
>>> list1[:]
['政治意识', '大局意识', '核心意识', '看齐意识']
>>> list1[: 1 : -2]
['看齐意识']
>>> list1[: : -1]          # 翻转
['看齐意识', '核心意识', '大局意识', '政治意识']
```

注意：

1）使用默认起始索引时，切片默认从索引为 0 的元素开始。

2) 使用默认终止索引时，切片默认到最后一个元素的位置终止。

3) 同时省略起始索引和终止索引时，切片默认取整个列表。

4) 当步长为 1 的效果与省略步长参数时的效果一样时，表示提取起始索引和终止索引之间的每一个元素以组成切片。

5) 当起始索引大于终止索引且步长为负整数时，表示逆向提取元素组成切片。

6) 当同时省略起始索引和终止索引且步长为−1 时，表示将列表逆序并组成切片。

2. 使用切片为列表增加元素

可以使用切片操作在列表中的任意位置插入新的元素，这不影响列表对象的内存地址，属于原地操作。

例如：

```
>>> list1 = ['团结意识', '大局意识', '核心意识', '看齐意识']
>>> newlist = ['政治意识']
>>> list1[2:2] = newlist
>>> list1
['团结意识', '大局意识', '政治意识', '核心意识', '看齐意识']
```

这里 list1[2:2] 表示选取了一个空的切片(从索引 2 开始到索引 2 之前结束)，然后将包含新元素"政治意识!"的列表 newlist 插入到这个空切片位置，也就是在列表的中间插入元素。

3. 使用切片替换和修改列表中的元素

例如：

```
>>> list1 = ['团结意识', '大局意识', '核心意识', '看齐意识']
>>> list1[:1] = ['政治意识']
>>> list1
['政治意识', '大局意识', '核心意识', '看齐意识']
```

4. 使用切片删除列表中的元素

例如：

```
>>> list1 = ['团结意识', '大局意识', '核心意识', '看齐意识']
>>> list1[2:3] = []
>>> list1
['团结意识', '大局意识', '看齐意识']
```

总之，切片在作用于列表时具有强大的功能，可以灵活地根据需求来选择合适的切片方式以及结合其他语句来达到目的。

4.1.8 列表应用案例

【例 4-2】编写程序，模拟如下点菜过程：已点了锅包肉、红烧日本豆腐、清蒸鲈鱼、四季小炒、西红柿鸡蛋汤，现在想加上菌汤，去掉西红柿鸡蛋汤。

参考代码：

```
1    list1 = ['锅包肉', '红烧日本豆腐', '清蒸鲈鱼', '四季小炒', '西红柿鸡蛋汤']
2    list1.append("菌汤")
```

```
3      list1.remove("西红柿鸡蛋汤")
4      print(list1)
```

运行结果：

```
['锅包肉', '红烧日本豆腐', '清蒸鲈鱼', '四季小炒', '菌汤']
```

【例 4-3】输入一组数字，采用逗号分隔，输出其中的最大值。

参考代码：

```
1      data = input("请输入一组数字并用逗号隔开：")
2      a = data.split(",")
3      b = []
4      for i in a:
5          b.append(int(i))
6      print(max(b))
```

运行结果：

```
请输入一组数字并用逗号隔开：3,5,0,10,-5
10
```

【例 4-4】编写程序，模拟决赛现场最终成绩的计算过程。首先输入评委人数，要求判断评委不得少于 5 人；然后依次输入评委给出的成绩，有效成绩的取值区间为[0,100]。在所有评委给出的成绩中，去掉一个最高分、去掉一个最低分，对剩下的成绩求算术平均分，作为选手的最终成绩。

参考代码：

```
1      while True:
2          n = eval(input("请输入评委人数："))
3          if n >= 5:
4              print("请各个评委打分")
5              break
6          else:
7              print("有效评委至少 5 人，请重新输入评委人数")
8      scores = []
9      for i in range(1, n+1):
10         while True:
11             score = float(input("请输入第{}个评委给出的分数：".format(i)))
12             if 0 <= score <= 100:
13                 scores.append(score)
14                 break
15             else:
16                 print("分数不符合规范，请重新输入")
17                 continue
18     max_score = max(scores)
19     min_score = min(scores)
20     scores.remove(max_score)
21     scores.remove(min_score)
22     final_score = round(sum(scores)/len(scores), 2)
23     print("去掉一个最高分{:.2f}，去掉一个最低分{:.2f}，选手最后得分是{:.2f}分".format(max_score,
24         min_score,final_score))
```

运行结果：

请输入评委人数：3
有效评委至少 5 人，请重新输入评委人数
请输入评委人数：6
请各个评委打分
请输入第 1 个评委给出的分数：88
请输入第 2 个评委给出的分数：85
请输入第 3 个评委给出的分数：90
请输入第 4 个评委给出的分数：79
请输入第 5 个评委给出的分数：86
请输入第 6 个评委给出的分数：80
去掉一个最高分 90.00，去掉一个最低分 79.00，选手最后得分是 84.75 分

【例 4-5】随机产生 10 个 100 以内的整数，seed 是 10，将这 10 个整数添加到一个列表中。

参考代码：

```
1    import random
2    ls = []
3    random.seed(10)
4    for i in range(10):
5        a = random.randint(0, 100)
6        ls.append(a)
7    print(ls)
```

运行结果：

[73, 4, 54, 61, 73, 1, 26, 59, 62, 35]

4.2　元组

Python 语言中的元组(tuple)与列表类似，也是有序序列。元组相当于只读列表，其元素不可以修改。元组适合于遍历操作，对数据可以进行"写保护"，其操作速度比列表快。

4.2.1　元组的创建与访问

1. 元组的创建

1) 使用=可以直接将一个元组赋值给变量，语法格式如下：变量=(元素 1, 元素 2,…)。
例如：

```
>>> tup1 = ("朱婷", "女", 1994)
>>> type(tup1)
<class 'tuple'>
>>> tup2 = (1, 2, 3)
```

2) 使用 tuple()函数可以把列表、range 对象、字符串、字典、集合转换为元组。
例如：

```
>>> tup3 = tuple([1, 3, 5, 7, 9])
```

```
>>> type(tup3)
<class 'tuple'>
>>> tup3
(1, 3, 5, 7, 9)
>>> tup4 = tuple(range(5))
>>> tup4
(0, 1, 2, 3, 4)
>>> tup5 = tuple("hello")
>>> tup5
('h', 'e', 'l', 'l', 'o')
>>> tup6 = tuple({2, 4, 6, 8})
>>> tup6
(8, 2, 4, 6)
>>> tup7 = tuple({"郭艾伦":28, "朱婷" : 27, "武磊" : 29})
>>> tup7
('郭艾伦', '朱婷', '武磊')
```

3) 将不带圆括号的多个数据用逗号隔开后，也可以创建元组。

例如：

```
>>> tup8 = "China", "Russia"
>>> tup8
('China', 'Russia')
```

4) 当创建的元组只有一个元素时，一定要在这个元素的后面加一个逗号，否则系统会将其视为单个数据。

```
>>> tup9 = 0
>>> tup9 = (0)
>>> type(tup9)
<class 'int'>
>>> tup9 = (0,)
>>> type(tup9)
<class 'tuple'>
>>> tup9
(0,)
```

5) 创建空元组。

```
>>> tup = ()              # 创建空元组
>>> tup0 = tuple()        # 创建空元组
>>> print(tup, tup0)
() ()
```

2. 元组的访问

元组是有序的不可变序列，可以通过正向或逆向索引进行访问或者执行切片操作。

例如：

```
>>> tup1 = ("朱婷", "女", 1994)
>>> tup1[-1]
1994
```

```
>>> tup1[1]
'女'
>>> tup1[ : ]
('朱婷', '女', 1994)
```

4.2.2 元组与列表的差异

元组是轻量级的列表,与列表相比,元组具有如下特点:

- 元组在定义时所有元素都放在一对圆括号中,而不是放在一对方括号中。
- 不能向元组中增加元素,元组没有 append()、insert()或 extend()方法。
- 不能从元组中删除元素,元组没有 remove()或 pop()方法。
- 元组支持使用 index()和 count()方法,并且可以进行 in、not in、+、*运算。
- 元组支持使用 sorted()函数进行排序,但排序结果是列表。
- 元组在字典中可以用作"键",但是列表不行。

表 4-1 是列表与元组的异同点对照表。

表 4-1 列表与元组的异同点对照表

操作、方法或函数	列表	元组
读元素	√	√
写元素	√	×
append()方法	√	×
insert()方法	√	×
extend()方法	√	×
pop()方法	√	×
del 命令	√	只能删除整个元组
remove()方法	√	×
copy()方法	√	×
index()方法	√	√
count()方法	√	√
sort()方法	√	×
sorted()函数	√	排序结果是列表
max()函数	适用于数值型列表	适用于数值型列表
min()函数	适用于数值型列表	适用于数值型列表
sum()函数	适用于数值型列表	适用于数值型列表
赋值	√	√
遍历元素	√	√
切片	√	√
in | not in 运算	√	√
+运算	√	√
*运算	√	√

4.2.3　元组应用案例

【例4-6】编写程序，实现如下功能：

- 创建一个元组，依次存放每个月对应的天数，假设2月份有28天。
- 根据用户输入的月份数字查询输出指定月份的天数。

参考代码：

```
1    monthdays=(31, 28, 31, 30, 31, 30, 31, 31, 30, 31, 30, 31)
2    months=("Jan", "Feb", "Mar","Apr", "May", "Jun", "Jul", "Aug", "Sep", "Oct", "Nov" ,"Dec")
3    month=eval(input("请输入月份数字(1～12)："))
4    print("Hi, there are {} days in {}!".format(monthdays[month-1],months[month-1]))
```

运行结果：

```
请输入月份数字(1～12)：5
Hi, there are 31 days in May!
```

4.3　字典

字典(dict)属于容器对象，里面包含若干键值对，是无序的可变序列。字典中的每个元素都是"键:值"对，各个元素之间用逗号隔开，语法格式为：{键1:值1, 键2:值2，…}。

字典具有如下特性：

- 字典中的值可以是任意数据类型，包括字符串、整数、对象，甚至可以是字典。
- 键与值用冒号分隔，而元素用逗号分隔，所有这些都包括在大括号内。
- 元素没有顺序。
- 键必须是唯一的，同一个键不允许重复出现。如果同一个键被赋值两次，那么后面的值会覆盖前面的值。
- 键必须不可变，只能用数字、字符串或元组充当，不能用列表充当。

4.3.1　字典的创建与删除

1. 字典的创建

1) 使用=可以直接将一个字典赋值给变量，语法格式如下：变量 = {键1:值1, 键2:值2，…}。
例如：

```
>>> aDict = {'server': 'db.diveintopython3.org', 'database': 'mysql'}
```

2) 可以使用内置函数dict()创建字典。
例如：

```
>>> x = dict()              # 空字典
>>> type(x)                 # 查看对象类型
<class 'dict'>
>>> x = {}                  # 空字典
>>> keys = ['a', 'b', 'c', 'd']
```

```
>>> values = [1, 2, 3, 4]
>>> dictionary = dict(zip(keys, values))          # 根据已有数据创建字典
>>> d = dict(name='Dong', age=39)                 # 以关键参数的形式创建字典
>>> aDict = dict.fromkeys(['name', 'age', 'sex']) # 以给定内容为 "键"，创建 "值" 为空的字典
>>> aDict
{'age': None, 'name': None, 'sex': None}
```

2. 字典的删除

可以使用 del 命令删除整个字典，语法格式如下：del 字典名。

```
>>> del aDict                                     # 删除字典变量 aDict
>>> aDict
Traceback (most recent call last):
  File "<pyshell#3>", line 1, in <module>
    aDict
NameError: name 'aDict' is not defined
```

4.3.2　访问字典元素

1) 使用 "键" 作为下标访问对应的 "值"。字典中的每个元素都表示一种映射关系或对应关系，只要将提供的 "键" 作为下标，就可以访问对应的 "值"。如果字典中不存在这个 "键"，则会抛出异常。

例如：

```
>>> dict1 = {'name': 'Wu Dajing', 'age': 27, 'sex': 'male'}
>>> dict1['age']               # 若指定的 "键" 存在，则返回对应的 "值"
27
>>> dict1['address']           # 若指定的 "键" 不存在，则抛出异常
KeyError: 'address'
```

2) 使用 keys() 方法返回一个包含所有键的列表。

例如：

```
>>> dict1 = {'name': 'Wu Dajing', 'age': 27, 'sex': 'male'}
>>> dict1.keys()
dict_keys(['name', 'age', 'sex'])
```

3) 使用 values() 方法返回一个包含所有值的列表。

例如：

```
>>> dict1.values()
dict_values(['Wu Dajing', 27, 'male'])
```

4) 使用 get() 方法根据键返回值。如果输入的键不存在，则返回 None，也可指定返回特定的 "值"。

例如：

```
>>> dict1.get('age')
27
>>> dict1.get('address')
```

```
>>> dict1.get('address', 'jms')
'jms'
```

5) 使用 items()方法返回一个由形如(key, value)的元组组成的列表。

例如：

```
>>> dict1.items()
dict_items([('name', 'Wu Dajing'), ('age', 27), ('sex', 'male')])
```

下面的代码将首先生成包含 1000 个随机字符的字符串，然后统计每个字符的出现次数。

```
>>> import string
>>> import random

>>> x = string.ascii_letters + string.digits + string.punctuation    # 形成字符集(由字母、数字、标点符号组成)
>>> y = [random.choice(x) for i in range(1000)]        # 随机产生 1000 个字符
>>> z = ''.join(y)                    # 将列表 y 中的每个元素拼接为一个字符串
>>> d = dict()                      # 使用字典保存每个字符出现的次数
>>> for ch in z:
        d[ch] = d.get(ch, 0) + 1        # 统计字符个数
>>> print(d)
{'0': 12, 'Q': 15, 'e': 11, '=': 7, '\\': 6, 'P': 11, 'r': 13, 'V': 12, 'o': 7, '"': 10, 'J': 10, '(': 12, '"': 13, ':': 6, '_': 14, '%': 16, 'D':
15, 'V': 10, '{': 12, ']': 13, 'L': 9, '~': 10, '&': 11, 'I': 10, 's': 13, 'j': 9, '3': 6, '#': 9, 'g': 5, '^': 7, '5': 14, 'h': 10, 'S': 12, 'x': 10, '}': 7,
'k': 12, ';': 14, 'p': 17, 'c': 10, 'y': 12, 'f': 6, 't': 11, '!': 12, 'm': 13, 'T': 13, 'n': 6, 'O': 16, 'R': 15, '4': 10, 'T': 16, 'i': 11, 'A': 8, '7': 9,
'G': 8, 'z': 11, 'N': 12, 'H': 11, '$': 13, 'E': 18, '<': 10, '[': 10, 'j': 12, '`': 12, '-': 8, 'M': 7, 'u': 9, 'w': 9, 'K': 14, ')': 10, 'a': 6, 'F': 11,
'+': 14, 'X': 10, 'b': 9, 'Y': 11, '6': 13, '?': 7, 'W': 17, ',': 15, 'U': 7, 'd': 7, 'B': 9, 'q': 11, '*': 9, '8': 9, '@': 7, '/': 6, 'Z': 10, '2': 15,
'C': 14, '9': 2, '1': 9, '>': 4, '.': 16}
```

4.3.3 字典元素的添加、修改与删除

1. 添加和修改字典元素

1) 当以指定的"键"作为下标为字典元素赋值时，有如下两种含义：

- 若该键存在，则表示修改该键对应的值。
- 若该键不存在，则表示添加一个新的"键:值"对，也就是添加一个新的字典元素。

例如：

```
>>> dict1 = {'name': 'Wu Dajing', 'age': 26, 'sex': 'male'}
>>> dict1['age'] = 27                #修改字典元素的值
>>> dict1
{'name': 'Wu Dajing', 'age': 27, 'sex': 'male'}
>>> dict1['address'] = 'Beijing'        #添加新的字典元素
>>> dict1
{'name': 'Wu Dajing', 'age': 27, 'sex': 'male', 'address': 'Beijing'}
```

2) 使用 update()方法。对于字典对象来说，update()方法的作用相当于合并——把另一个字典的"键:值"合并到当前字典中并覆盖相同键的值。换言之，如果两个字典中存在相同的"键"，则以另一个字典中的"值"为准对当前字典进行更新。

```
>>> dict1 = {'name': 'Wu Dajing', 'age': 26, 'sex': 'male'}
>>> dict1.update({'address':'Beijing', 'age':27})      # 修改 age 键对应的值，同时添加新的字典元素
```

```
                                            # 'address':'Beijing'
>>> dict1
{'name': 'Wu Dajing', 'age': 27, 'sex': 'male', 'address': 'Beijing'}
```

2. 删除字典元素

1) 使用 del 命令可以删除指定的字典元素，语法格式如下：del 字典名[键]。
例如：

```
>>> dict1 = {'name': 'Wu Dajing', 'age': 27, 'sex': 'male', 'address': 'Beijing'}
>>> del dict1['address']
>>> dict1
{'name': 'Wu Dajing', 'age': 27, 'sex': 'male'}
```

2) 使用 pop()方法可以删除一个键并返回对应的值，语法格式如下：字典名.pop(键[,默认值])。
使用 pop()方法时，需要注意以下两点。
首先，当不确定指定的键在字典中是否存在时，需要给出默认值；否则，当删除字典中不存在的元素时，系统会报错。
例如：

```
>>> dict1 = {'name': 'Wu Dajing', 'age': 27, 'sex': 'male', 'address': 'Beijing'}
>>> dict1.pop('tel','not exist')
'not exist'
>>> dict1.pop('address')
'Beijing'
```

其次，当使用 pop()方法时，需要至少包含一个用于指定的参数。如果所有参数都采用默认设置的话，系统会报错。
例如：

```
>>> dict1.pop()
Traceback (most recent call last):
  File "<pyshell#22>", line 1, in <module>
    dict1.pop()
TypeError: pop expected at least 1 argument, got 0
```

3) 使用 popitem()方法可以随机删除并返回一个元组形式的元素，语法格式如下：字典名.popitem()。
例如：

```
>>> dict1 = {'name': 'Wu Dajing', 'age': 27, 'sex': 'male', 'address': 'Beijing'}
>>> dict1.popitem()
('address', 'Beijing')
```

值得注意的是，popitem()方法是随机选择并删除元素的。如果字典为空，那么当调用 popitem()方法时，系统会报错。popitem()方法没有参数，我们无法指定想要删除的元素，这与 pop()方法恰好相反。
4) 使用 clear()方法可以清除字典中的所有元素，语法格式如下：字典名.clear()。
例如：

```
>>> dict1.clear()          # 清空字典元素，使其成为空字典
>>> dict1
{}
```

3. 字典元素的其他操作

1) 使用 copy()方法可以复制字典，语法格式如下：字典名.copy()。
例如：

```
>>> dict1 = {'name': 'Wu Dajing', 'age': 27, 'sex': 'male'}
>>> dict2 = dict1.copy()
>>> dict2
{'name': 'Wu Dajing', 'age': 27, 'sex': 'male'}
```

2) 使用 in 运算符可以判断某个键是否在字典中，但对于值不适用，语法格式如下：键 in 字典名。
例如：

```
>>> dict2 = {'name': 'Wu Dajing', 'age': 27, 'sex': 'male'}
>>> 'address' in dict2
False
```

4.3.4　字典应用案例

【例 4-7】读入一个字典类型的字符串，反转其中的键值对并输出。换言之，读入 key:value 模式，输出 value:key 模式。
参考代码：

```
1    while True:
2        s = input("请输入字典类型的字符串：")
3        d = eval(s)
4        if isinstance(d, dict):
5            e = {}
6            for k in d:
7                e[d[k]] = k
8            print(e)
9            break
10       else:
11           print("输入错误，请重新输入。")
```

运行结果：

```
请输入字典类型的字符串：123
输入错误，请重新输入。
请输入字典类型的字符串：{"黑龙江":"哈尔滨","吉林":"长春"}
{'哈尔滨': '黑龙江', '长春': '吉林'}
```

【例 4-8】给出一个含有重复人名的字符串，输出出现次数最多的人名。
参考代码：

```
1    s = '''双儿 洪七公 赵敏 赵敏 逍遥子 鳌拜 殷天正 金轮法王 乔峰 杨过洪七公 郭靖 杨逍 鳌拜
```

```
2      殷天正 段誉 杨逍 慕容复 阿紫 慕容复 郭芙 乔峰 令狐冲 郭芙 金轮法王 小龙女 杨过慕容复
3      梅超风 李莫愁 洪七公 张无忌 梅超风 杨逍 鳌拜 岳不群 黄药师 黄蓉 段誉 金轮法王 忽必烈
4      忽必烈 张三丰 乔峰 乔峰 阿紫 乔峰 金轮法王 袁冠南 张无忌 郭襄 黄蓉 李莫愁 赵敏 赵敏
5      郭芙 张三丰 乔峰 赵敏 梅超风 双儿 鳌拜 陈家洛 袁冠南 郭芙 郭芙 杨逍 赵敏 金轮法王
6      忽必烈 慕容复 张三丰 赵敏 杨逍 令狐冲 黄药师 袁冠南 杨逍 完颜洪烈 殷天正 李莫愁 阿紫
7      逍遥子 乔峰 逍遥子 完颜洪烈 郭芙 杨逍 张无忌 杨过慕容复 逍遥子 虚竹 双儿 乔峰 郭芙
8      黄蓉 李莫愁 陈家洛 杨逍忽必烈 鳌拜 王语嫣 洪七公 韦小宝 阿朱 梅超风 段誉 岳灵珊
9      完颜洪烈 乔峰 段誉 杨逍慕容复 杨过黄蓉 杨过阿紫 杨逍 张三丰 张三丰 赵敏 张三丰 杨逍
10     黄蓉 金轮法王 郭襄 张三丰 令狐冲 赵敏 郭芙 韦小宝 黄药师 阿紫 韦小宝 金轮法王 杨逍
11     令狐冲 阿紫 洪七公 袁冠南 双儿 郭靖 鳌拜 谢逊 阿紫 郭襄 梅超风 张无忌 段誉 忽必烈
12     完颜洪烈 双儿 逍遥子 谢逊 完颜洪烈 殷天正 金轮法王 张三丰 双儿 郭襄 阿朱 郭襄 双儿
13     李莫愁 郭襄 忽必烈 金轮法王 张无忌 鳌拜 忽必烈 郭襄 令狐冲 谢逊 梅超风 殷天正 段誉
14     袁冠南 张三丰 王语嫣 阿紫 谢逊 杨过郭靖 黄蓉 双儿 灭绝师太 段誉 张无忌 陈家洛 黄蓉
15     鳌拜 黄药师 逍遥子 赵敏 忽必烈 逍遥子 完颜洪烈 金轮法王 双儿 鳌拜 洪七公 郭芙 郭襄
16     赵敏'''
17  ls = s.split()
18  d = {}
19  for i in ls:
20      d[i] = d.get(i, 0) + 1
21  max_name, max_cnt = "", 0
22  for k in d:
23      if d[k] > max_cnt:
24          max_name, max_cnt = k, d[k]
25  print(max_name, max_cnt)
```

运行结果：

```
赵敏 11
```

4.4　集合

Python 语言中的集合(set)是无序的可变序列，元素具有唯一性，不允许重复，元素间用逗号隔开，并用一对大括号作为定界符括起来。

4.4.1　集合的创建与删除

1. 集合的创建

1) 使用=可以直接将一个集合赋值给变量，语法格式如下：变量 = {元素 1, 元素 2, …}。例如：

```
>>> s = {'杨倩', '侯志慧'}
>>> type(s)
<class 'set'>
```

重复的元素在集合中会被自动过滤掉，如下所示：

```
>>> s = {'杨倩', '侯志慧', '杨倩'}
>>> s
```

```
{'杨倩', '侯志慧'}
```

2) 使用 set()函数可以将列表、元组、集合、range 对象、字符串转换成集合。
例如：

```
>>> s = set(['杨倩', '侯志慧'])
>>> s
{'杨倩', '侯志慧'}
>>> s = set(('杨倩', '侯志慧'))
>>> s
{'杨倩', '侯志慧'}
>>> s = set({'杨倩': 21, '侯志慧': 21})
>>> s
{'杨倩', '侯志慧'}
>>> s = set(range(5))
>>> s
{0, 1, 2, 3, 4}
>>> s = set('China')
>>> s
{'n', 'a', 'i', 'C', 'h'}
```

3) 创建空集合。空集是数学中一个常见的概念，Python 语言允许直接创建空集合，但不是使用一对空的大括号，而是使用不带参数的 set()函数。语法格式如下：变量 = set()。
例如：

```
>>> s1 = set()          # 空集合
>>> type(s1)
<class 'set'>
>>> s2 = {}             # 空字典
>>> type(s2)
<class 'dict'>
```

2. 集合的删除

使用 del 命令可以删除集合，语法格式如下：del 集合名。
例如：

```
>>> s1 = set()
>>> del s1
>>> s1                  # 删除 s1 集合后再查看系统会报错
Traceback (most recent call last):
    File "<pyshell#17>", line 1, in <module>
        s1
NameError: name 's1' is not defined
```

4.4.2 集合操作与运算

1. 集合操作

1) 集合的访问

集合本身无序，无法进行索引和切片操作，只能使用 in、not in 运算符或者通过循环遍历来访问或判断集合元素。

例如：

```
>>> s3 = {'python', 2021}
>>> s3
{'python', 2021}
>>> 2021 in s3
True
>>> for i in s3:
        print(i, end = "")          #输出 python2021
```

2）添加集合元素

使用 add()方法可以向集合中添加元素，语法格式如下：集合名.add(新元素)。

例如：

```
>>> s = {'杨倩', '侯志慧'}
>>> s.add('王璐瑶')
>>> s
{'杨倩', '侯志慧', '王璐瑶'}
```

使用 update()方法可以合并另一个集合中的元素到当前集合中，并自动去掉重复的元素。语法格式如下：集合 1.update(集合 2)。

例如：

```
>>> s = {'杨倩', '侯志慧'}
>>> s1 = {'杨倩', '庞伟'}
>>> s.update(s1)
>>> s
{'杨倩', '侯志慧', '庞伟'}
```

3）删除集合元素

使用 pop()方法可以随机删除并返回集合中的一个元素，如果集合为空，则抛出异常。语法格式如下：集合.pop()。

例如：

```
>>> s3 = {'python', 2021}
>>> s3.pop()
'python'
```

使用 remove()方法可以从集合中删除指定的元素，如果指定的元素不存在，则抛出异常。语法格式如下：集合.remove(指定元素)。

例如：

```
>>> s3 = {'python', 2021}
>>> s3.remove(2021)
>>> s3
{'python'}
>>> s3.remove(2021)          # 当删除不存在的元素时，系统会报错
Traceback (most recent call last):
    File "<pyshell#45>", line 1, in <module>
```

```
    s3.remove(2021)
KeyError: 2021
```

使用 discard()方法可以从集合中删除某个特定元素，如果这个元素不在集合中，则忽略该操作。语法格式如下：集合.discard(指定元素)。

例如：

```
>>> s3 = {'python'}
>>> s3.discard(2021)        # 当删除不存在的元素时，系统会忽略该操作
```

使用 clear()方法可以清空集合。语法格式如下：集合.clear()。

例如：

```
>>> s3.clear()
>>> s3
set()
```

2. 集合运算

Python 支持数学意义上的并集、交集、差集及对称差集运算，如图 4-2 所示。

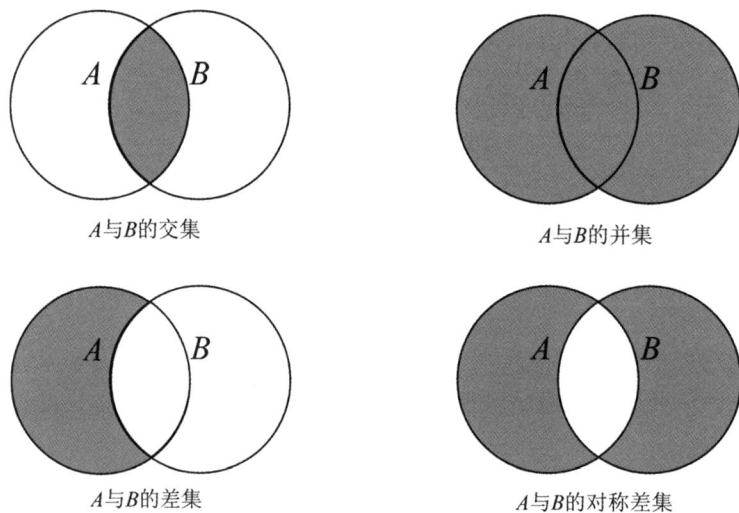

A与B的交集 A与B的并集

A与B的差集 A与B的对称差集

图 4-2　集合运算

1) 并集
- | 运算符用于两个集合的并集。
- union()方法。

```
>>> set_A = {1, 2, 3}
>>> set_B = {2, 4, 6}
>>> set_A | set_B
{1, 2, 3, 4, 6}
>>> set_A.union(set_B)
{1, 2, 3, 4, 6}
```

2) 交集
- & 用于两个集合的交集。

- intersection()方法。

```
>>> set_A & set_B
{2}
>>> set_A.intersection(set_B)
{2}
```

3) 差集

- −用于两个集合的差集。
- difference()方法。

```
>>> set_A - set_B
{1, 3}
>>> set_B - set_A
{4, 6}
>>> set_A.difference(set_B)
{1, 3}
>>> set_B.difference(set_A)
{4, 6}
```

4) 对称差集

- ^用于求出两个集合中不同时存在的元素。
- symmetric_difference()方法。

```
>>> set_A ^ set_B
{1, 3, 4, 6}
>>> set_A.symmetric_difference(set_B)
{1, 3, 4, 6}
```

【例 4-9】TIOBE 编程语言排行榜和 IEEE 排行榜是世界上公认的两大编程语言排行榜。2024 年 12 月，TIOBE 编程语言排行榜排名前 6 的是 Python、C++、Java、C、C#、JavaScript，IEEE 编程语言排行榜排名前 6 的是 Python、C++、C、Java、C#、PHP。请编写代码输出以下信息：

- 2024 年 12 月 TIOBE 编程语言排行榜排名前 6 的编程语言。
- 2024 年 12 月 IEEE 编程语言排行榜排名前 6 的编程语言。
- 2024 年 12 月上榜的所有编程语言。
- 2024 年 12 月在两个榜单中同时排名前 6 的编程语言。
- 2024 年 12 月只在 TIOBE 编程语言排行榜中排名前 6 的编程语言。
- 2024 年 12 月只在 TIOBE 编程语言排行榜或 IEEE 编程语言排行榜中排名前 6 的编程语言。

参考代码：

```
1    set_T = {'Python', 'C++', 'Java', 'C', 'C#', 'JavaScript'}
2    set_I = {'Python', 'C++', 'C', 'Java', 'C#', 'PHP'}
3    print("2024 年 12 月 TIOBE 编程语言排行榜排名前 6 的编程语言：",end="")
4    print(set_T)
5    print("2024 年 12 月 IEEE 编程语言排行榜排名前 6 的编程语言：",end="")
6    print(set_I)
7    print("2024 年 12 月上榜的所有编程语言：",end="")
```

```
8     print(set_T | set_I)
9     print("2024 年 12 月在两个榜单中同时排名前 6 的编程语言：",end='')
10    print(set_T & set_I)
11    print("2024 年 12 月只在 TIOBE 编程语言排行榜中排名前 6 的编程语言：",end='')
12    print(set_T - set_I)
13    print("2024 年 12 月只在 TIOBE 编程语言排行榜或 IEEE 编程语言排行榜中排名前 6 的编程语言：",end='')
14    print(set_T ^ set_I)
```

运行结果：

2024 年 12 月 TIOBE 编程语言排行榜排名前 6 的编程语言：{'Python', 'C++', 'Java', 'C', 'C#', 'JavaScript'}
2024 年 12 月 IEEE 编程语言排行榜排名前 6 的编程语言：{'PHP', 'C++', 'C', 'Java', 'Python', 'C#'}
2024 年 12 月上榜的所有编程语言：{'PHP', 'C++', 'JavaScript', 'C', 'Java', 'Python', 'C#'}
2024 年 12 月在两个榜单中同时排名前 6 的编程语言：{'C++', 'C', 'Java', 'Python', 'C#'}
2024 年 12 月只在 TIOBE 编程语言排行榜中排名前 6 的编程语言：{'JavaScript'}
2024 年 12 月只在 TIOBE 编程语言排行榜或 IEEE 编程语言排行榜中排名前 6 的编程语言：{'JavaScript', 'PHP'}

4.4.3 集合应用案例

【例 4-10】获得用户输入的一个整数 n，输出 n 中出现的不同数字的和。

参考代码：

```
1     n = input("请输入一个整数 n：")
2     ss = set(n)
3     s = 0
4     for i in ss:
5         s += eval(i)
6     print(s)
```

运行结果：

请输入一个整数 n：123321
6

【例 4-11】大学举行运动会，需要对参赛人数进行统计。试编写程序，实现以下功能。

1）使用集合变量 high_jump 和 long_jump 分别存储参加跳高和跳远比赛的学生名单，如表 4-2 所示。

表 4-2　参加跳高和跳远比赛的学生名单

序号	项目	姓名
1	跳高	王宇
2	跳远	张国伟
3	跳高	张国伟
4	跳高	朱建华
5	跳高	顾莹
6	跳远	王嘉男
7	跳远	顾莹

（续表）

序号	项目	姓名
8	跳高	黄海强
9	跳远	高兴龙
10	跳高	胡麟鹏

2) 统计参加比赛的所有学生名单并输出。

3) 统计同时参加两项比赛的学生名单并输出。

4) 统计只参加跳高比赛的学生名单并输出。

5) 统计只参加跳远比赛的学生名单并输出。

6) 统计仅参加一项比赛的学生名单并输出。

方法一，参考代码如下：

```
1   high_jump = {"王宇","张国伟","朱建华","顾莹","黄海强", "胡麟鹏"}
2   long_jump = {"张国伟","顾莹","王嘉男","高兴龙"}
3   set_union = high_jump | long_jump
4   set_intersection = high_jump & long_jump
5   set_difference1 = high_jump - long_jump
6   set_difference2 = long_jump - high_jump
7   set_symmetric_difference = set_difference1 | set_difference2
8   print("所有参赛的学生有：{}".format(set_union))
9   print("两项比赛都参加的有：{}".format(set_intersection))
10  print("只参加跳高比赛的有：{}".format(set_difference1))
11  print("只参加跳远比赛的有：{}".format(set_difference2))
12  print("只参加一项比赛的有：{}".format(set_symmetric_difference))
```

方法二，参考代码如下：

```
1   high_jump = {"王宇","张国伟","朱建华","顾莹","黄海强", "胡麟鹏"}
2   long_jump = {"张国伟","顾莹","王嘉男","高兴龙"}
3   set_union = high_jump.union(long_jump)
4   set_intersection = high_jump.intersection(long_jump)
5   set_difference1 = high_jump.difference(long_jump)
6   set_difference2 = long_jump.difference(high_jump)
7   set_symmetric_difference = long_jump.symmetric_difference(high_jump)
8   print("所有参赛的学生有：{}".format(set_union))
9   print("两项比赛都参加的有：{}".format(set_intersection))
10  print("只参加跳高比赛的有：{}".format(set_difference1))
11  print("只参加跳远比赛的有：{}".format(set_difference2))
12  print("只参加一项比赛的有：{}".format(set_symmetric_difference))
```

运行结果：

```
所有参赛的学生有：{'张国伟', '王宇', '高兴龙', '黄海强', '顾莹', '胡麟鹏', '王嘉男', '朱建华'}
两项比赛都参加的有：{'顾莹', '张国伟'}
只参加跳高比赛的有：{'王宇', '朱建华', '胡麟鹏', '黄海强'}
只参加跳远比赛的有：{'高兴龙', '王嘉男'}
只参加一项比赛的有：{'胡麟鹏', '王嘉男', '王宇', '朱建华', '高兴龙', '黄海强'}
```

4.5 经典程序分析

【例 4-12】列表 list1 中存储了我国 39 所 985 大学对应的高校类型，请以这个列表为数据变量，完善 Python 代码，统计输出各类型高校的数量。

```
list1 = ["综合","理工","综合","综合","综合","综合","综合","综合","综合",\
        "综合","师范","理工","综合","理工","综合","综合","综合","综合",\
        "综合","理工","理工","理工","理工","师范","综合","农林","理工",\
        "综合","理工","理工","理工","综合","理工","综合","综合","理工",\
        "农林","民族","军事"]
```

参考代码：

```
1    list1 = ["综合","理工","综合","综合","综合","综合","综合","综合","综合",\
2            "综合","师范","理工","综合","理工","综合","综合","综合","综合",\
3            "综合","理工","理工","理工","理工","师范","综合","农林","理工",\
4            "综合","理工","理工","理工","综合","理工","综合","综合","理工",\
5            "农林","民族","军事"]
6    d = {}
7    for word in list1:
8        d[word] = d.get(word, 0) + 1
9    for k in d:
10       print("{}:{}".format(k, d[k]))
```

运行结果：

```
综合:20
理工:13
师范:2
农林:2
民族:1
军事:1
```

4.6 习题

一、选择题

1. 假设已经定义 s = "the sky is blue"，语句 print(s[-4:], s[:-4])输出的结果是(   )。

    A. the sky is blue   B. blue the sky is   C. blue is sky the   D. sky is blue the

2. 以下程序的输出结果是(   )。

```
1    ls=[(78, 39), (68, 28), (96, 35)]
2    ls.sort(key=lambda x:x[1], reverse=True)
3    print(ls)
```

    A. [(68, 28), (78, 39),(96, 35)]   B. [(96, 35), (78, 39), (68, 28)]

    C. [(78, 39), (96, 35), (68, 28)]   D. [(68, 28), (96, 35),(78, 39)]

3. 以下程序的输出结果是(　　)。

```
1    ls=[[1,2,3], [[4,5],6], [7,8]]
2    print(len(ls))
```

　　A. 3　　　　　　　　B. 4　　　　　　　　C. 8　　　　　　　　D. 1

4. 以下程序的输出结果是(　　)。

```
1    ls =list({"shandong":200, "hebei":300, "beijing":400})
2    print(ls)
```

　　A. ['300', '200', '400']　　　　　　　B. ['shandong', 'hebei', 'beijing']

　　C. [300, 200, 400]　　　　　　　　　D. 'shandong', 'hebei', 'beijing'

5. 以下程序的输出结果是(　　)。

```
1    ls1 = [1,2,3,4,5]
2    ls2 = [3,4,5,6,7,8]
3    cha1 = []
4    for i in ls2:
5        if i not in ls1:
6            cha1.append(i)
7    print(cha1)
```

　　A. (6, 7, 8)　　　　B. (1, 2, 6, 7, 8)　　C. [1, 2, 6, 7, 8]　　D. [6, 7, 8]

6. sum([i * i for i in range(3)])的计算结果是？(　　)

　　A. 3　　　　　　　　B. 5　　　　　　　　C. 2　　　　　　　　D. 14

7. ls = [35, "Python", [10, "LIST"], 36]，ls[2][-1][1]的运行结果是(　　)。

　　A. I　　　　　　　　B. P　　　　　　　　C. Y　　　　　　　　D. L

8. 以下程序的输出结果是(　　)。

```
1    x = ['90', '87', '90']
2    n = 90
3    print(x.count(n))
```

　　A. 1　　　　　　　　B. 0　　　　　　　　C. None　　　　　　　D. 2

9. 以下程序的输出结果是(　　)。

```
1    a = ["a", "b", "c"]
2    b = a[::-1]
3    print(b)
```

　　A. ['a', 'b', 'c']　　　B. ['c', 'b', 'a']　　C. 'a', 'b', 'c'　　　D. 'c', 'b', 'a'

10. 以下程序的输出结果是(　　)。

```
1    s =["seashell", "gold", "pink", "brown", "purple", "tomato"]
2    print(s[1:4:2])
```

　　A. ['gold', 'pink', 'brown']　　　　　　B. ['gold', 'pink']

　　C. ['gold', 'pink', 'brown', 'purple', 'tomato']　　D. ['gold', 'brown']

11. 以下程序的输出结果是(   )。

```
1    dat=['1', '2', '3', '0', '0', '0']
2    for item in dat:
3        if item == '0':
4            dat.remove(item)
5    print(dat)
```

    A. ['1', '2', '3']   B. ['1', '2', '3', '0', '0']

    C. ['1', '2', '3', '0']   D. ['1', '2', '3', '0', '0', '0']

12. 以下程序的输出结果是(   )。

```
1    x = [90, 87, 93]
2    y = ["zhang", "wang", "zhao"]
3    print(list(zip(y, x)))
```

    A. ('zhang', 90), ('wang', 87), ('zhao', 93)   B. [['zhang', 90], ['wang', 87], ['zhao', 93]]

    C. ['zhang', 90], ['wang', 87], ['zhao', 93]   D. [('zhang', 90), ('wang', 87), ('zhao', 93)]

13. 以下程序的输出结果是(   )。

```
1    lcat =["狮子","猎豹","虎猫","花豹","孟加拉虎","美洲豹","雪豹"]
2    for s in lcat:
3        if "豹" in s:
4            print(s, end="")
5            break
```

    A. 猎豹   B. 花豹   C. 美洲豹   D. 雪豹

14. 以下程序的输出结果是(   )。

```
1    s = ""
2    ls = [1, 2, 3, 4]
3    for L in ls:
4        s += str(L)
5    print(s)
```

    A. 1, 2, 3, 4   B. 4321   C. 4, 3, 2, 1   D. 1234

15. 以下关于列表操作的描述中，错误的是(   )。

    A. 通过 append()方法可以向列表中添加元素

    B. 通过 extend()方法可以将另一个列表中的元素逐一添加到列表中

    C. 通过 add()方法可以向列表中添加元素

    D. 通过 insert(index, object)方法可在指定位置 index 前插入元素 object

16. 若有s = "Python"，则能够输出显示Python的选项是(   )。

    A. print(s[0:-1])   B. print(s[-1:0])   C. print(s[:])   D. print(s[:5])

17. 给定字典d，以下关于d.get(x, y)的描述中，正确的是(   )。

    A. 返回字典 d 中键为 y 的值，如果不存在，则返回 x

    B. 返回字典 d 中键值对为 x:y 的值

　　C. 返回字典 d 中键为 x 的值，如果不存在，则返回 y

　　D. 返回字典 d 中键为 y 的值，如果不存在，则返回 y

18. 关于Python字典，以下选项中描述错误的是(　　)。

　　A. 如果想保持集合中元素的顺序，可以使用字典类型

　　B. 在字典中，对某个键值的修改可以通过访问和赋值来实现

　　C. Python 字典是包含零个或多个键值对的集合，没有长度限制，可以根据"键"索引"值"的内容

　　D. Python 通过字典实现了映射

19. 以下关于字典的描述中，错误的是(　　)。

　　A. 字典是一种无序的对象集合，可通过键来存取

　　B. 字典可以在原来的变量上增加或缩短

　　C. 字典可以包含列表和其他数据类型，并支持嵌套其他字典

　　D. 字典中的数据可以进行切片和合并操作

20. 给定字典d，以下关于d.items()的描述中，正确的是(　　)。

　　A. 返回一个元组，其中的每个元素是一个二元元组，包括字典 d 中的所有键值对

　　B. 返回一个列表，其中的每个元素是一个二元元组，包括字典 d 中的所有键值对

　　C. 返回一种 dict_items 对象，里面包括字典 d 中的所有键值对

　　D. 返回一个集合，其中的每个元素是一个二元元组，包括字典 d 中的所有键值对

二、判断题

1. 当使用列表对象的 insert()方法为列表插入元素时，将会改变列表中插入位置之后的元素的索引。　　　　　　　　　　　　　　　　　　　　　　　　　　　　　　(　　)

2. 使用列表对象的 remove()方法可以删除列表中首次出现的指定元素，如果列表中不存在想要删除的元素，系统将抛出异常。　　　　　　　　　　　　　　　　　　(　　)

3. 对于列表而言，在尾部追加元素比在中间位置插入元素速度更快一些，尤其是对于包含大量元素的列表。　　　　　　　　　　　　　　　　　　　　　　　　　　　(　　)

4. 列表可以作为集合中的元素。　　　　　　　　　　　　　　　　　　　(　　)

5. 只能对列表进行切片操作，不能对元组和字符串进行切片操作。　　　(　　)

6. 空集合可以通过一对大括号{}来创建。　　　　　　　　　　　　　　(　　)

7. 集合中的元素可以是可变数据类型。　　　　　　　　　　　　　　　(　　)

8. 集合支持双向索引，−1 表示最后一个元素的下标。　　　　　　　　(　　)

9. 空集合可以通过 set()函数来创建。　　　　　　　　　　　　　　　　(　　)

10. 列表可以作为字典中的"键"。　　　　　　　　　　　　　　　　　(　　)

三、填空题

1. 表达式 list(map(str, [1, 2, 3]))的值为_____。

2. Python 3.x 语句 for i in range(3):print(i, end=',')的输出结果为_____。

3. 在任意长度的 Python 列表、元组和字符串中，最后一个元素的下标为_____。

4. 表达式 len([i for i in range(10)])的值为_____。

5. 表达式 list(range(1, 10, 3))的值为＿＿＿＿。

6. 请写出下列程序的输出结果：

```
1    myDict = {'a':97, 'b':98, 'c':99}
2    for k, v in myDict.items():
3        print(k + ':' + str(v), end=' ')
```

输出结果：＿＿＿＿。

7. 表达式{1, 2, 3} < {1, 2, 4}的值为＿＿＿＿。

8. 表达式{1, 2, 3} – {3, 4, 5}的值为＿＿＿＿。

9. 表达式{1: 'a', 2: 'b', 3: 'c'}.get(4, 'd')的值为＿＿＿＿。

10. 表达式sorted({'a':3,'b':9, 'c':78}.values())的值为＿＿＿＿。

四、编程题

1. 从键盘获取一个整数n，编写一个程序，生成一个包含形如(i:$i * i$)元素的字典，要求该字典包含1和n之间的所有整数(1和n都包含)，输出这个字典。

输入：

请用户输入一个整数：8

输出：

{1:1, 2:4, 3:9, 4:16, 5:25, 6:36, 7:49, 8:64}

2. 在来自若干国家的名人中查找属于中国的名人，通过循环遍历将中国的名人以列表的形式存储在 china_people 变量中并输出。

```
celebrities = [["希腊", "索福克勒斯"], ["俄罗斯", "普希金"], ["法国", "莫里哀"],
              ["英国"," 拜伦"], ["中国", "老子"], ["印度", "泰戈尔"],
              ["德国", "歌德"], ["中国", "李白"], ["法国", "德彪西"]]
```

输入：

#无

输出：

[老子', 李白]

3. 编写一个程序，接收一行字母作为输入，并在将其中的所有字母大写后打印输出。

提示：为了将小写字母转换大写字母，需要使用 str.upper()方法，其中的 str 为字符串变量名。

输入：

请输入一行字母：Hello World
请输入一行字母：Life is short.I need Python

输出：

HELLO WORLD
LIFE IS SHORT.I NEED PYTHON

第 5 章

字符串操作

学习目标

- 学会利用字符串格式化进行输入输出操作。
- 学会使用切片方式访问字符串中的值。
- 掌握一些常用的 Python 内置字符串操作方法的用法。

学习重点

format 格式化输出，与字符串查找、替换、分隔、拼接有关的常用 Python 内置字符串操作方法的用法。

学习难点

字符串的切片及字符串排版。

知识导图

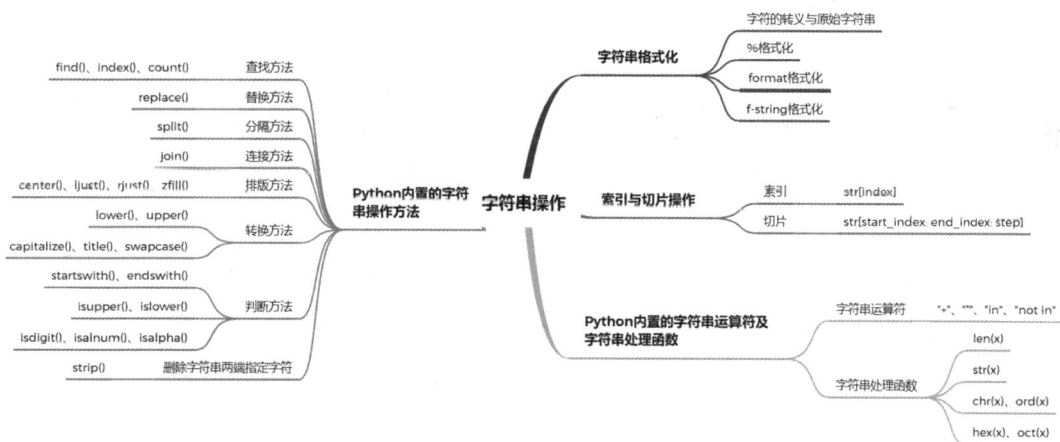

5.1 字符串格式化

5.1.1 字符的转义与原始字符串

字符的转义是指在字符串中某些特定字符的前面加一个反斜杠，从而使这些字符具有其他含义，而不再代表原始字符含义。Python 中常用的转义字符如表 5-1 所示。

表 5-1 Python 中常用的转义字符

转义字符	含义	转义字符	含义
\r	将光标回退到行首	\\	单个反斜杠\
\b	退格	\'	单引号'
\n	换行	\"	双引号"
\f	换页	\ooo	3 位的八进制字符
\t	水平制表	\xhh	2 位的十六进制字符
\v	垂直制表	\uhhhh	4 位的十六进制字符

【例 5-1】字符转义代码演示。

```
>>> print('Hello \nJms University')
Hello
Jms University
>>> print('Hello \\Jms University')
Hello \Jms University
>>> print('\112\x4d\u0053')
JMS
```

有些字符串中包含反斜杠，为了不使其发生转义，可以在字符串的前面加上 r 或 R 来表示其原始字符串含义，这类字符串常出现在文件路径、URL 和正则表达式中。

【例 5-2】原始字符串演示。

```
>>> print('C:\Windows\notepad.exe')
C:\Windows
otepad.exe
>>> print(r'C:\Windows\notepad.exe')
C:\Windows\notepad.exe
```

5.1.2 %格式化

使用%操作符格式化字符串是 Python 在早期提供的一种方法，虽然现在已经不常用，但是其结构和用法仍具有一定的借鉴性。具体的语法格式如下：

'% [-] [+] [0] [m] [.n] 格式字符' %待转换的表达式

上述语法可使用'%'分为前后两部分，整个前半部是使用一对英文半角的单引号(' ')引在其中的，开头的百分号%是必不可少的，其他参数如表 5-2 所示。

表 5-2　参数说明

参数	说明
[-]	表示左对齐，使用时，正数的前方没有符号，负数的前方需要加上负号(-)
[+]	表示右对齐，使用时，正数的前方需要加上加号(+)，负数的前方需要加上负号(-)
[0]	表示右对齐，使用时，正数的前方没有符号，负数的前方需要加上负号(-)，并且还需要用 0 填充空白处
[m]	表示数值所占的宽度，当上一个参数[0]和[m]参数一起使用的时候，如果数值的宽度不够，其他的位置将由 0 占据
[.n]	表示小数点后保留的位数
格式字符	必选参数，用来指定字符类型，参见表 5-3

表 5-3　格式字符

格式字符	说明	格式字符	说明
%d、%i	带符号的十进制整数	%g、%G	智能地选择%e、%f、%E 或%F
%o	带符号的八进制整数	%c	单个字符及其 ASCII 码
%x、%X	带符号的十六进制整数	%s	使用 str()函数将表达式转换为字符串
%e、%E	使用科学记数法表示的浮点数	%r	使用 repr()函数将表达式转换为字符串
%f、%F	十进制浮点数		

当使用这种方法进行字符格式化时，要求被格式化的内容和格式字符之间必须一一对应。

【例 5-3】使用%操作符格式化字符串。

```
>>> x = 1234
>>> '%o'%x,'%x'%x
('2322', '4d2')
>>> '%e'%x,'%E'%x
('1.234000e+03', '1.234000E+03')
>>> n = 123456
>>> '%09d'%n
'000123456'
>>> '%09.3f'%n
'123456.000'
>>> '%d,%c'%(65,65)
'65,A'
```

5.1.3　format 格式化

从 Python 2.6 开始，Python 新增了一个用来格式化字符串的方法——format()，使用这个方法同样可以对字符串进行格式化处理。在 format()方法中，允许将"{}"符号当作格式化操作符。基本语法格式如下：

<模板字符串>.format(<用逗号分隔的参数>)

在 format()方法中，<模板字符串>的槽中除了可以包括参数序号之外，还可以包括格式控

制标记。此时，槽的内部样式为：{<参数序号>: <格式控制标记>}。其中，格式控制标记包括<填充><对齐><宽度><，><.精度><类型>共 6 个字段，如表 5-4 所示。

表 5-4 format()方法的格式设置项

设置项	取值说明
<填充>	*、=、+等单个字符，默认为空格
<对齐>	^、<、>分别代表居中对齐、左对齐、右对齐
<宽度>	一个整数，表示格式化之后整个字符串的字符个数
<，>	整数或浮点数的千位分隔符
<.精度>	浮点数小数部分的精度或字符串的最大输出长度
<类型>	整数类型为 b、c、d、o、x、X，浮点类型为 e、E、f、%

【例 5-4】format()方法中默认顺序与指定顺序的使用。

```
>>> '{} {}'.format('hello', 'Jms University')
'hello Jms University'
>>> '{0} {1} {2}'.format('hello', 'Jms', 'University')
'hello Jms University'
>>> '{1} {2} {0}'.format('hello', 'Jms', 'University')
'Jms University hello'
```

【例 5-5】format()方法对字符串的格式化。

```
>>> '{:*^20}'.format('Pyhton')
'*******Pyhton*******'
>>> '{:=>20}'.format('Pyhton')
'==============Pyhton'
>>> '{1:*^10}{0:=>10}'.format('Hello', 'Pyhton')
'**Pyhton**=====Hello'
```

【例 5-6】format()方法对整数实数的设置。

```
>>> '{:.3f}'.format(3.1415926)
'3.142'
>>> '{:+^20.3f}'.format(3.1415926)
'++++++++3.142+++++++'
>>> '{:+^10d}'.format(88)
'++++88++++'
```

5.1.4 f-string 格式化

f-string 是 Python 3.6 新引入的一种字符串格式化方法，主要目的是想要使格式化字符串的操作更加简便。f-string 在形式上是以 f 或 F 修饰符引领的字符串(f'xxx' 或 F'xxx')，并以大括号标明将要被替换的字段；f-string 在本质上并不是字符串常量，而是直到运行时才运算求值的表达式。

【例 5-7】f-string 格式化演示。

```
>>> name = "Mike"
>>> age = 20
>>> f'My name is {name},and I am {age} years old.'
'My name is Mike,and I am 20 years old.'
>>> pi=3.1415926
>>> r=5
>>> f'周长为{2*pi*r}，面积为{pi*r*r}'
'周长为31.415926，面积为78.539815'
```

5.2　字符串的索引与切片

字符串是一个序列，访问字符串中一个或多个字符的操作可以通过索引和切片来完成。如图 5-1 所示，字符串的索引分正向索引和反向索引。

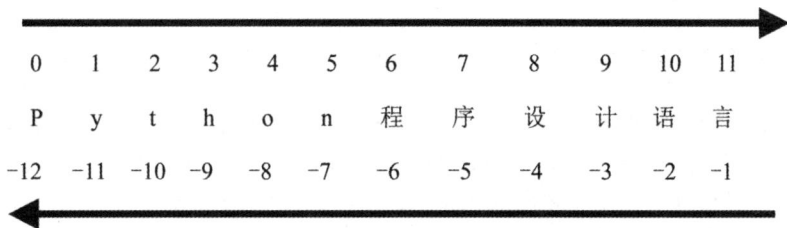

图 5-1　字符串的正向索引与反向索引

【例 5-8】字符串的索引访问方式。

```
>>> s = 'Hello Python'
>>> s[0], s[-1], s[8], s[-2]
('H', 'n', 't', 'o')
```

Python 中的字符串也提供[头下标:尾下标]这样的区间访问方式，这种访问方式又称为“切片”。若有字符串 s，s[头下标:尾下标]表示在字符串 s 中取索引值从头下标开始到尾下标结束(不包含尾下标)的子串。若省略头下标，则表示从开头取子串；若省略尾下标，则表示取到最后一个字符；若头下标和尾下标都省略，则表示取整个字符串。

【例 5-9】字符串的简单切片访问。

```
>>> s = 'Hello Python'
>>> s[0:5], s[6:-1]
('Hello', 'Pytho')
>>> s[:5], s[6:], s[:]
('Hello', 'Python', 'Hello Python')
```

对于字符串的切片访问，我们还可以设置取子串时的字符顺序，只需要再增加一个步长参数即可，此时区间访问方式由[头下标:尾下标]变成[头下标:尾下标:步长]。当步长大于 0 的时候，表示从左向右取字符；当步长小于 0 的时候，表示从右向左取字符。将步长的绝对值减 1，便可得知每次取字符的间隔是多少。

【例 5-10】字符串的复杂切片访问。

```
>>> s = 'Hello Python'
>>> s[0:5:1], s[0:6:2]
('Hello', 'Hlo')
>>> s[0:6:-1], s[4:0:-1]
('', 'olle')
>>> s[4::-1], s[::-1], s[::-3]
('olleH', 'nohtyP olleH', 'nt l')
```

5.3 常用的 Python 内置字符串操作方法

Python 语言为字符串对象提供了大量的内置方法用于字符串的查找、替换、分隔、拼接和排版等操作。使用时需要注意的是，字符串对象是不可变的，所以字符串对象提供的涉及字符串"修改"的方法都将返回修改之后的新字符串，而不会对原字符串做任何修改。

5.3.1 字符串查找方法 find()、rfind()、index()、rindex()和 count()

find()和 rfind()方法分别用来查找一个字符串在另一个字符串的指定范围(默认是整个字符串)内首次出现和最后一次出现时的位置，如果不存在，则返回-1。index()和 rindex()方法分别用来查找一个字符串在另一个字符串的指定范围(默认是整个字符串)内首次出现和最后一次出现时的位置，如果不存在，则抛出异常。count()方法用来返回一个字符串在另一个字符串中出现的次数，如果不存在，则返回 0。

【例 5-11】字符串查找相关示例。

```
>>> s = 'red,orange,yellow,green,blue,purple'
>>> s.find('orange')
4
>>> s.find('e')
1
>>> s.rfind('e')
34
>>> s.find('white')
-1
>>> s.index('red')
0
>>> s.rindex('e')
34
>>> s.index('white')
ValueError: substring not found
>>> s.count('e')
7
>>> s.count('aa')
0
```

5.3.2 字符串替换方法 replace()

replace()方法用来替换字符串中指定的字符或子串，但每次只能替换一个字符或子串，这有些类似于 Word、记事本等文本编辑器中的查找和替换功能。replace()方法不会修改原字符串，而是返回一个新的字符串。

例如：

```
>>> s = '东京奥运会中国体育代表团收获 38 金 32 银 18 铜'
>>> s.replace('东京', '第 32 届夏季')
'第 32 届夏季奥运会中国体育代表团收获 38 金 32 银 18 铜'
>>> s
'东京奥运会中国体育代表团收获 38 金 32 银 18 铜'
```

5.3.3 字符分隔方法 split()、rsplit()、partition()和 rpartition()

split()和 rsplit()方法分别用来以指定的字符为分隔符，从原字符串的左端和右端开始将其分隔成多个字符串，也可以指定最大分隔次数(maxsplit)，并返回包含分隔结果的列表。默认按空白符号分隔字符串，如空格、换行符、制表符等。partition()和 rpartition()方法用来以指定的字符串为分隔符将原字符串分隔为 3 部分：分隔符前的字符串、分隔符字符串、分隔符后的字符串。如果指定的分隔符不在原字符串中，则返回原字符串和两个空字符串。

【例 5-12】字符分隔相关示例。

```
>>> s = 'red,orange,yellow,green,blue,purple'
>>> s.split(',')
['red', 'orange', 'yellow', 'green', 'blue', 'purple']
>>> t = 'I am a chinese boy'
>>> t.split()
['I', 'am', 'a', 'chinese', 'boy']
>>> t.split(maxsplit=2)
['I', 'am', 'a chinese boy']
>>> t.rsplit(maxsplit=2)
['I am a', 'chinese', 'boy']
>>> s.partition('yello')
('red,orange,', 'yellow', ',green,blue,purple')
>>> s.partition('white')
('red,orange,yellow,green,blue,purple', '', '')
```

5.3.4 字符串连接方法 join()

join()方法用来对列表中的多个字符串进行连接，并在相邻的两个字符串之间插入指定的字符，然后返回一个新的字符串。

例如：

```
>>> s = ['I','am','a','chinese','boy']
>>> ' '.join(s)
'I am a chinese boy'
>>> '_'.join(s)
```

'I_am_a_chinese_boy'

5.3.5　字符串排版方法 center()、ljust()、rjust()和 zfill()

center()、ljust()、rjust()方法能够返回指定宽度的新字符串，原字符串则居中、左对齐或右对齐出现在新字符串中。如果指定的宽度大于字符串长度，则使用指定的字符(默认为空格)进行填充。zfill()方法能够返回指定宽度的字符串，并在左侧以字符'0'进行填充。

【例 5-13】字符串排版相关示例。

```
>>> s = 'Hello Python'
>>> s.center(30, '*')
'*********Hello Python*********'
>>> s.ljust(30, '=')
'Hello Python=================='
>>> s.rjust(30, '+')
'++++++++++++++++++Hello Python'
>>> s.zfill(30)
'000000000000000000Hello Python'
```

5.3.6　大小写字符转换方法 lower()、upper()、capitalize()、title()和 swapcase()

lower()和 upper()方法分别用来将字符串转换成小写字符串和大写字符串，capitalize()方法用来将字符串的首字母大写，title()方法用来将字符串中每个单词的首字母大写，swapcase()方法用来将字符串中字符的大小写互换。

【例 5-14】大小写字符转换相关示例。

```
>>> s = 'I am a chinese boy'
>>> s.lower()
'i am a chinese boy'
>>> s.upper()
'I AM A CHINESE BOY'
>>> s.title()
'I Am A Chinese Boy'
>>> s.swapcase()
'i AM A CHINESE BOY'
```

5.3.7　判断类字符串方法 startswith()、endswith()、isupper()、islower()、isdigit()、 isalnum()和 isalpha()

startswith()和 endswith()方法分别用来判断字符串是否以指定的字符串开始和结束；isupper()、islower()、isdigit()、isalnum()、isalpha()方法分别用来判断字符串是否由大写字母、小写字母、数字、有效字符或数字、字母组成。

【例 5-15】字符串判断相关示例。

```
>>> s = 'Hello Python'
>>> s.startswith('He')
```

```
True
>>> s.endswith('n')
True
>>> 'hello'.isupper()
False
>>> 'hello'.islower()
True
>>> '1234'.isdigit()
True
>>> '中国'.isalnum()
True
>>> 'abc123'.isalpha()
False
```

5.3.8 其他字符串相关方法 strip()、rstrip()和 lstrip()

strip()、rstrip()、lstrip()方法分别用来删除字符串两端、右端、左端连续的空字符或其他指定的字符。

【例 5-16】从字符串中删除指定的字符或空字符。

```
>>> s = '   Hello Python      '
>>> s.strip()
'Hello Python'
>>> s.lstrip()
'Hello Python      '
>>> s.rstrip()
'   Hello Python'
>>> 'aabbccddeeffgg'.strip('af')
'bbccddeeffgg'
>>> 'aabbccddeeffgg'.strip('afg')
'bbccddee'
```

5.4 Python 内置的字符串运算符及字符串处理函数

5.4.1 字符串运算符

+、*、in 运算符分别用于对字符串进行拼接、复制，以及判断是否是子串。

例如：

```
>>> 'aaa' + 'bbb'
'aaabbb'
>>> 'ab' * 3
'ababab'
>>> 'lo' in 'Hello python'
True
```

5.4.2　字符串处理函数

Python 内置的常用字符串处理函数如表 5-5 所示。

表 5-5　Python 内置的常用字符串处理函数

函数	描述
len(x)	返回字符串 x 的长度
str(x)	将任意类型的 x 对象转换为字符串类型
chr(x)	返回 Unicode 编码为 x 的字符
ord(x)	返回字符 x 的 Unicode 编码值
hex(x)	将整数 x 转换为十六进制数，并返回其小写字符串形式
oct(x)	将整数 x 转换为八进制数，并返回其小写字符串形式

【例 5-17】字符串处理相关示例。

```
>>> len('中国骄傲！')
5
>>> str(123)
'123'
>>> hex(15)
'0xf'
>>> oct(15)
'0o17'
>>> chr(97)
'a'
>>> ord('A')
65
```

5.5　经典程序分析

【例 5-18】给定英文字符串"Hello Jms University"，将其按单词反转后生成新的字符串 "University Jms Hello"。

```
1    s = "Hello Jms University"
2    s1 = s.split()
3    s2 = s1[::-1]
4    s3 = " ".join(s2)
5    print(s3)
```

【例 5-19】输入一个小于或等于 12 的整数 *n*，逐个输出字符串'人生苦短，我用 python'中的前 *n* 个字符，要求在每个字符后输出一个英文状态下的逗号。

```
1    n = eval(input())
2    s = '人生苦短，我用 python'
3    for i in range(n):
4        print(s[i], end=',')
```

【例 5-20】输入一个字符串，将其中所有的数字字符取出来并产生一个新的字符串。

```
1    str1 = 'ui87uf+.34kfj490WD&*'
2    str2 = ''
3    for x in str1:
4        if '0' <= x <= '9':
5            str2 += x
6    print(str2)
```

【例 5-21】输入两个字符串，从第一个字符串中删除第二个字符串包含的所有字符。例如，输入"I am a chinese boy."和"abc"，输出"I m hinese oy."

```
1    s1 = input('s1:')
2    s2 = input('s2:')
3    for i in s1:
4        if i in s2:
5            s1 = s1.replace(i,'')
6    print(s1)
```

【例 5-22】输入想要注册的用户名，判断用户名是否合法(用户名必须包含且只能包含数字和字母，并且第一个字符必须是大写字母)。

例如：'Abcd'——不合法，'123abc'——不合法，'abc123aa'——不合法，'Abc123'——合法。

```
1    name = input('请输入用户名：')
2    chars = '0123456789abcdefghijklmnopqrstuvwxyz'
3    if "A" <= name[0] <= "Z":
4        for char in name:
5            if char.lower() not in chars:
6                print("用户名不合法！")
7                break
8        else:
9            if not name.isalpha():
10               print("用户名合法")
11           else:
12               print("用户名不合法！")
13   else:
14       print("用户名不合法！")
```

【例 5-23】编写函数实现字符串的加密和解密，循环使用指定的密钥，采用简单的异或算法。

```
1    def crypt(source, key):
2        from itertools import cycle
3        result = ''
4        temp = cycle(key)
5        for ch in source:
6            result = result + chr(ord(ch) ^ ord(next(temp)))
7        return result
8    source = 'Jms University'
9    key = 'luckytxl'
10   print('Before Encrypted:'+source)
```

```
11    encrypted = crypt(source, key)
12    print('After Encrypted:'+encrypted)
13    decrypted = crypt(encrypted, key)
14    print('After Decrypted:'+decrypted)
```

5.6 习题

一、选择题(包括多选题)

1. 下列关于字符串的说法中，错误的是(　　)。

    A. 字符应视为长度为1的字符串

    B. Python 以\0 标志字符串的结束

    C. 既可以用单引号，也可以用双引号创建字符串

    D. 在三引号的字符串中，可以包含换行符、回车等特殊字符

2. "ab"+"c"*2 的运算结果是(　　)。

    A. abc2　　　　　　B. abcabc　　　　　　C. abcc　　　　　　D. ababcc

3. 观察如下代码：

```
1    str1 = "jmsu example....wow!!!"
2    str2 = "exam"
3    print(str1.find(str2, 6))
```

执行后输出的结果是(　　)。

    A. 6　　　　　　　B. -1　　　　　　　C. 8　　　　　　　D. 7

4. 以下关于 count()、index()、find()方法的描述中，错误的是(　　)。

    A. count()方法用于统计字符串里某个字符出现的次数

    B. find()方法用于检测字符串中是否包含指定的子串，如果包含，就返回子串开始的索引值，否则抛出异常

    C. index()方法用于检测字符串中是否包含指定的子串，如果不包含，就返回-1

    D. 以上都不正确

5. 若有字符串 s='a\nb\tc'，则 len(s)的值是(　　)。

    A. 7　　　　　　　B. 6　　　　　　　C. 5　　　　　　　D. 4

6. Python 语句 print(r"\nGood")的运行结果是(　　)。

    A. 新行和字符串 Good　　　　　　　　B. r"\nGood"

    C. \nGood　　　　　　　　　　　　　D. 字符 r、新行和字符串 Good

7. 若有 TempStr = "Hello World"，则可以输出子串"World"的是(　　)。

    A. print(TempStr[-5:0])　　　　　　　B. print(TempStr[-5:])

    C. print(TempStr[-5:-1])　　　　　　　D. print(TempStr[-4:-1])

8. 以下关于 Python 字符串的描述中，错误的是(　　)。

    A. 在 Python 语言中，字符串是用一对双引号或一对单引号括起来的零个或多个字符

    B. 字符串包括两种序号体系：正向递增和反向递减

C. 字符串是字符的序列，可以按照单个字符或字符片段进行索引

D. Python 字符串支持区间访问方式，格式为[*N:M*]，表示在字符串中取索引值从 *N* 开始到 *M* 结束的子串

9. 关于 Python 语言中的注释，以下选项中描述错误的是(　　)。

A. Python 语言有两种注释方式：单行注释和多行注释

B. Python 语言的单行注释以#开头

C. Python 语言的多行注释以'''(三个单引号)开头和结尾

D. Python 语言的单行注释以单引号'开头

10. 观察如下代码：

```
1    s = 'Python is Open Source!'
2    print(s[0:].upper())
```

上述代码执行后的输出结果是(　　)。

A. PYTHON

B. PYTHON IS OPEN SOURCE

C. Python is Open Source!

D. PYTHON IS OPEN SOURCE!

二、填空题

1. 在 Python 中，字符串可以使用一对＿＿＿、＿＿＿、＿＿＿或＿＿＿来表示。

2. 字符串是字符序列，其值＿＿＿(不可/可以)改变。在 Python 中，有两种序号体系用来表示字符串中字符的位置序号：一种是正向序号体系，索引顺序从左向右，索引号从＿＿＿开始，依次＿＿＿；另一种是反向序号体系，索引顺序从右向左，索引号从＿＿＿开始，依次＿＿＿。

3. 切片是 Python 中字符串的重要操作之一，切片可通过使用两个":"分隔 3 个数来完成，形如字符串[begin:end:step]，其中的第一个参数 begin 表示切片的开始位置，第二个参数 end 表示切片的截止(但不包含 end)位置，第三个参数 step 表示切片的步长(省略时为 1，当省略步长时，第二个":"也可以省略)，当所有参数都省略时，表示＿＿＿。

4. Python 提供了 3 个基本的字符串运算符，分别是+、*和 in。+运算符可以实现＿＿＿，*运算符可以实现＿＿＿，in 运算可以实现＿＿＿。在使用这些运算符时，必须注意运算符左右两侧数据的类型，如果使用不当，将会出现类型错误等异常。

5. Python 内置了 6 个与字符串处理相关的函数。其中，＿＿＿函数可以返回字符串的长度。＿＿＿函数可以返回某个字符的 Unicode 编码值。

三、编程题

1. 根据给定的身份证号，判断人员是男性还是女性。

2. 通过编程将字符串右移 *n* 位，例如"hello world"右移两位后变为"ldhello wor"。

第 6 章

函　　数

学习目标

- 掌握函数的定义及使用方法。
- 掌握函数的参数传递方式以及变量的作用域。
- 掌握 return 语句和函数的返回值。
- 掌握 lambda 表达式的一般形式。
- 能够灵活运用函数的相关知识编写程序。

学习重点

掌握函数的定义及使用方法，能够运用函数进行参数传递和使用 return 语句返回函数值，掌握变量的作用域。

学习难点

形参与实参传递方式、lambda 表达式的应用。

知识导图

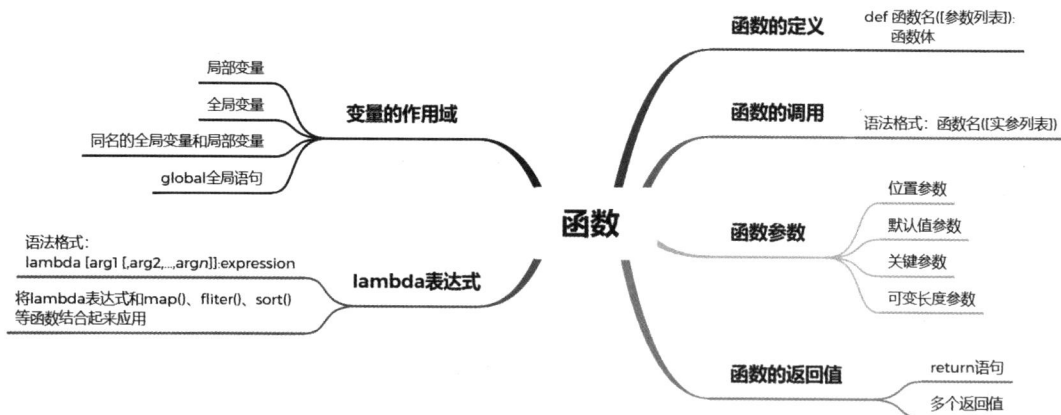

6.1　函数的定义及使用方法

在 Python 中，可以将有可能需要反复执行的代码封装为函数，通过调用封装好的函数，不仅可以实现代码的复用，更重要的是可以保证代码的一致性。函数实现了将复杂的问题简单化，使得软件开发就像搭积木一样简单。

在 Python 中，定义函数的语法格式如下：

```
def 函数名([参数列表]):
    函数体
```

其中，def 是用来定义函数的关键字。在定义函数时，需要注意以下几点。

- 函数体相对于 def 关键字必须保持一定的缩进量。
- 函数头部的圆括号后面的冒号必不可少。
- 函数头部的圆括号内是形参列表，如果有多个参数，则需要使用逗号将其分开；不需要声明形参的类型，Python 解释器会根据实参的值自动推断出形参的类型。
- 不需要指定函数返回值的类型，函数返回值的类型由函数中 return 语句返回的值的类型决定。如果函数没有明确的返回值，Python 将认为函数返回空值 None。
- 函数即使不需要接收任何参数，也必须保留一对空的英文半角圆括号。

【例 6-1】函数定义示例：返回两个数的平均值。

```
>>> def  myave(a, b):
        ave = (a + b) / 2
        return(ave)
```

在 Python 中，调用函数的语法格式如下：

```
函数名([实参表])
```

在进行函数调用时，根据需要可以指定实际传入的参数值，调用时应注意以下几点。

- 在程序运行过程中，实参将被传递给形参，实参列表必须与函数定义的形参列表一一对应。
- 函数参数的传递方式有 4 种：位置参数、默认值参数、关键参数、可变长度参数。
- 函数调用是表达式。如果函数有返回值，那么可以在表达式中直接使用；如果函数没有返回值，那么函数可以单独作为表达式使用。

【例 6-2】函数调用示例：利用例 6-1 中定义的函数，求 5 和 8 的平均值。

```
>>> myave(5, 8)
6.5
```

【例 6-3】使用函数计算 1+2+3+4+⋯+n，并显示计算结果，其中 n 的值由用户从键盘输入。

参考代码：

```
1    def  mysum(n1):              # 定义 mysum()函数
2        s = 0
3        for i in range(1, n1+1):
```

```
4              s = s + i
5          return s
6      n = eval(input("请输入 n 的值："))
7      print("s={}".format(mysum(n)))          # 调用 mysum()函数
```

运行结果：

```
请输入 n 的值：10
s=55
```

在上述代码中，第 7 行语句 print("s={}".format(mysum(n)))对 mysum(n)进行了函数调用，用户输入的值将作为实参被传递给形参 n1。运行程序，输入 n 的值 10，得到的结果为 s=55，具体的函数调用过程如图 6-1 所示。

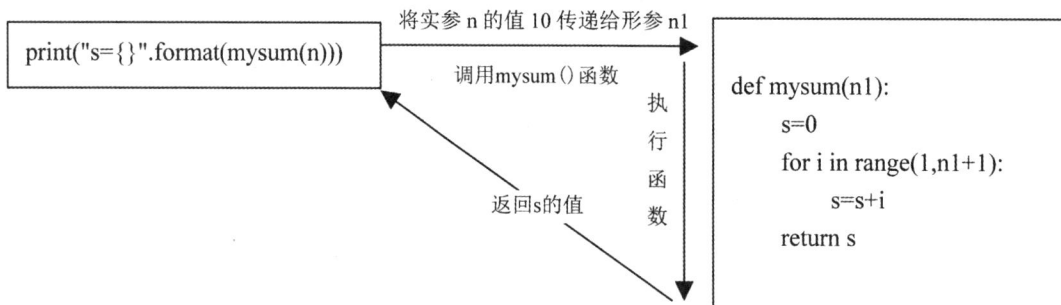

图 6-1 函数调用过程

【思考】如何修改以上程序，实现求任意两个数的和？

【例 6-4】编写一个函数，对于已知的正整数 n，判断该数是否为素数。如果是素数，返回 True，否则返回 False。

【分析】可考虑将判断某个数是否为素数的代码封装成函数，这样在判断任意一个数是否为素数时，就可以通过调用函数得出结果。

参考代码：

```
1      def   prime(n):                    # 定义 prime()函数
2          if n < 2:
3              return False
4          if n == 2:
5              return True
6          for i in range(2,n):
7              if n % i == 0:
8                  return False
9              else:
10                 return True
11     n = int(input("Enter a number:"))
12     print(prime(n))                    # 调用 prime()函数
```

运行结果：

```
Enter a number:79
True
```

6.2　函数参数

本节主要介绍 4 种函数参数——位置参数、默认值参数、关键参数、可变长度参数，并深入讲述函数的返回值。

6.2.1　位置参数

位置参数是最为常用的一种参数传递形式，在调用函数时，实参和形参将按照顺序一一传递，而且实参的个数必须与形参的个数完全相同。

例如：

```
>>> def   mysum1(a, b, c):          # 定义 mysum1()函数，所有形参都是位置参数
        s = a + b + c
        return s
>>> mysum1(1, 3, 5)                  # 调用 mysum1()函数，实参数量与形参数量一致
9
```

上面的例子对函数 mysum1()进行了调用，实参 1 被传递给形参 a，实参 2 被传递给形参 b，实参 3 被传递给形参 c，实参数量与形参数量相同，返回结果为 9。

再例如：

```
>>> mysum1(2,4,6,8)                  # 调用 mysum1()函数，实参数量与形参数量不相同
```

上面的语句对函数 mysum1()进行了调用，由于在调用时实参与形参的数量不一致，因此导致程序出错，错误提示如下：

```
TypeError: mysum1() takes 3 positional arguments but 4 were given
```

6.2.2　默认值参数

在定义函数时，Python 允许设置形参的默认值。这样在调用函数时，既可以选择不为带有默认值参数的形参传递实参，也可以根据需要传递实参，十分灵活。但是，在定义默认值参数时需要注意，只要在某个位置定义了默认值参数，那么默认值参数右边的其他形参就不能是没有默认值的一般形参。带有默认值参数的函数定义格式如下所示：

```
def 函数名(···, 形参名 = 默认值):
    函数体
```

例如，定义函数 mysaid()：

```
>>> def   mysaid(words, frequency = 1):
        print((words + ' ') * frequency)
>>> mysaid('hello')
hello
>>>mysaid('hello', 2)
hello hello
```

上述代码在第一次调用 mysaid() 函数时，第二个参数 frequency 使用了默认值 1；在第二次调用 mysaid() 函数时，由于给出了第二个参数的实参，因此系统不再使用默认值 1，而是将实参 2 传递给了形参 frequency。

【例 6-5】使用默认值参数求考生的入学成绩，考生的入学成绩由笔试成绩和面试成绩组成，只是所占权重不同。请给出指定的权重并计算考生的入学成绩。

参考代码：

```
1    def   myScore1(write_score, interview_score, rate=0.6):          # 定义函数，默认权重为 0.6
2            score = write_score * rate + interview_score * (1 - rate)
3            return score
4    print("入学成绩：{:.2f}".format(myScore1(86, 94)))               # 权重为默认值 0.6
5    print("入学成绩：{:.2f}".format(myScore1(83, 91, 0.5)))          # 权重为 0.5
```

运行结果：

```
入学成绩：89.20
入学成绩：87.00
```

6.2.3　关键参数

在调用函数时，既可以通过位置进行参数的传递，也可以通过名称(关键字)进行参数的传递，按名称传递的参数称为关键参数。关键参数可以按参数名传递值，从而明确指定将哪个值传递给哪个参数，实参顺序可以和形参顺序不一致。

【例 6-6】使用关键参数求考生的入学成绩，考生的入学成绩由笔试成绩和面试成绩组成，只是所占权重不同，请给出指定的权重并计算考生的入学成绩。

参考代码：

```
1    def   myScore2(write_score,interview_score,rate=0.6):           # 定义函数 myScore2()
2            score = write_score*rate+interview_score*(1-rate)
3            return score
4    print("入学成绩：{:.2f}".format(myScore2(86,94)))
5    print("入学成绩：{:.2f}".format(myScore2(write_score = 83,interview_score = 91,rate = 0.5)))
6    print("入学成绩：{:.2f}".format(myScore2(rate=0.5,interview_score = 91,write_score = 83)))
```

运行结果：

```
入学成绩：89.20
入学成绩：87.00
入学成绩：87.00
```

上述代码进行了三次函数调用，第 4 行是按照位置传递参数，第 5 和 6 行是按照关键字传递参数，但是第 5 和 6 行的参数位置不同，这说明尽管实参顺序和形参顺序不一致，但这不影响参数的传递结果。

6.2.4　可变长度参数

在定义函数时，可变长度参数的定义包括两种形式。

1) 首先，可以通过带单星号的一个参数(*parameter)向函数传递可变数量的实参，在调用函数时，该参数之后的所有参数将被收集为一个元组。

例如：

```
>>> def demo(*p):
        print(p)
>>> demo(1,2,3)
(1, 2, 3)
```

以上示例的运行结果为(1, 2, 3)，传递的实参已被放入一个元组中。

2) 其次，可以通过带双星号的一个参数(**parameter)向函数传递可变数量的实参，在调用函数时，该参数之后的所有参数将被收集为一个字典。

例如：

```
>>> def demo(**p):
        for item in p.items():
            print(item)
>>> demo(a = 1, b = 2, c = 3)
('a', 1)
('b', 2)
('c', 3)
```

在以上示例中，当调用 demo()函数时，系统会自动将接收的参数转换为一个字典。

【例 6-7】利用带单星号的可变长度参数计算数字的和。

参考代码：

```
1    def   mysum2(*c):                       # 定义函数 mysum2()，c 为可变参数
2        total = 0
3        for i in c:
4            total = total + i
5            print("{:^4}".format(i),end = " ")
6        return total
7    print("和为{:^4}".format(mysum2(1,2,3)))
8    print("和为{:^4}".format(mysum2(1,2,3,4,5)))
```

运行结果：

```
1    2    3    和为6
1    2    3    4    5    和为15
```

【例 6-8】利用带双星号的可变长度参数计算数字的和。

参考代码：

```
1    def   mysum3(**d):                       # 定义函数 mysum3()，d 为可变参数
2        total = 0
3        print(d)
4        for key in d:
5            total = total + d[key]
6        return total
7    print("和为{:^4}".format(mysum3(male = 5, female = 6)))
```

运行结果：

```
{'male':5, 'female':6}
和为11
```

6.3 函数的返回值

1. return 语句和函数的返回值

在函数体中，使用 return 语句可以实现从函数中返回一个值并跳出函数的功能。例如，前面的例 6-1 中定义了 myave(a,b)函数，如下所示：

```
>>> def  myave(a, b):
        ave = (a + b) / 2
        return(ave)
>>> myave(3, 5)
4.0
```

myave(a,b)函数的作用是求两个数的平均值，其中的 return(ave)语句则用于返回求得的结果。

2. 返回多个值

如果需要返回多个值，那么可以在函数体中使用 return 语句返回一个元组。

【例 6-9】编写函数，返回一个随机列表。为此，可以先编写一个函数，生成由 n 个随机整数构成的列表，之后再编写测试代码，生成并输出由 5 个随机整数构成的列表中的各个元素。

参考代码：

```
1    import random
2    def  myRandom(n):
3         a = []
4         for i in range(n):
5              a.append(random.random())
6         return a
7    b = myRandom(5)
8    for i in b:
9         print(i)
```

运行结果：

```
0.37986105873974285
0.8896218603834847
0.22825011523220717
0.8070813517110653
0.8513822454612813
```

6.4 变量的作用域

在不同位置声明的变量，其能够被访问的范围也不同。变量起作用的代码范围称为变量的作用域，不同作用域内的名称相同的变量之间互不影响。按照变量的作用域，可将变量分为局部变量和全局变量。

1. 局部变量

局部变量是指仅在函数内部使用的变量，当函数结束时，变量也将不存在。

例如：

```
>>> def  func():
        a = 10              # 变量 a 为局部变量
        print(a)
>>> func()
10
```

在这个例子中，func()函数的功能是打印变量 a 的值。调用 func()函数，输出的结果是 10，代码正确。继续执行如下语句：

```
>>> print(a)
Traceback (most recent call last):
    File "<pyshell#4>", line 1, in <module>
        print(a)
NameError: name 'a' is not defined
```

当再一次执行到 print(a)语句时，提示 name 'a' is not defined。造成这种错误的原因是，在调用 func()函数时，变量 a 的作用域仅限于 func()函数的内部，变量 a 为局部变量。当 func()函数结束时，变量 a 已经不存在，因此，当再次使用变量 a 时就会报错。

2. 全局变量

全局变量是指在函数之外定义的变量，这种变量在程序执行的整个过程中都有效。

例如：

```
>>> a = 10              # 变量 a 为全局变量
>>> def  func():
        print(a)
>>> func()
10
>>> print(a)
10
```

在这个例子中，变量 a 是在函数之外定义的，因此是全局变量。当 func()函数结束时，执行 print(a)语句，输出的结果为 10。

3. 同名的全局变量和局部变量

如果代码中出现全局变量和局部变量同名的情况，那么局部变量会在自己的作用域内屏蔽同名的全局变量。也就是说，在局部变量的作用域内，局部变量起作用；而在局部变量的作用域外，全局变量起作用。

【例 6-10】全局变量和局部变量同名的情况。

参考代码：

```
1    a = 100                          # 全局变量
2    def  func():
3        a = 10                       # 局部变量
4        print("func 内部：a=",a)
5    func()                           # 局部变量
6    print("func 外部：a=",a)         # 全局变量
```

运行结果：

```
func 内部：a= 10
func 外部：a= 100
```

在这个例子中，存在 a=100 和 a=10，虽然它们具有相同的名字，但是它们的作用域不同。a=100 是全局变量，a=10 是局部变量，它们的作用域如下所示：

```
1    a = 100
2    def  func():
3        a = 10
4        print("func 内部：a=",a)
5    func()
6    print("func 外部：a=",a)
```
全局变量的作用域　局部变量的作用域

当执行到第 5 行语句 func() 时，进入 func() 函数内部，局部变量起作用，屏蔽全局变量，因此变量 a 的值是 10 而不是 100；退出 func() 函数后，全局变量起作用，变量 a 的值为 100。

4. global 全局语句

前面提到，在函数内部定义的变量为局部变量，局部变量在函数内部可见，当函数运行结束后，局部变量也将不存在，除非在函数内部使用 global 定义全局变量。这样当函数运行结束后，函数内部使用 global 定义的变量将仍然存在，并且可以继续访问。在函数内部利用 global 定义全局变量分两种情况。

1) 如果一个变量在函数外部已经定义，但在函数内部又需要修改这个变量的值并将修改结果反映到函数之外，那么可以在函数内部使用关键字 global 明确我们想要使用已定义的同名全局变量。

【例 6-11】使用 global 定义全局变量(一)。

参考代码：

```
1    def  func():
2        global a                     # 声明或定义全局变量，但必须在使用之前执行
3        a = 10                       # 修改全局变量的值
4        print("func 内部：a=",a)
5    a = 100                          # 在函数外部定义全局变量 a
6    func()                           # 修改全局变量 a 的值
7    print("func 外部：a=",a)
```

运行结果：

```
func 内部：a= 10
func 外部：a= 10
```

例 6-11 在函数外部定义了局部变量 a=100，并在函数内部通过 global 声明了全局变量 a，从而将全局变量 a 的值修改为 10。

思考：如果将第 5 和 6 行调换位置，那么输出的 a 值是否会有变化？

2) 在函数内部直接使用 global 关键字将一个变量声明为全局变量，如果在函数外部没有定义这个全局变量，那么在调用这个函数之后，系统将会创建新的全局变量。

【例 6-12】使用 global 定义全局变量(二)。

参考代码：

```
1   def   func():
2         global a
3         a = 10
4         print("func 内部：a=", a)
5   func()
6   print("func 外部：a=", a)
```

运行结果：

```
func 内部：a= 10
func 外部：a= 10
```

例 6-12 在函数外部没有定义全局变量 a，因此在调用 func()函数后，系统会自动创建全局变量 a。

6.5 lambda 表达式

如果函数的形式比较简单且只需要作为参数传递给其他函数，则可以使用 lambda 表达式直接定义成匿名函数。lambda 表达式已被广泛用于需要将函数对象作为参数、函数比较简单且只使用一次的场合。

lambda 表达式是一种便捷的能够在同一行中定义函数的方法。lambda 表达式实际生成的是函数对象，即匿名函数。

lambda 表达式的基本格式如下：

```
lambda [arg1 [,arg2,···,argn]]: expression
```

其中，arg1、arg2、···、argn 为函数的参数，expression 为函数的语句，结果为函数的返回值。例如，语句 lambda x:x**3 将生成一个函数对象，参数为 x，返回值为 x**3，示例如下：

```
>>> f = lambda x: x**3
>>> type(f)
<class 'function'>          # f 为函数对象
>>> f(2)
8                           # 返回 2 的 3 次方
```

【例6-13】利用 lambda 表达式输出列表中的所有正数。

参考代码：

```
1    list = [1, -6, 8, 9, -3, 0, -5]
2    for i in filter(lambda x:x>0, list):
3        print(i)
```

运行结果：

```
1
8
9
```

此例中的 filter()函数会将序列中不符合条件的元素过滤，并返回符合条件的元素以组成新的列表。

【例6-14】利用 lambda 表达式返回列表元素的和并组成一个新的列表。

参考代码：

```
1    li = [11, 22, 33]
2    sl = [1, 2, 3]
3    new_list = map(lambda a, b: a + b, li, sl)
4    print(list(new_list))
```

运行结果：

```
[12, 24, 36]
```

【例6-15】利用 lambda 表达式对列表元素进行排序。

```
>>> a = [('b',4),( 'a',0),('c',2),('d',3)]
>>> sorted(a, key = lambda x:x[0])              # 按第一维度进行升序排列
[('a', 0), ('b', 4), ('c', 2), ('d', 3)]
>>> sorted(a, key = lambda x:x[1])              # 按第二维度进行升序排列
[('a', 0), ('c', 2), ('d', 3), ('b', 4)]
>>>sorted(a, key = lambda x:x[0], reverse = True)   # 按第一维度进行降序排列
[('d', 3), ('c', 2), ('b', 4), ('a', 0)]
>>>sorted(a, key = lambda x:x[1], reverse = True)   # 按第二维度进行降序排列
[('b', 4), ('d', 3), ('c', 2), ('a', 0)]
```

sorted()函数的默认值参数 key 用于在排序时指定迭代对象的某个属性作为排序关键字。

【例6-16】利用 lambda 表达式将列表中的每个元素按长度排序。

```
>>> list = ['there', 'a', 'are','an', 'hello word', 'of', 'this']
>>> sorted(list, key = lambda x:len(x))             # 按长度升序排序
['a', 'an', 'of', 'are', 'this', 'there', 'hello word']
>>> sorted(list, key = lambda x:len(x), reverse = True)   # 按长度降序排序
['hello word', 'there', 'this', 'are', 'an', 'of', 'a']
```

例 6-16 也可以使用 sort()方法来完成，代码如下：

```
>>> list = ['there', 'a', 'are', 'an', 'hello word', 'of', 'this']
>>> list.sort(key = lambda x:len(x), reverse = True)      # 按长度降序排列
```

```
>>> list
['hello word', 'there', 'this', 'are', 'an', 'of', 'a']
```

注意，sorted()函数除了使用格式和 sort()方法不同之外，更重要的是，sort()方法会改变原有列表中元素的顺序，而 sorted()函数只生成原有列表排序后的副本，而不会改变原有列表中元素的顺序。

6.6　经典程序分析

【例 6-17】编写函数，计算 $n!$ 。

参考代码：

```
1    def   fact(n):
2          s = 1
3          for i in range(1, n+1):
4              s *= i
5          return s
6    n = eval(input("请输入一个整数: "))
7    print("n! = {}".format(fact(n)))
```

运行结果：

```
请输入一个整数: 5
n! = 120
```

【例 6-18】找出 2～100 范围内的所有孪生素数。孪生素数是指相差 2 的素数对，如 3 和 5、17 和 19、29 和 31 等。

参考代码：

```
1    def prime(n):
2        for i in range(2, n):
3            if n%i == 0:
4                return False
5            else:
6                return True
7    for i in range(2, 100+1):
8        if prime(i) == True and prime(i+2) == True:
9            print("({:^4},{:^4})".format(i, i+2))
```

运行结果：

```
( 3 , 5 )
( 5 , 7 )
(11 , 13)
(17 , 19)
(29 , 31)
(41 , 43)
(59 , 61)
(71 , 73)
```

【例6-19】设计程序，实现按美元和人民币汇率进行不同币值之间的转换。转换的规则是：美元兑换人民币为1∶6.27，人民币兑换美元为1∶0.16。

具体要求如下。

(1) 使用函数封装货币转换功能。

(2) 程序启动时显示的用户提示信息为"请输入带有\$或￥符号的货币值："。

(3) 调用函数并显示转换结果。

参考代码：

```
1    def currConvert(ConvStr):
2        if ConvStr[-1] == "$":
3            ChinaYuan = (eval(ConvStr[0:-1]))*6.27
4            print("转换为人民币后，币值为{:.2f}￥".format(ChinaYuan))
5        elif ConvStr[-1] == "￥":
6            USDollar = (eval(ConvStr[0:-1]))*0.16
7            print("转换为美元后，币值为{:.2f}$".format(USDollar))
8        else:
9            print("输入格式有误，请重新输入。")
10   CurrStr = input("请输入带有$或￥符号的货币值：")
11   currConvert (CurrStr)
```

运行结果：

```
请输入带有$或￥符号的货币值：16$
转换为人民币后，币值为100.32￥
```

【例6-20】编写函数，接收一个字符串作为参数，然后返回一个元组，其中的第一个元素为大写字母的个数，第二个元素为小写字母的个数。

参考代码：

```
1    def mydemo(s):
2        result = [0,0]
3        for ch in s:
4            if ch.islower():
5                result[1] += 1
6            elif ch.isupper():
7                result[0] += 1
8        return tuple(result)
9    s = input("请输入字符串：")
10   out = mydemo(s)
11   print("大写字母的个数是：{}\n 小写字母的个数是：{}\n".format(out[0],out[1]))
```

运行结果：

```
请输入字符串：ThisIsPythonClass
大写字母的个数是：4
小写字母的个数是：13
```

【例6-21】编写一个函数，查找序列中的最大值和最小值。这个函数将接收一个序列作为参数，并返回一个元组，其中的第一个元素为序列中的最大值，第二个元素为序列中的最小值。

参考代码：

```
1    def px(p):
2        a = max(p)
3        b = min(p)
4        print((a, b))
5    x = eval(input("请输入一个序列："))
6    px(x)
```

运行结果：

```
请输入一个序列：[5,1,7,2]
(7, 1)
请输入一个序列：['c','a','b']
('c', 'a')
```

6.7　习题

一、选择题

1. 以下程序的输出结果是(　　)。

```
>>>ls = ["F", "f"]
>>>def fun(a):
        ls.append(a)
        return
>>>fun("C")
>>>print(ls)
```

　　A. ['F', 'f']　　　　　　B. ['C']　　　　　　C. 出错　　　　　D. ['F', 'f', 'C']

2. 以下程序的输出结果是(　　)。

```
>>>def func(num):
        num *= 2
>>>x = 20
>>>func(x)
>>>print(x)
```

　　A. 40　　　　　　　B. 出错　　　　　　C. 无输出　　　　　D. 20

3. 关于 Python 函数，以下选项中描述错误的是(　　)。

　　A. 函数是一段可重用的语句组

　　B. 函数可通过函数名进行调用

　　C. 每次使用函数时都需要提供相同的参数作为输入

　　D. 函数是一段具有特定功能的语句组

4. 可变长度参数*args在传入函数时存储的类型是(　　)。

　　A. 列表　　　　　　B. 集合　　　　　　C. 字典　　　　　D. 元组

5. 以下程序的输出结果是(   )。

```
>>>def calu(x = 3, y = 2, z = 10):
        return (x ** y * z)
>>>h = 2
>>>w = 3
>>>print(calu(h, w))
```

    A. 90   B. 70   C. 80   D. 60

6. 以下程序的输出结果是(   )。

```
>>>fr = []
>>>def myf(fr):
        fa = ['12', '23']
        fr = fa
>>>myf(fr)
>>>print( fr)
```

    A. ['12', '23']   B. '12', '23'   C. 12 23   D. []

7. 关于函数，以下选项中描述错误的是(   )。

    A. 函数能完成特定的功能，函数的使用不需要了解函数内部的实现原理，只需要了解函数的输入输出方式即可

    B. 使用函数的主要目的是降低编程难度和实现代码重用

    C. Python 使用 del 关键字来定义函数

    D. 函数是一段具有特定功能的、可重用的语句组

8. 关于Python中的lambda表达式，以下选项中描述错误的是(   )。

    A. 可以使用 lambda 表达式定义列表的排序规则

    B. 语句"f = lambda x,y:x+y"执行后，f 一定是数字类型

    C. lambda 表达式将函数名作为结果返回

    D. lambda 表达式用于定义简单的、能够在一行中表示的函数

9. 以下程序的输出结果是(   )。

```
1    >>>def test( b = 2, a = 4):
2            global z
3            z += a * b
4            return z
5    >>>z = 10
6    >>>print(z, test())
```

    A. 18   None   B. 10   18

    C. UnboundLocalError   D. 18   18

10. 以下程序的输出结果是(   )。

```
>>>def hub(ss, x = 20, y = 40):
        ss += x * y
>>>ss = 10
>>>print(ss, hub(ss, 3))
```

    A. 220 None   B. 10 None   C. 22 None   D. 100 220

11. 在Python中，函数的定义中可以不包括的是(　　)。

    A. 函数名   B. 关键字 def   C. 一对圆括号   D. 可选参数列表

12. 以下关于函数的描述中，错误的是(　　)。

    A. 函数是一种功能抽象

    B. 使用函数只是为了实现代码复用

    C. 函数名可以是任何有效的 Python 标识符

    D. 使用函数后，代码的维护难度降低了

二、填空题

1. 写出以下代码的运行结果。

```
def Sum(a, b=3, c=5):
    return sum([a, b, c])
print(Sum(a=8,c=2))
print(Sum(8))
print(Sum(8,2))
```

运行结果:

____

____

2. 以下代码的输出结果为____。

```
1    def demo():
2        x = 5
3    x = 3
4    demo()
5    print(x)
```

3. 写出以下代码的运行结果。

```
>>>def Sum(*p):
>>>    return sum(p)
>>>print(Sum(8, 2, 10))
```

运行结果:

____

____

    4. 已有函数定义 def demo(x, y, op):return eval(str(x)+op+str(y))，表达式 demo(3, 5, '+')的值为____。

    5. 已有函数定义 def demo(x, y, op):return eval(str(x)+op+str(y))，表达式 demo(3, 5, '-')的值为____。

    6. 阅读下面的代码，执行结果为____。

```
>>>def demo(a, b, c=3, d=100):
```

```
        return sum((a,b,c,d))
>>>print(demo(1, 2, d=3))
```

7. 已有函数定义 def demo(x, y, op):return eval(str(x)+op+str(y)), 表达式 demo(3, 5, '*')的值为_____。

8. 在 Python 中，一个函数_____(可以/不可以)返回多个值。

9. 函数可以没有参数，也可以有多个参数，参数之间用_____隔开。

10. 在 Python 中，函数内部定义的变量称为_____，函数外部定义的变量称为_____。

三、判断题

1. 在函数内部，可以使用 global 关键字直接定义全局变量。 (　　)

2. 在定义 Python 函数时，如果函数中没有 return 语句，则默认返回空值 None。 (　　)

3. g = lambda x: 3 不是合法的赋值表达式。 (　　)

4. 在定义函数时，即使函数不需要接收任何参数，也必须保留一对空的圆括号来表示定义的是函数。 (　　)

5. 在调用函数时，需要把实参的引用传递给形参。也就是说，在函数体语句执行之前的瞬间，形参和实参是同一个对象。 (　　)

6. 在相同的作用域内，局部变量会隐藏同名的全局变量。 (　　)

7. 在 Python 中，不需要事先声明变量的名称及类型，使用赋值语句可以直接创建任意类型的变量，变量的类型取决于等号右侧表达式的计算结果的类型。 (　　)

8. 在 Python 中，可使用关键字 define 定义函数。 (　　)

9. 在 lambda 表达式中，虽然可以使用任意复杂的表达式，但是只能写一个表达式。 (　　)

10. 在定义函数时，带有星号的参数是可变长度参数，表示函数可以接收任意多个关键参数并存放于一个元组中。 (　　)

四. 编程题

1. 编写函数，计算形如 a+aa+aaa+aaaa+…+aaa…aaa 的表达式的值，其中的 a 为小于 10 的自然数。

【提示】如何表示上述多项式中的某一项呢?

方法一：如果 item 表示当前项且为数值型，则下一项为 item*10+a。

方法二：利用字符串的乘法特性，如"2"* 2 的值为"22"、"2"*3 的值为"222"。如果 a=2，则第 2 项为 int(str(a)*2)，第 3 项为 int(str(a)*3)，第 4 项为 int(str(a)*4)，第 n 项为 int(str(a)*n)。

2. 编写函数，模拟猜数游戏。系统随机产生一个数，玩家最多可以猜 5 次，系统会根据玩家的猜测进行提示，玩家可以根据系统的提示对下一次猜测进行适当调整。

3. 编写函数，接收两个正整数作为参数，并返回一个元组，其中的第一个元素为最大公约数、第二个元素为最小公倍数。

4. 编写函数，接收一个整数 t 作为参数，打印杨辉三角形的前 t 行。

5. 输入一段英文文本，统计出现频率最高的前 10 个单词(除去 of、a、the 等无意义的单词)。待处理的英文文本如下：

I have a dream today! I have a dream that one day every valley shall be exalted, and every hill and mountain shall be made low, the rough places will be made plain, and the crooked places will be made straight; "and the glory of the Lord shall be revealed and all flesh shall see it together."This is our hope, and this is the faith that I go back to the South with. With this faith, we will be able to hew out of the mountain of despair a stone of hope. With this faith, we will be able to transform the jangling discords of our nation into a beautiful symphony of brotherhood. With this faith, we will be able to work together, to pray together, to struggle together, to go to jail together, to stand up for freedom together, knowing that we will be free one day.

【分析】

观察上面这段英文文本，其中的字母有大写也有小写，还有一些标点符号，因此在统计单词出现频率之前，需要解决文本中的字母大小写和标点符号的问题。建议先编写函数 getText() 对文本进行预处理，再编写函数 wordFreq()统计单词出现的频率。

文件和文件夹操作

学习目标

- 了解文件的基本类型，掌握文件的相关操作，包括文件的打开、关闭、读写、定位等。
- 掌握使用 CSV 模块对 CSV 文件进行读写操作的常用方法。
- 了解文件和文件夹、绝对路径和相对路径的基本概念。
- 能够使用 OS 模块中的函数对文件和文件夹进行常用操作。

学习重点

重点掌握文件的打开、关闭、读写和定位等操作。

学习难点

文本文件的读写操作，CSV 文件的读写操作。

知识导图

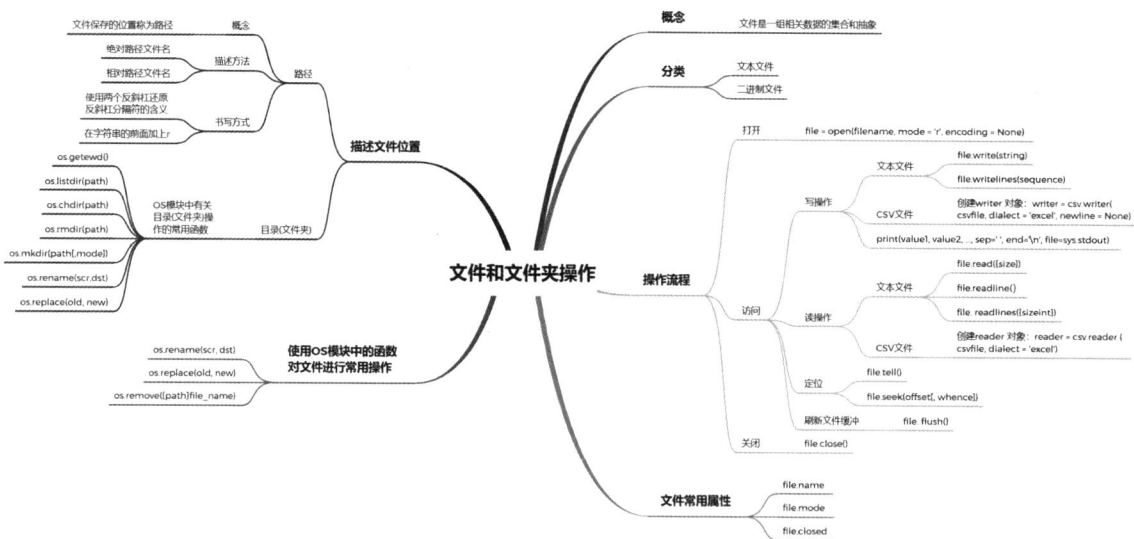

7.1 文件概述

7.1.1 文件

文件是一组相关数据的集合和抽象。文件可以长期保存，并允许重复使用和反复修改。可通过文件的属性(如文件的类型、大小、创建时间和修改时间等)来区分不同的文件。

一般情况下，可按文件名访问文件。文件名包含两部分——主文件名和扩展名，它们之间用"."隔开。主文件名用来区别文件，由用户根据命名规则自行定义；扩展名用来指定访问文件的应用程序，不同类型的文件拥有专属的扩展名。

文件是实现信息交换的重要途径，也是存储在存储设备上的数据序列，可以包含任何数据。因此，以文件形式组织和表达数据更有效、更灵活。使用文件进行输入可以简化代码，使大批量数据的处理变得容易，保证输入的正确性；此外使用文件还可以长期保存程序的运行结果。

7.1.2 文件的类型

根据数据的组织形式，可以将文件分为文本文件和二进制文件两类。

1. 文本文件

文本文件只包含基本的文本字符，不包含字体、大小、颜色等格式信息。在 Windows 平台上，扩展名为.txt、.log、.ini 的文件都属于文本文件。

文本文件一般由使用特定编码的字符组成，如 UTF-8 编码、GBK 编码等。文本文件中的文本行通常以换行符"\n"结尾。大部分文本文件都可以通过文本编辑软件或文字处理软件(如记事本、UltraEdit 等)进行创建、修改和阅读。由于文本文件存在编码，因此在读取和查看时，需要使用正确的解码方式进行解码，从而将其中的内容还原为人们可以理解的字符串信息，如英文字母、汉字、数字字符串等。

2. 二进制文件

二进制文件是以字节串进行存储的，这种文件直接按数据的二进制编码组织数据，因而不存在统一的字符编码格式。在文件内部，数据的组织格式与文件的用途有关。常见的图形图像文件、音视频文件、可执行文件、资源文件、数据库文件、各类 Office 文档等都属于二进制文件。由于二进制文件没有统一的编码格式，因此也就不能用记事本或其他文字处理软件直接进行编辑，文件的内容通常也无法被人直接阅读和理解，而是必须使用相应的软件进行解码或反序列化才能读取、显示、修改和执行。因此，不同类型的二进制文件需要借助不同的库进行不同的处理。

二进制文件和文本文件最主要的区别在于是否有统一的字符编码格式。二进制文件没有统一的字符编码格式，只能当作字节流而不能看作字符串。

7.2 文件操作

Python 程序既可以访问二进制文件，也可以访问文本文件。无论是文本文件还是二进制文件，操作流程基本都是一致的：首先打开文件并创建文件对象，在打开文件时必须明确文件的访问方式；然后访问文件，包括将文件中的数据读取或存储到内存中，以及对文件进行删除、修改、添加等操作；访问结束后，关闭并保存文件，将存储在内存中的程序数据写入文件即可。

本节重点介绍文本文件的基本操作。文本文件通常是由字符构成的，需要由处理文件的程序确定数据类型。因此，程序需要将读入的字符串转换为所需的数据类型才能进行数据处理，甚至需要构造复杂的数据结构，如链表、队列和树等。

7.2.1　文件的打开与关闭

1. 打开与创建文件

在对文件进行操作时，文件需要先调入内存，之后才能由 CPU 进行处理。打开文件的操作就是将文件从外部存储器调入内存的过程，这个过程需要使用 Python 内置函数 open() 来实现。open() 函数会创建一个文件对象作为计算机上的文件链接，之后的文件操作便可通过调用这个文件对象的方法来实现。open() 函数的语法格式如下：

```
open(filename, mode = 'r', encoding = None)
```

功能和参数说明：

- open() 函数的功能是以指定模式创建或打开某一文件并创建文件对象。
- filename 参数用于指定想要创建或打开的文件的名称；文件路径字符串既可以采用绝对路径，也可以采用相对路径。
- mode 参数是可选参数，表示文件打开后的处理方式；文件打开模式字符用于指定所打开文件的类型和操作文件的方式，具体如表 7-1 所示。
- encoding 参数用于指定对文本进行编码和解码的方式，只适用于文本文件。

表 7-1　文件打开模式

模　式	说　明
r	读模式，默认可省略；如果文件不存在，则抛出异常 FileNotFoundError
w	写模式，如果文件已存在，则先清空原有内容
x	写模式，用于创建新文件；如果文件已存在，则抛出异常 FileExistsError
a	追加模式，但不覆盖文件中原有的内容；如果文件不存在，则创建新文件并进行写入
b	二进制模式，可与其他模式组合使用
t	文本模式，默认可省略
+	可与其他文件打开模式组合使用，从而在原有功能的基础上增加读/写模式

文件打开模式 r、w、a 分别代表读取、写入和追加。将+添加到 r、w、a 之后，便可在原有功能的基础上增加读/写模式，例如'r+'表示读模式且可以进行写操作；将二进制模式 b 添加到 r、w、a 之后，表示对二进制文件进行操作，例如'rb'表示以只读方式打开二进制文件，但在使用二进制模式打开文件时不允许指定 encoding 参数。

语句 file = open()表示创建或打开文件，同时文件与文件对象 file 进行关联。

例如：

```
>>> f1 = open('file1.txt', 'w', encoding = 'utf-8')
```

上面的命令表示以编码格式**utf-8**和写模式创建文本文件**file1.txt**，同时创建与之对应的文件对象**f1**，并对文本文件file1.txt与文件对象f1进行关联。

若当前目录为Python的安装路径D:\Python38，则使用相对路径时，系统会在当前目录下创建文本文件file1.txt。也可以在文件名前使用绝对路径来指定文件建立的目录，注意路径中的分隔符需要转义成"\\"或使用以r开始的字符串，例如：

```
>>> f1 = open('D:\\Python38\\file1.txt', 'w', encoding = 'utf-8')
```

或者

```
>>> f1 = open(r'D:\Python38\file1.txt', 'w', encoding = 'utf-8')
```

如图 7-1 所示，打开 D:\Python38 文件夹即可看到创建的 file1.txt 文本文件。

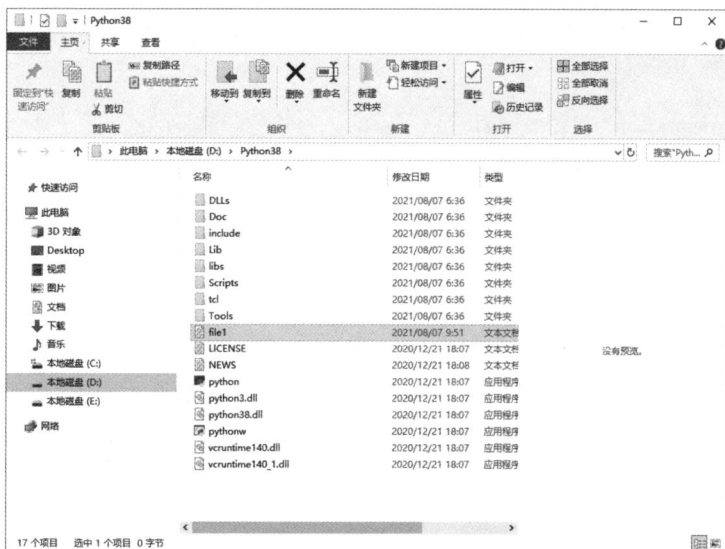

图 7-1 D:\Python38 文件夹中的内容

执行如下命令：

```
>>> f2 = open('file2.txt', 'r', encoding = 'utf-8')
Traceback (most recent call last):
    File "<pyshell#2>", line 1, in <module>
        f2 = open('file2.txt', 'r', encoding = 'utf-8')
FileNotFoundError: [Errno 2] No such file or directory: 'file2.txt'
```

可以看到，当以读模式打开**file2.txt**文本文件时会出现错误提示，产生错误的原因是文件file2.txt不存在，因而不能进行读操作。需要注意的是，指定的文件不存在、访问权限不够或磁盘空间不足等原因会导致文件对象创建失败，此时系统将抛出异常。

2. 关闭文件

执行文件打开命令后，文件将被 Python 程序占用并调入内存，此后所有的文件读写操作都将发生在内存中，其他任何应用程序都不能再对该文件进行操作。读写操作结束后，需要将文件从内存保存至外存。一方面，需要将内存中文件的变化同步至外存，以保证所做的修改都确实被保存到文件中；另一方面，需要解除 Python 程序对文件的占用，以保证其他应用程序能够访问文件。尽管 Python 会自动关闭不用的文件，但自动关闭文件的时机不确定，因此文件在使用完毕后，必须用命令进行关闭。

关闭文件是由文件对象的 close()方法实现的，具体的语法格式如下：

```
file.close()
```

以上命令的功能是把内存中的内容写入文件，同时关闭文件。

执行如下命令：

```
>>> f3 = open('file3.txt', 'w+', encoding = 'utf-8')
>>> f3
<_io.TextIOWrapper name='file3.txt' mode='w+' encoding='utf-8'>
>>> f3.close()
>>> print("文件是否关闭：", f3.closed)        # 使用文件对象的 closed 属性判断文件是否关闭
文件是否关闭：True
>>> f3
<_io.TextIOWrapper name='file3.txt' mode='w+' encoding='utf-8'>
```

由以上执行结果可以看出，在调用 close()方法后，文件对象 f3 关联的文本文件 file3.txt 已被关闭，但文件对象 f3 依然与 file3.txt 关联在一起，此时系统不允许对关闭的文件执行任何读写操作，否则会报错。

7.2.2　文件的读写

文件打开后，根据打开方式的不同，可以对文件进行相应的读写操作。当以文本文件方式打开时，采用当前指定编码并按照字符串方式进行读写；当以二进制文件方式打开时，采用字节流方式进行读写。

1. 写操作

利用文件对象的 write()和 writelines()方法可以进行文件的写操作。

1) write()方法

write()方法的语法格式如下：

```
file.write(string)
```

write()方法的功能是在文件的当前插入点位置插入文本数据或二进制数据块形式的字符串，插入的字符串将原样写入并覆盖文件原有的内容，同时返回写入的字符数。

可以多次调用 write()方法来实现追加效果，但系统不会自动添加换行符。写操作结束后，需要执行文件对象的 close()或 flush()方法，才能将内存中的数据写入文件中。flush()方法的语法格式为 file.flush()，功能是刷新文件内缓冲区，并把文件内部缓冲区的数据直接写入文件，而不是被动地等待输出缓冲区写入。

例如，下面的命令在将文本文件 file1.txt 以 utf-8 编码格式和写模式打开后，便利用文件对

象的 write()方法分别写入两个字符串，注意每次调用 write()方法时，系统都会返回写入文件的
字符数。

```
>>> f1 = open('file1.txt', 'w', encoding = 'utf-8')
>>> f1.write('Python')
6
>>> f1.write('语言程序设计教程\n')
9
>>> f1.flush()
```

在当前文件夹下找到 file1.txt 文件并打开，其中的内容如图 7-2 所示。虽然没有执行关闭文
件的命令，但在执行 f1.flush()后，前面通过调用 write()方法写入的两个字符串已被写入文件。
文件对象的 write()方法能将指定的字符串原样写入文件，而且在字符串之间不会添加其他符号。

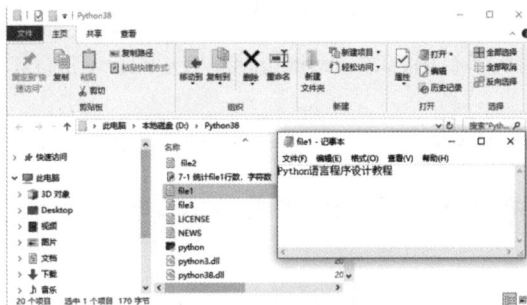

图 7-2　file1.txt 文件的内容

文件使用完毕后需要关闭，执行如下命令：

```
>>> f1.close()
```

2) writelines()方法

writelines()方法的语法格式如下：

```
file.writelines(sequence)
```

writelines()方法的功能是将序列原样写入文件中的当前插入点位置，可以一次性写入多个
字符串，且不添加换行符。但需要注意的是，序列中的元素必须是字符串。

为了保留文件之前的内容，可以通过追加模式'a'或'a+'打开文件，区别在于：以追加模式写
入的字符串都是从文件原来的结尾处开始的。例如，下面的代码在将文本文件 file1.txt 以 utf-8
编码格式和追加模式'a'打开后，利用文件对象的 writelines()方法在文本文件中写入列表序列。

```
>>> f1 = open('file1.txt', 'a', encoding = 'utf-8')
>>> f1.writelines(['第一章', ' ', 'Python 概述', '\n'])
>>> f1.writelines([1, 2, 3])
Traceback (most recent call last):
    File "<pyshell#15>", line 1, in <module>
        f1.writelines([1, 2, 3])
TypeError: write() argument must be str, not int
```

由上述执行结果可以看出，添加的序列元素不可以是数值型，而必须是字符串。writelines()
方法的参数除了可以是列表之外，也可以是集合、元组，甚至是字典，但序列中的元素必须是

字符串才可以。在将集合和字典作为参数时，写入文件的内容在形式上和预期的会有所不同。以下代码写入的是元组序列。

```
>>> f1.writelines(('第二章',' 基本数据类型、运算符与表达式', '\n','第三章 程序控制结构\n'))
>>> f1.close()
```

关闭文件后，在当前文件夹下找到 file1.txt 文件并打开，其中的内容如图 7-3 所示。

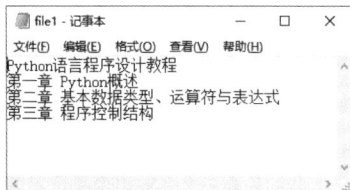

图 7-3　file1.txt 文件的内容

值得注意的是，在写入多行内容时，writelines()方法要比 write()方法高效。

3) print()函数

利用 print()函数也可以将数据输出到指定的文件中，语法格式如下：

```
print(value1, value2,…, sep=' ', end='\n', file=sys.stdout)
```

功能和参数说明：

- print()函数的功能是输出信息到标准控制台或指定的文件中。
- 参数列表"value1, value2,…"表示需要输出的内容。
- 参数 sep 用于指定数据之间的分隔符，默认为空格。
- 参数 end 用于指定输出完数据之后输出什么字符。
- 参数 file 用于指定输出位置，默认为标准控制台，也可以重定向输出到指定的文件中。

下面的命令除了创建文本文件 file2.txt，还将字符串内容输出到了文件 file2.txt 中。

```
>>> f2 = open('file2.txt', 'w', encoding = 'utf-8')
>>> print('Hello world!', file = f2)
>>> f2.close()
```

当然，利用 print()函数也可以改写或追加已经存在的文件。例如，以下代码在 file1.txt 中追加了一个字符串。

```
>>> f1 = open('file1.txt', 'a', encoding = 'utf-8')
>>> print('第四章 组合序列结构', file = f1)
>>> f1.close()
```

2. 读操作

利用文件对象的下列三个方法可以进行文件内容的读取。

1) read()方法

read()方法的语法格式如下：

```
file.read([size])
```

功能和参数说明：

- read()方法的功能是从文件指针的当前位置读取 size 个字符，然后以一个字符串作为结果返回；或从二进制文件中读取指定数量的字节并返回。
- 如果省略 size 参数，则表示从文件指针的当前位置读取文件的所有内容。

例如，以下代码将以读模式打开文本文件 file1.txt 并进行读取。

```
>>> f1 = open('file1.txt', 'r', encoding = 'utf-8')
>>> f1.read(8)
'Python 语言'
>>> f1.read(2)
'程序'
>>> f1.read()
'设计教程\n 第一章 Python 概述\n 第二章 基本数据类型、运算符与表达式\n 第三章 程序控制结构\n 第四章 组合序列结构\n'
>>> f1.read()
''
>>> f1.close()
```

上述代码使用的 read()方法会先后读取 8 个字符和 2 个字符；省略 size 参数后，read()方法会从字符串中继续读取包括分隔符在内的其他所有内容。在读出整个文本文件的内容后，文件指针指向文本文件的末尾，因此再次执行 f1.read()时返回的是空串，但程序不会报错。使用 read()方法读取字符串时，也可以先将返回的字符串赋值给一个变量，之后再对这个变量进行其他编辑操作。

2) readline()方法

readline()方法能够读出文件中的当前行并以一个字符串的形式作为结果返回，语法格式如下：

```
file.readline()
```

例如，下面的示例代码将依次读取 file1.txt 中的每一行。

```
>>> f1 = open('file1.txt', 'r', encoding = 'utf-8')
>>> f1.readline()
'Python 语言程序设计教程\n'
>>> f1.readline()
'第 1 章 Python 概述\n'
>>> f1.readline()
'第 2 章 基本数据类型、运算符与表达式\n'
>>> f1.readline()
'第 3 章 程序控制结构\n'
>>> f1.readline()
'第 4 章 组合序列结构\n'
>>> f1.readline()
''
>>> f1.close()
```

以上示例代码在以读模式打开 file1.txt 文件后，通过连续调用多次 readline()方法依次读取文件中的每一行(包括行结束符)。每调用一次 readline()方法就会自动获取下一行的内容并返回一个字符串。读取到最后一行，则 readline()方法会返回一个空的字符串，且不会报错。由此可见，如果文件包含多行，那么只需要配合恰当的循环语句，就能按行访问文件中的内容。

【例 7-1】编写程序，利用循环语句读取并显示文本文件 file1.txt 中的内容，同时统计行数和字符数。

参考代码：

```
1   # 读取并显示文本文件 file1.txt 中的内容，同时统计行数和字符数
2   s1 = s2 = 0
3   f1 = open('file1.txt', 'r', encoding = 'utf-8')
4   ss = f1.readline()
5   while ss != '':
6       print(ss, end='')
7       s1 = s1 + 1
8       s2 = s2 + len(ss)
9       ss = f1.readline()
10  f1.close()
11  print('文件共' + str(s1) + '行')
12  print('文件共包含' + str(s2) + '个字符')
```

运行结果：

```
Python 语言程序设计教程
第一章 Python 概述
第二章 基本数据类型、运算符与表达式
第三章 程序控制结构
第四章 组合序列结构
文件共 5 行
文件共包含 69 个字符
```

另外，open()函数返回一个可迭代的文件对象。利用可迭代的文件对象可以循环访问文件中的每一行数据。

【例 7-2】按行显示 file1.txt 文本文件中的内容。

参考代码：

```
1   # 按行显示 file1.txt 文本文件中的内容
2   f1 = open('file1.txt', 'r', encoding = 'utf-8')
3   for line in f1:
4       print(line, end='')
5   f1.close()
```

运行结果：

```
Python 语言程序设计教程
第一章 Python 概述
第二章 基本数据类型、运算符与表达式
第三章 程序控制结构
第四章 组合序列结构
```

3) readlines()方法

readlines()方法能够以列表的形式返回文本文件的内容，语法格式如下：

> file. readlines([sizeint])

功能和参数说明：
- readlines()方法的功能是读取文件中的所有行并返回一个列表，每行文本将以一个字符串的形式作为列表中的一个元素。
- 若给定 sizeint>0，则返回总共大约 sizeint 字节的行，但实际读取的数据量可能比 sizeint 大，因为还需要填充缓冲区。

例如：

```
>>> f1 = open('file1.txt', 'r', encoding = 'utf-8')
>>> f1.readlines()
['Python 语言程序设计教程\n', '第一章 Python 概述\n', '第二章 基本数据类型、运算符与表达式\n', '第三章 程序控制结构\n', '第四章 组合序列结构\n']
>>> f1.close()
```

从上述命令可以看出，readlines()方法会读取 file1.txt 文件中的每一行并将其以一个字符串的形式作为列表中的一个元素。文件对象的 readlines()方法在本质上是通过循环调用 readline()方法实现的。与 readline()方法相比，readlines()方法能够以更简洁的方式按行读出整个文件的内容，并且只需要通过进行简单的列表遍历就可以取出任意一行进行处理。

7.2.3　文件内容的定位

当使用 open()函数打开一个文件并返回一个文件对象时，文件对象中存放着当前光标在文件中的位置，系统会从文件头部开始计算字节数，这个位置称为文件指针，它是文件中位置的标识。大部分的文件操作都是基于文件指针来实现的。对文件进行的读、写、截断等操作都是基于文件指针进行的。当以不同方式打开文件时，文件指针的初始位置会有所不同。以"只读"和"只写"模式打开时，文件指针的初始位置是文件头；以"追加"模式打开时，文件指针的初始位置是文件尾。

1. tell()方法

利用文件对象的 tell()方法可以返回文件指针的当前位置，语法格式如下：

> file.tell()

文件的读写操作会自动改变文件指针的位置。如下命令将以读模式打开文本文件 file2.txt(文件内容为"Hello world!")并读取字符，注意观察文件指针所在的位置。

```
>>> f2 = open('file2.txt', 'r')
>>> f2.tell()
0
>>> f2.read(10)
'Hello worl'
>>> f2.tell()
10
>>> f2.read(10)          # 文件剩余部分不足 10 个字符时按实际输出
'd!\n'
>>> f2.tell()
```

```
14
>>> f2.close()
```

当以读模式打开文件时，文件指针所在的位置是文件头，读取 10 个字符之后，系统将自动把文件指针移到第 11 个字符(字节)的位置，等到再次读取字符的时候，将总是从文件指针的当前位置开始读取。再看下面的例子。

```
>>> f1 = open('file1.txt', 'r', encoding = 'utf-8')
>>> s = f1.readline()
>>> s
'Python 语言程序设计教程\n'
>>> len(s)
15
>>> f1.tell()
32
>>> f1.close()
```

为什么在读取带有汉字的一行内容后，文件指针的位置是 32 而不是 15 呢？下面以'rb'模式重新执行上述命令。

```
>>> f1 = open('file1.txt', 'rb')
>>> s=f1.readline()
>>> s
b'Python\xe8\xaf\xad\xe8\xa8\x80\xe7\xa8\x8b\xe5\xba\x8f\xe8\xae\xbe\xe8\xae\xa1\xe6\x95\x99\xe7\xa8\x8b\r\n'
>>> len(s)
32
>>> f1.tell()
32
>>> f1.read(3)
b'\xe7\xac\xac'
>>> f1.tell()
35
```

对比上述执行结果可以观察到，当以文本格式和二进制格式打开文本文件并读取同一行带有汉字的字符串时，len()函数返回的是不同打开模式下字符串的长度，而文件对象的 tell()方法返回的是字节数。

在 Windows 系统中，文件以'\r\n'作为行末标识符。当以文本格式读取文件时，系统会将'\r\n'转换成'\n'；反之，当以文本格式将数据写入文件时，系统会将'\n'转换成'\r\n'。这种隐式转换换行符的行为，对于以文本格式打开文本文件是没有问题的，但如果以文本格式打开二进制文件，就有可能改变文件中的数据——将'\r\n'隐式转换成'\n'。

2. seek()方法

利用文件对象的 seek()方法可以把文件指针移到新的字节位置，语法格式如下：

```
file.seek(offset[, whence])
```

功能和参数说明：

- seek()方法可以接收偏移量 offset 和选项 whence 作为参数，并返回调用后文件指针的位置。

- offset 表示文件指针相对于 whence 的位置。
- 当 whence＝0 时，将文件指针从文件头部转移到偏移量 offset 指定的字符处；当 whence＝1 时，将文件指针从文件的当前位置向后转移偏移量 offset 指定的字符数；当 whence＝2 时，将文件指针从文件尾部向后移动偏移量 offset 指定的字符数。whence 默认为 0，file.seek(0)表示将文件指针移到文件头部。

下面来看一些例子。

```
>>> f1 = open('file1.txt', 'r', encoding = 'utf-8')
>>> f1.readline()
'Python 语言程序设计教程\n'
>>> f1.readline()
'第一章  Python 概述\n'
>>> f1.tell()
56
>>> f1.seek(0)
0
>>> f1.readline()
'Python 语言程序设计教程\n'
```

上述命令在打开文件 file1.txt 后，连续读取了两行内容，f1.seek(0)命令则使文件指针移至文件头部，然后重新读取第一行内容。

```
>>> f1.seek(1, 0)
1
>>> f1.tell()
1
>>> f1.readline()
'ython 语言程序设计教程\n'
```

f1.seek(1, 0)表示将文件指针从文件头部转移到偏移量 1 指定的字符处，执行后，当前指针的位置是 1，f1.readline()表示从当前位置读取本行内容。

```
>>> f1.tell()
32
>>> f1.seek(0, 1)
32
```

f1.tell()表示返回当前指针位置，f1.seek(0, 1)表示将文件指针从当前位置转移到偏移量 0 指定的字符处，相当于保持文件指针的当前位置不变。

```
>>> f1.seek(1, 1)
Traceback (most recent call last):
    File "<pyshell#75>", line 1, in <module>
    f1.seek(1, 1)
io.UnsupportedOperation: can't do nonzero cur-relative seeks
```

在上面的例子中，根据参数说明，whence＝1、offset＝1，因此 f1.seek(1,1)表示从当前位置开始算起偏移 1，那么系统为什么报错呢？这是因为在文本文件中，只允许从文件头部开始计算相对位置，而在从文件当前位置或末尾进行计算时就会引发异常。在文本文件中使用 seek()

方法时，若 whence 的值是 1 或 2，则 offset 的值只可以是 0。下面以'rb'模式打开文件，将 f1 = open('file1.txt', 'r', encoding = 'utf-8')改写成 f1 = open('file1.txt', 'rb')。

```
>>> f1 = open('file1.txt', 'rb')
>>> f1.readline()
b'Python\xe8\xaf\xad\xe8\xa8\x80\xe7\xa8\x8b\xe5\xba\x8f\xe8\xae\xbe\xe8\xae\xa1\xe6\x95\x99\xe7\xa8\x8b\r\n'
>>> f1.tell()
32
>>> f1.seek(1, 1)
33
```

f1.seek(1, 1)表示从当前位置后移 1 位，因此返回的结果是 33。

```
>>> f1.readlines()
[b'\xac\xac\xe4\xb8\x80\xe7\xab\xa0 Python\xe6\xa6\x82\xe8\xbf\xb0\r\n', b'\xe7\xac\xac\xe4\xba\x8c\xe7\xab\xa0
\xe5\x9f\xba\xe6\x9c\xac\xe6\x95\xb0\xe6\x8d\xae\xe7\xb1\xbb\xe5\x9e\x8b\x80\x81\xe8\xbf\x90\xe7\xae\x97\xe7
\xac\xa6\xe4\xb8\x8e\xe8\xa1\xa8\xe8\xbe\xbe\xe5\xbc\x8f\r\n', b'\xe7\xac\xac\xe4\xb8\x89\xe7\xab\xa0 \xe7\xa8\x8b
\xe5\xba\x8f\xe6\x8e\xa7\xe5\x88\xb6\xe7\xbb\x93\xe6\x9e\x84\r\n', b'\xe7\xac\xac\xe5\x9b\x9b\xe7\xab\xa0 \xe7\xbb\
x84\xe5\x90\x88\xe5\xba\x8f\xe5\x88\x97\xe7\xbb\x93\xe6\x9e\x84\r\n']
>>> f1.tell()
170
>>> f1.seek(1, 2)
171
>>> f1.seek(-1, 2)
169
>>> f1.close()
```

通过上述代码可以观察到，当以二进制格式打开文件时，在读取全部内容后，指针将指向文件尾部。f1.tell()表示返回当前指针位置，即 170；f1.seek(1, 2)表示移动指针至文件尾部后面的 1 个位置，即 171；f1.seek(-1, 2)表示移动指针至文件尾部前面的 1 个位置，即 169。

【例 7-3】 在 file3.txt 中写入如下诗句，并在第一句的后面添加一个换行符。

Whenever you need me, I'll be here. Whenever you are in trouble, I'm always near.

参考代码：

```
1    # 在 file3.txt 中写入诗句并添加换行符
2    f3 = open('file3.txt', 'w+')
3    s1 = 'Whenever you need me, I\'ll be here.'
4    s2 = 'Whenever you are in trouble,I'm always near.'
5    f3.write(s1)
6    f3.write(s2)
7    f3.flush()
8    f3.seek(0)
9    print('修改前')
10   print(f3.readline(), end='')
11   n = len(s1)
12   f3.seek(n)
13   f3.write('\n')
14   f3.flush()
15   print('\n 修改后')
```

```
16    f3.seek(0)
17    for line in f3:
18        print(line, end='')
19    f3.close()
```

执行结果如图 7-4 所示。

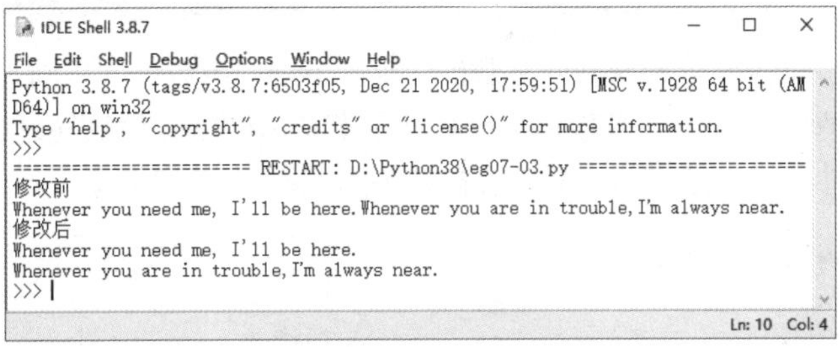

图 7-4 例 7-3 的执行结果

7.2.4 文件对象的常用属性

文件对象的常用属性如表 7-2 所示。

表 7-2 文件对象的常用属性

属性	说明
name	返回文件名
mode	返回文件打开模式
closed	判断文件是否关闭
buffer	返回当前文件的缓冲区对象
fileno	返回文件编号

通过文件对象的属性可以显示文件当前的基本状态，语法格式为"file.属性"。如下代码显示了文件对象关联的文件名、打开模式等基本状态。

```
>>> f1 = open('file1.txt', 'r', encoding='utf-8')
>>> print("文件名为", f1.name)
文件名为 file1.txt
>>> print("文件打开模式为", f1.mode)
文件打开模式为 r
>>> print("文件是否关闭：", f1.closed)
文件是否关闭：False
>>> print("文件缓冲区对象：", f1.buffer)
文件缓冲区对象：<_io.BufferedReader name='file1.txt'>
>>> f1.close()
>>> print("文件是否关闭：", f1.closed)
文件是否关闭：True
```

7.2.5 上下文管理语句 with

在一些特殊情况下，例如在打开文件之后和关闭文件之前因为发生错误而导致程序崩溃，即使写了关闭文件的代码，也无法保证文件一定能够正常关闭。在管理文件对象时，使用上下文管理语句 with 可以自动管理资源，不论是什么原因(哪怕是代码引发异常)导致跳出 with 代码块，都可以保证文件被正确关闭，并在代码块执行完毕后，自动还原进入 with 代码块时的上下文。语法格式如下：

```
with open(filename, mode, encoding) as file:
    代码块
```

其中，filename、mode 和 encoding 参数的含义与 open()函数中的相同，file 为文件变量。

如下示例代码使用 with 语句并以读模式打开了 file2.txt 文件，然后通过调用 read()方法读取了其中的内容。文件读操作结束后，系统会自动关闭 file2.txt 文件。

```
>>> with open ("file2.txt", 'r') as f2:
        print(f2.read())


Hello world!
```

从结构上看，with语句能够更清晰地描述文件从打开到操作完毕的整个过程，并且使用起来也更便捷。

【例7-4】编写程序，修改xj.txt文件中的内容，在学号前加上"学号："，在姓名前加上"姓名："，然后使用循环语句在屏幕上显示xj.txt文件中修改后的个人全部信息。xj.txt文件中的内容如图7-5所示。

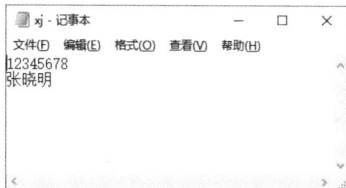

图 7-5   xj.txt 文件中的内容

参考代码：

```
1    # 修改 xj.txt 文件中的内容
2    with open('xj.txt', 'r+') as f:
3        l1 = ['学号：'] + list(f.readline())
4        l2 = ['姓名：'] + list(f.readline())
5        f.seek(0)
6        f.writelines(l1)
7        f.writelines(l2)
8        f.flush()
9        f.seek(0)
10       for line in f:
11           print(line, end='')
```

运行结果如图 7-6 所示。

另外，使用上下文管理语句 with 还可以同时打开多个文件进行读写操作。例如，下面的代码在打开 test.txt 的同时创建了 test_new.txt，然后将 test.txt 中的内容读出并写入 test_new.txt 中。

```
1    with open('test.txt', 'r') as old, open('test_new.txt', 'w') as new:
2        new.write(old.read())
```

图 7-6　运行结果

with 语句也可以使用嵌套结构，上面的代码也可以写成如下嵌套形式：

```
1      with open('test.txt', 'r') as old:
2          with open('test_new.txt', 'w') as new:
3              new.write(old.read())
```

7.2.6　CSV 文件的读写

CSV(comma-separated values)文件可以理解为使用带逗号分隔符的纯文本形式存储表格数据。CSV 文件在本质上是使用某种字符集(如 ASCII、Unicode、EBCDIC 或 GB2312)的文本文件，因此可以用记事本、写字板和 Excel 打开。文件由记录组成，一行对应一条记录，每行开头不留空格，每条记录被英文半角的逗号分隔符分为多个字段。CSV 文件中的分隔符并不限定为逗号，也可以是分号、制表符等。

图 7-7 展示了使用记事本打开 stu.csv 文件。

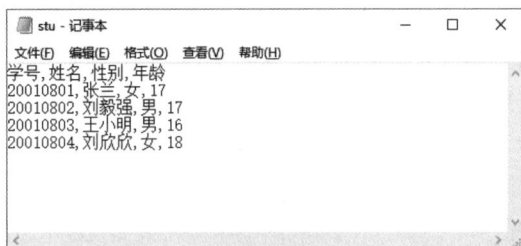

图 7-7　使用记事本打开 stu.csv 文件

图 7-8 展示了使用写字板打开 stu.csv 文件。

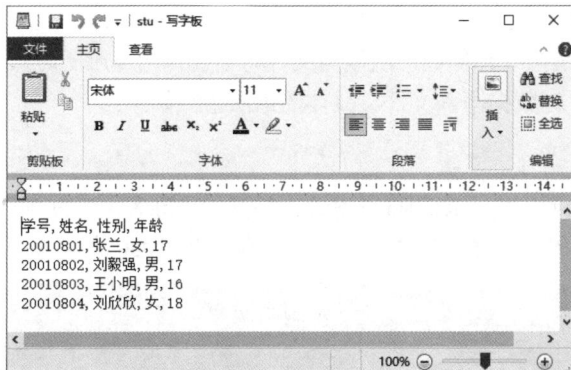

图 7-8　使用写字板打开 stu.csv 文件

图 7-9 展示了使用 Excel 打开 stu.csv 文件。

图 7-9　使用 Excel 打开 stu.csv 文件

CSV 文件不带任何格式信息且可以在记事本、写字板和 Excel 中打开，因此被广泛用于不同程序之间转移表格数据。

CSV 文件的相关操作与文本文件是一样的，也是打开、读写、修改和关闭。CSV 文件的读取或写入需要首先使用 CSV 模块中的函数来定义 reader 或 writer 对象，然后便可以利用这两个对象的方法对 CSV 文件进行读写。CSV 模块在使用前需要使用 import 进行导入。

1. 写入 CSV 文件

1) 创建 writer 对象

使用 CSV 模块中的 write()函数可以创建 writer 对象，语法格式如下：

```
writer = csv.writer(csvfile, dialect = 'excel', newline = None)
```

参数说明：

- csvfile 表示迭代对象，并且每次调用 next()方法后返回的都是字符串，通常的文件对象或列表对象都是适用的。
- dialect 表示编码风格，默认为 excel 风格，也就是以逗号进行分隔。另外，CSV 模块也支持 excel-tab 风格，也就是以制表符进行分隔。
- newline 表示行结束字符，可以是 None、''、'\n'、'\r'、'\r\n'等。

如下命令将打开 stu.csv 文件并创建 writer 对象 wr。

```
>>> import csv
>>> f_csv = open("stu.csv", 'w')
>>> wr = csv.writer(f_csv)
>>> f_csv.close()
```

当然，也可以使用 with 语句实现上面的操作。

2) writerow()方法

因为 CSV 文件都是按行存储的，所以写文件时需要调用 writer 对象的 writerow()方法，从而将使用列表存储的一行数据写入文件。具体的语法格式如下：

```
writer.writerow(list)
```

下面的命令将首先向文件中添加首行内容"学号""姓名""性别""年龄"，然后追加两条记录——"20010801""张兰""女""17"和"20010802""刘毅强""男""17"。

```
>>> with open("stu.csv", 'w') as f_csv:
        wr = csv.writer(f_csv)      # 创建 writer 对象
        wr.writerow(['学号', '姓名', '性别', '年龄'])
        wr.writerow(['20010801', '张兰', '女', '17'])
        wr.writerow(['20010802', '刘毅强', '男', '17'])
```

执行完上面的代码段后，使用 Excel 软件打开 stu.csv 文件，如图 7-10 所示，我们可以观察到，系统在写入记录的同时自动插入了空行。对于 CSV 文件，如果记录之间出现了空行，在读文件的时候就会出现错误。修改上面的代码，在打开文件时增加参数 "newline = ' '"，用于指明在写入新的记录后不插入空行。

图 7-10　stu.csv 文件中的内容

修改后的代码如下：

```
>>> with open("stu.csv", 'w', newline = '') as f_csv:
        wr = csv.writer(f_csv)                    # 创建 witer 对象
        wr.writerow(['学号', '姓名', '性别', '年龄'])
        wr.writerow(['20010801', '张兰', '女', '17'])
        wr.writerow(['20010802', '刘毅强', '男', '17'])
```

再次使用 Excel 软件打开 stu.csv 文件，其中的内容如图 7-11 所示。

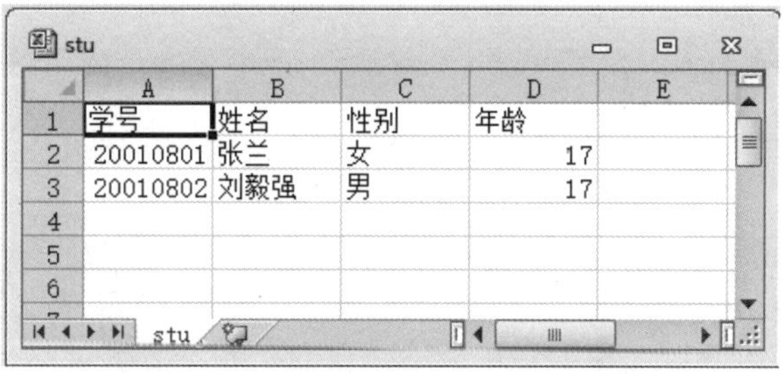

图 7-11　修改代码后 stu.csv 文件中的内容

3) writerows()方法

使用 writerows()方法可以在文件中一次性写入多行，具体的语法格式如下：

```
writer.writerows(sequence)
```

使用以上语法可以将序列 sequence 中的每一个元素作为一行写入 CSV 文件。下列命令利用 writerows()方法一次性在 stu.csv 文件中写入了两行记录。

```
>>> import csv
>>> with open("stu.csv", 'a+', newline = '') as f_csv:
        wr = csv.writer(f_csv)
        wr.writerows([['20010803', '王小明', '男', '16'], ( '20010804', '刘欣欣', '女', '18')])
```

通过观察可知，writer 对象的 writerows()方法只接收一个序列作为参数，这个序列可以是列表，也可以是元组。

观察如下代码：

```
>>> with open("abc.csv", 'w', newline = '') as f_csv:
        wr = csv.writer(f_csv)
        wr.writerows('abc')
        wr.writerows({'d', 'e'})
        wr.writerows({'f':1, 'g':2})
        wr.writerows(['h', 3])

Traceback (most recent call last):
    File "<pyshell#122>", line 6, in <module>
        wr.writerows(['h', 3])
_csv.Error: iterable expected, not int
```

执行上述代码中的最后一条命令时出错了，序列中的元素须为"可迭代元素"。字符串可迭代，但整数不可迭代。列表['h', 3]中的元素 3 是数值而不是字符串，所以写入时会报错。

如图 7-12 所示，打开 abc.csv 文件后，我们可以观察到，除了数字 3，其他内容均已写入文件中。当 writerows()方法的序列参数是字符串时，每个字符将作为一行写入 CSV 文件；当序列参数是集合时，每个元素将作为一行写入 CSV 文件；当序列参数是字典时，每个元素的键将作为一行写入 CSV 文件。

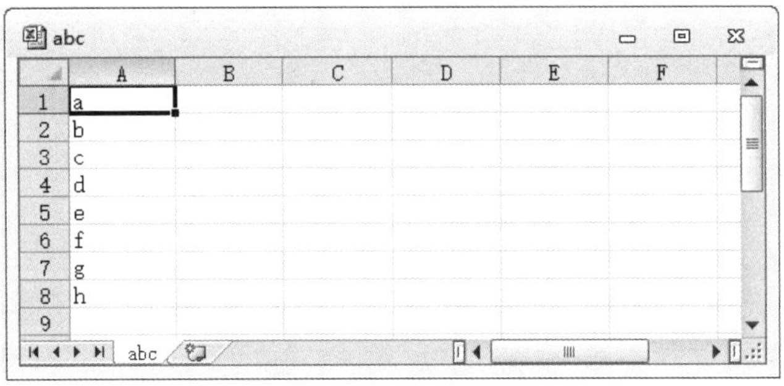

图 7-12 abc.csv 文件中的内容

2. 读取 CSV 文件

当读取 CSV 文件时，需要首先创建 reader 对象。我们可以使用 CSV 模块中的 reader()函数来创建 reader 对象，具体的语法格式如下：

```
reader = csv.reader (csvfile, dialect = 'excel')
```

功能和参数说明：

- reader()函数能够创建 reader 对象并以列表的形式输出每一行。
- csvfile 表示迭代对象，并且每次调用 next()方法后返回的都是字符串，通常的文件对象或列表对象都是适用的。
- dialect 表示编码风格，默认为 excel 风格，也就是以逗号进行分隔。另外，CSV 模块也支持 excel-tab 风格，也就是以制表符进行分隔。

可通过迭代对象 reader 来遍历文件中的每一行,下面以 stu.csv 文件为例进行说明。

```
>>> import csv
>>> with open("stu.csv", 'r') as f_csv:
        reader = csv.reader(f_csv)
        for row in reader:
            print(row)

['学号', '姓名', '性别', '年龄']
['20010801', '张兰', '女', '17']
['20010802', '刘毅强', '男', '17']
['20010803', '王小明', '男', '16']
['20010804', '刘欣欣', '女', '18']
```

上述代码使用 with 语句并以读模式打开了 stu.csv 文件,然后创建了 reader 对象,最后通过 for 循环遍历了 reader 对象并按行输出了 stu.csv 文件中的数据。从输出形式看,每一行都是以列表的形式输出的,且文件中所有的数据都是字符串。

7.3 文件夹操作

文件是用来组织和管理一组相关数据的集合,而目录则用来组织和管理一组相关的文件和文件夹。目录又称为文件夹,其中既可以包含文件,也可以包含其他子目录。图 7-13 展示了 C 盘下的部分目录结构。

文件有可能存放在根目录下,也有可能存放在多层子目录中。文件的保存位置称为路径。通常情况下,文件按树状结构进行组织。为了管理一个文件,一般需要指定驱动器、目录路径和文件名。

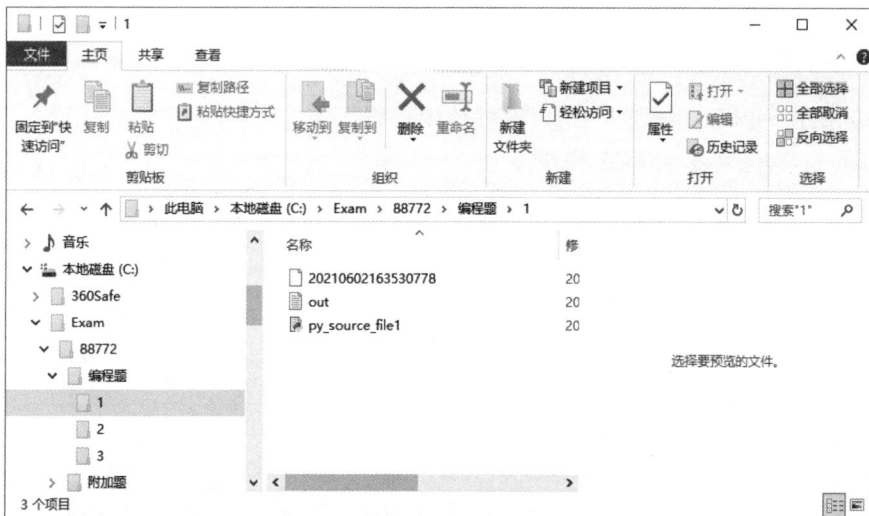

图 7-13 C 盘下的目录结构

7.3.1 绝对路径与相对路径

1. 绝对路径

绝对路径是指从文件所在驱动器的"盘符"开始描述文件的保存位置。图 7-13 所示的 py_source_file1.py 文件的绝对路径可表示为"C:\Exam\88772\编程题\1\ py_source_file1.py"，其中的反斜杠"\"是盘符、目录和文件在 Windows 操作系统下的分隔符。文件名的这种表示方法又称为绝对路径文件名。

在 Python 程序中，文件的路径可以使用字符串来表示。由于字符串中的反斜杠"\"表示转义字符，因此需要连续写两个反斜杠才能还原反斜杠分隔符的含义，如下所示：

"C: \\Exam\\88772\\编程题\\1\\ py_source_file1.py"

根据前面学过的内容，我们还可以在字符串的前面加上 r，以表示取消字符串中反斜杠的转义特性，这样书写起来将更为简便，如下所示：

r "C: \Exam\88772\编程题\1\ py_source_file1.py"

2. 相对路径

每个运行的程序都有当前工作的目录，称为当前目录。相对路径是指从当前目录开始描述文件的保存位置。若当前目录为 C:\Exam\88772，则 py_source_file1.py 文件的相对路径就是"编程题\1\ py_source_file1.py"。

和绝对路径相比，相对路径中的盘符直到当前目录部分都被省略了，系统默认从当前目录开始根据路径描述定位文件。

在 Python 编程环境中，当前目录一般默认为应用程序的安装目录。如果处理的数据文件与 Python 程序在同一文件夹下，那么可以直接用文件名来表示；如果处理的数据文件与 Python 程序在不同的文件夹下，那么通常用绝对路径文件名来表示。我们也可以根据需要利用 Python 语言自带的 OS 库函数重新设置当前路径。

7.3.2 目录操作

表 7-3 展示了 Python 语言自带的 OS 模块中有关目录(文件夹)操作的常用函数。注意在使用这些函数时，首先需要导入 OS 模块。

表 7-3 OS 模块中有关目录(文件夹)操作的常用函数

函数	功能说明
os.getcwd()	返回当前目录
os.listdir(path)	返回 path 目录下的文件和子目录列表
os.chdir(path)	修改当前目录为 path 指定的目录
os.rmdir(path)	删除 path 指定的空目录，如果目录非空，则抛出 OSError 异常
os.mkdir(path[,mode])	以 mode 指定的数字权限模式创建名为 path 的文件夹，mode 默认为 0777(八进制)
os.rename(scr,dst)	重命名文件或目录，scr 参数为文件名或目录名，dst 参数为新的文件名或目录名。若目标文件已存在，则抛出异常；不能跨磁盘或分区进行操作
os.replace(old, new)	重命名文件或目录，old 参数为文件名或目录名，new 参数为新的文件名或目录名。若目标文件已存在，则直接覆盖；不能跨磁盘或分区进行操作

下面通过如下命令对涉及文件夹操作的常用函数进行介绍。

1) 导入 OS 模块。

```
>>> import os
```

2) 读取当前目录：os.getcwd()。

```
>>> os.getcwd()
'D:\\Python38'
```

3) 显示当前目录下的文件和文件夹：os.listdir()或 os.listdir('.')。

```
>>> os.listdir()
['eg07-01.py', 'eg07-02.py',…'DLLs', …'file1'.txt…]
>>> os.listdir('.')          # 标记'.'表示当前目录
['eg07-01.py', 'eg07-02.py',…'DLLs', …'file1'.txt…]
```

4) 利用列表生成式，显示当前目录下指定的文件和文件夹。字符串的 endswith()方法用于判断字符串是否以指定后缀结尾。

```
>>> [fname for fname in os.listdir('.') if fname.endswith('.py')]
['eg07-01.py','eg07-02.py', eg07-03.py,'eg07-04.py', 'eg07-05.py']
>>> [fname for fname in os.listdir('.') if not fname.endswith(('.pyc', '.py', '.pyw','.txt','.exe','.dll','.csv'))]
['DLLs', 'Doc', 'include', 'Lib', 'libs', 'Scripts', 'tcl', 'Tools']
```

5) 改变当前目录：os.chdir()。

```
>>> os.chdir('D:\\Python38\\dir')
Traceback (most recent call last):
  File "<pyshell#138>", line 1, in <module>
    os.chdir('D:\\Python38\\dir')
FileNotFoundError: [WinError 2] 系统找不到指定的文件。: 'D:\\Python38\\dir'
```

一般来说，当前目录默认为应用程序的安装目录 D:\Python38。os.chdir('D:\\Python38\\dir') 表示改变当前目录为 D:\Python38\dir，由于 dir 文件夹不存在，因此产生了异常。

6) 建立子文件夹：os.mkdir()。

```
>>> os.mkdir("dir")
```

打开文件夹Python38，可以看到系统已在当前目录D:\Python38下建立了子文件夹dir，如图7-14所示。

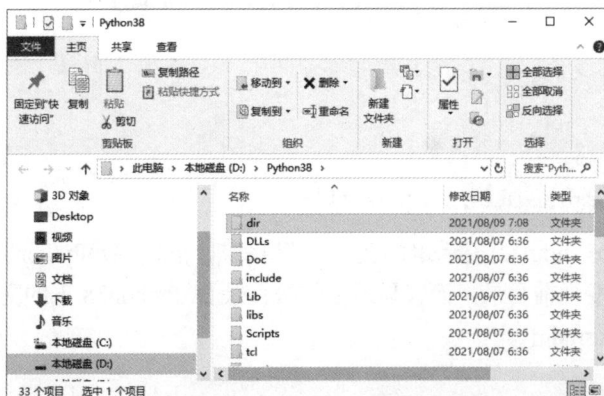

图 7-14 D:\Python38 文件夹中的内容

```
>>> os.getcwd()
'D:\\Python38'
```

虽然建立了子文件夹，但当前目录没有发生改变。

7) 改变当前目录：os.chdir()。

```
>>> os.chdir('dir')
>>> os.getcwd()
'D:\\Python38\\dir'
```

命令 os.chdir('dir')是用相对路径表示的，可利用 os.chdir()函数改变当前目录为 D:\\Python38\\dir。

```
>>> os.mkdir('dir_1')
```

以上命令会在当前路径下建立子文件夹 dir_1。也可以使用绝对路径建立子文件夹，如下所示：

```
>>> os.mkdir(os.getcwd() + '\\dir_2')
```

命令 os.mkdir(os.getcwd() + '\\dir_2')中的 os.getcwd()函数会返回当前目录。

8) 改变当前目录。

```
>>> os.chdir(os.getcwd() + '\\dir_2')
>>> os.getcwd()
'D:\\Python38\\dir\\dir_2'
```

如图 7-15 所示，当前目录是 D:\Python38\dir\dir_2。若想退回到上一级目录，可以使用一个特殊的标记'..'，这个标记表示当前目录的上一级目录。当然，也可以用绝对路径直接指定。

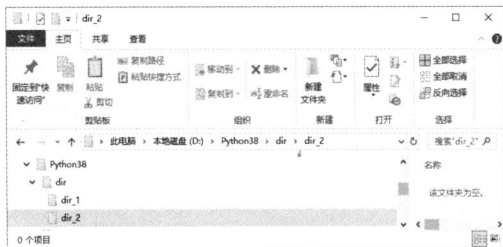

图 7-15   当前目录是 D:\Python38\dir\dir_2

```
>>> os.chdir('..')
>>> os.getcwd()
'D:\\Python38\\dir'
>>> os.listdir('..')
['eg07-01.py', 'eg07-02.py',…'DLLs', …'file1'.txt…]
```

以上代码中的 os.chdir('..')表示退回到上一级目录，此时 D:\Python38\dir 为当前目录；os.listdir('..')表示不改变当前目录，而仅显示上一级目录 D:\Python38 下的文件和文件夹。

9) 删除目录：os.rmdir()。

```
>>> os.rmdir('dir_1')
>>> os.listdir('D:\\Python38\\dir')
```

['dir_2']

在删除目录 dir_1 后，D:\Python38\dir 目录下便只剩下目录 dir_2。

```
>>> os.chdir('D:\\')
>>> os.getcwd()
'D:\\'
>>> os.rmdir('dir')
Traceback (most recent call last):
  File "<pyshell#156>", line 1, in <module>
    os.rmdir('dir')
FileNotFoundError: [WinError 2] 系统找不到指定的文件。: 'dir'
```

os.rmdir('dir')表示删除 dir 目录，使用的是相对路径，系统会在当前目录(即 D 盘根目录)下搜索目标目录。目录 dir 不在 D 盘根目录下，因此出现异常。

```
>>> os.rmdir('D:\\Python38\\dir')
Traceback (most recent call last):
  File "<pyshell#157>", line 1, in <module>
    os.rmdir('D:\\Python38\\dir')
OSError: [WinError 145] 目录不是空的。: 'D:\\Python38\\dir'
```

os.rmdir()函数只能删除空的目录，上述命令删除的目录不是空的，所以出现了异常。

10) 重命名目录：os.rename()和 os.replace()。

```
>>> os.rename('D:\\Python38\\dir\\dir_2', 'D:\\Python38\\dir\\dir_3')
>>> os.replace('D:\\Python38\\dir\\dir_3', 'D:\\Python38\\dir\\dir_4')
>>> os.replace('D:\\Python38\\dir\\dir_4', 'E:\\dir_4')
Traceback (most recent call last):
  File "<pyshell#161>", line 1, in <module>
    os.replace('D:\\Python38\\dir\\dir_4','E:\\dir_4')
OSError: [WinError 17] 系统无法将文件移到不同的磁盘驱动器。: 'D:\\Python38\\dir\\dir_4' -> 'E:\\dir_4'
```

os.rename()和 os.replace()函数既可以重命名目录，也可以重命名文件，但不能跨磁盘执行重命名操作。

7.3.3　文件操作

表 7-4 展示了 Python 语言自带的 OS 模块中有关文件操作的常用函数。

表 7-4　OS 模块中有关文件操作的常用函数

函数	功能说明
os.rename(scr, dst)	重命名文件或目录，scr 参数为文件名或目录名，dst 参数为新的文件名或目录名。若目标文件已存在，则抛出异常；不能跨磁盘或分区进行操作
os.replace(old, new)	重命名文件或目录，若目标文件已存在，则直接覆盖；不能跨磁盘或分区进行操作
os.remove([path]file_name)	删除路径为 path 的 file_name 文件。如果只有路径缺失，将抛出异常；执行删除操作时，要求用户拥有删除文件的权限，并且文件没有只读或其他特殊属性

在文件夹 D:\Python38\dir\dir_4 下建立一个文本文件，然后显示该文件夹下的内容。

```
>>> with open('D:\\Python38\\dir\\dir_4\\txt', 'w') as f:
        f.write("Hello!")

6
>>> os.listdir('D:\\Python38\\dir\\dir_4')
['txt']
```

下面通过如下命令对涉及文件操作的常用函数进行介绍。

1）文件移动和重命名：os.rename()。

```
>>> os.rename('D:\\Python38\\dir\\dir_4\\txt', 'D:\Python38\\dir\\txt_new.txt')
>>> os.listdir('D:\\Python38\\dir\\dir_4')
[]
>>> os.listdir('D:\\Python38\\dir')
['dir_4', 'txt_new.txt']
```

2）文件移动并重命名：os.replace()。

```
>>> os.replace('D:\\Python38\\dir\\txt_new.txt', 'D:\\Python38\\dir\\dir_4\\txt_new1.txt')
>>> os.listdir('D:\\Python38\\dir\\dir_4')
['txt_new1.txt']
>>> os.replace('D:\\Python38\\dir\\dir_4\\txt_new1.txt', 'E:\\txt_new1.txt')
Traceback (most recent call last):
  File "<pyshell#179>", line 1, in <module>
    os.replace('D:\\Python38\\dir\\dir_4\\txt_new1.txt','E:\\txt_new1.txt')
OSError: [WinError 17] 系统无法将文件移到不同的磁盘驱动器。: 'D:\\Python38\\dir\\dir_4\\txt_new1.txt' ->
'E:\\txt_new1.txt'
```

上述命令试图将 D:\Python38\dir\dir_4 目录中的 txt_new1.txt 文件移至 E 盘根目录下，但系统抛出了异常，可见不能跨磁盘移动文件。

3）删除文件：os.remove()。

```
>>> os.getcwd()
'D:\\'
>>> os.remove('D:\\Python38\\dir\\dir_4')
Traceback (most recent call last):
  File "<pyshell#181>", line 1, in <module>
    os.remove('D:\\Python38\\dir\\dir_4')
PermissionError: [WinError 5] 拒绝访问。: 'D:\\Python38\\dir\\dir_4'
```

os.remove()函数用于删除路径为 path 的文件，但提供的 D:\Python38\dir\dir_4 是文件夹，因此系统抛出异常。

```
>>> os.remove('D:\\Python38\\dir\\dir_4\\txt_new1.txt')
>>> os.listdir('D:\\Python38\\dir\\dir_4')
[]
```

上述代码中的路径和文件名都正确，文件 txt_new1.txt 已被删除。

7.4 经典程序分析

【例 7-5】以编码格式 utf-8 和写模式创建文件 f1.txt，然后创建文件对象 f，在屏幕上输出文件名并关闭文件 f1.txt，最后判断文件 f1.txt 是否关闭。

参考代码：

```
1    # 以编码格式 utf-8 和写模式创建文件 f1.txt，输出文件名并关闭文件，最后判断文件是否关闭
2    f = open('f1.txt', 'w', encoding = 'utf-8')
3    print("文件名为", f.name)
4    f.close()
5    if  f.closed:
6        print("文件已关闭")
7    else:
8        print("文件未关闭")
```

运行结果：

```
文件名为 f1.txt
文件已关闭
```

【例 7-6】将三个字符串写入文本文件 sample.txt，然后读取并输出。

参考代码：

```
1    # 将三个字符串写入文本文件 sample.txt，然后读取并输出
2    with open('sample.txt', 'w') as fp:
3        fp.write("Hello world！\n")
4        fp.write("Hello Python！\n")
5        fp.write("Hello everyone！")
6    with open('sample.txt') as fp:
7        print(fp.read())
```

运行结果：

```
Hello world！
Hello Python！
Hello everyone！
```

【例 7-7】遍历 gs.txt 文件中的所有内容并在屏幕上输出，然后统计输出的字符数(gs.txt 文件的编码格式为 utf-8)。

可以直接遍历文件对象，参考代码如下：

```
1    # 遍历显示，统计文件 gs.txt 中的字符数
2    s = 0
3    with open('gs.txt', 'r', encoding = 'utf-8') as f:
4        for line in f:
5            print(line, end='')
6            s = s + len(line)
7    print('字符数为', s)
```

也可以先读取文件对象并按行生成列表，之后再遍历列表，参考代码如下：

```
1    # 遍历显示，统计文件 gs.txt 中的字符数
2    s = 0
3    with open('gs.txt', 'r', encoding = 'utf-8') as f:
4        list_f = f.readlines()
5        for line in list_f:
6            print(line, end='')
7            s = s + len(line)
8    print('字符数为',s)
```

还可以计算文本文件的行数，并通过循环文本文件指定的次数来读取其中的每一行，参考代码如下：

```
1    # 遍历显示，统计文件 gs.txt 中的字符数
2    s = 0
3    with open('gs.txt', 'r', encoding='utf-8') as f:
4        n=len(f.readlines())
5        f.seek(0)
6        for i in range(1, n+1):
7            line=f.readline()
8            print(line, end='')
9            s = s + len(line)
10   print('字符数为', s)
```

运行结果：

```
登鹳雀楼
    [唐] 王之涣
白日依山尽，黄河入海流。
欲穷千里目，更上一层楼。
字符数为 50
```

【例7-8】统计文本文件sample.txt中最长行的长度并显示该行的内容。

参考代码：

```
1    # 统计文本文件 sample.txt 中最长行的长度并显示该行的内容
2    with open('sample.txt') as fp:
3        result = {'最长长度':0, '最长行内容':''}
4        for line in fp:
5            t = len(line)
6            if t > result['最长长度']:
7                result['最长长度'] = len(line)
8                result['最长行内容'] = line
9    print(result)
```

运行结果：

```
{'最长长度': 15, '最长行内容': 'Hello everyone！ '}
```

【例 7-9】转换文本文件的编码格式。

参考代码：

```
1    # 转换文本文件的编码格式
```

```
2    def fileCopy(old, oldEncoding, new, newEncoding):
3        with open(old, 'r', encoding=oldEncoding) as oldfp,open(new, 'w', encoding=newEncoding) as newfp:
4            newfp.write(oldfp.read())
5            print('已生成文件{}，编码格式为{}'.format(new,mod2))
6
7
8    name1 = input('输入需要转换的文件的名称：')
9    mod1 = input('输入文件的编码格式：')
10   name2 = input('输入转换后的文件的名称：')
11   mod2 = input('输入文件新的编码格式：')
12   fileCopy(name1, mod1, name2, mod2)
```

运行结果：

```
输入需要转换的文件的名称：file1.txt
输入文件的编码格式：utf-8
输入转换后的文件的名称：file_new.txt
输入文件新的编码格式：gbk
已生成文件 file_new.txt，编码格式为 gbk
```

【例 7-10】before.txt 文件中存放的是一些由整数组成的字符串，其中包含空白字符和逗号。读取 before.txt 文件中的所有整数，按升序排列后，将结果以字符串形式写入文本文件 after.txt 中。

【分析】

● 读取 before.txt 文件中的所有行，删除每行两侧的空白字符，然后合并所有行，分隔后即可得到所有数字字符串。

● 按数值生成列表并排序，然后按字符连接成字符串并写入 after.txt 文件中。

参考代码：

```
1    # 读取 before.txt 文件中的所有整数，将它们按升序排列后，将结果以字符串形式写入 after.txt 文件中
2    print('before.txt 文件中的内容是：')
3    with open('before.txt') as f:
4        for line in f:
5            print(line)
6    with open('before.txt', 'r') as fp:
7        data = fp.readlines()
8        data = [line.strip() for line in data]
9        data = ','.join(data)
10       data = data.split(',')
11       data = [int(item) for item in data]
12       data.sort()
13       data = ','.join(map(str, data))
14   with open('after.txt', 'w') as fp:
15       fp.write(data)
16   print('after.txt 文件中的内容是：')
17   with open('after.txt') as f:
18       for line in f:
19           print(line)
```

运行结果：

```
before.txt 文件中的内容是：
13  ,34,   76,88,35,12,64, 56
```

```
        1, 5
after.txt 文件中的内容是：
1,5,12,13,34,35,56,64,76,88
```

【例 7-11】对 Doctorlist.csv 文件进行读写操作。

参考代码：

```
1    # 对 Doctorlist.csv 文件进行读写操作
2    import csv
3    namelist = [['Doctor', 'No'], ['Kate','K_09121'], ['Alice','G_07151'], ['Agnes','G_07213'],
4    ['Caroline','H_08431']]
5    with open ('Doctorlist.csv', 'w',newline='') as D_file:
6        csvout = csv.writer(D_file)
7        csvout.writerows(namelist)
8    with open('Doctorlist.csv', 'r') as csv_file:
9        csv_content = [row for row in csv.reader(csv_file) ]
10   print('Doctorlist.csv 文件中的内容是：')
11   for line in csv_content:
12       print('{:<10}{:>10}'.format(line[0], line[1]))
```

运行结果：

```
Doctorlist.csv 文件中的内容是：
Doctor          No
Kate            K_09121
Alice           G_07151
Agnes           G_07213
Caroline        H_08431
```

【例7-12】从键盘输入姓名，在"通讯录.csv"文件中查找此人的信息。如果找到了，就以列表的形式显示对应的记录，否则显示"查无此人！"。"通讯录.csv"文件中的字段为姓名、手机号和微信号。

参考代码：

```
1    # 按姓名查找记录
2    name = input("输入姓名：")
3    import csv
4    with open("通讯录.csv","r") as tcsv:
5        reader = csv.reader(tcsv)
6        for row in reader:
7            if row[0] == name:
8                res = row
9                break
10       else:
11           res = "查无此人！"
12   print(res)
```

运行结果 1：

输入姓名：张兰

['张兰', '15289374899', 'zl982323']

运行结果 2：

输入姓名：王二
查无此人！

【例7-13】首先复制备份表bf.csv中的内容至学籍表xj.csv。备份表bf.csv中的字段为学号、姓名、性别和年龄。然后在学籍表xj.csv中追加一条记录：'20123', '张芳', '女', '20'。最后按行显示学籍表xj.csv中的内容。

参考代码：

```
1    # 复制文件并添加记录
2    import csv
3    with open("bf.csv",'r') as stucsv:
4        data = list(csv.reader(stucsv))
5    with open("xj.csv", 'w', newline='') as stucsv:
6        writer = csv.writer(stucsv)
7        m = len(data)
8        for i in range(m):
9            writer.writerow(data[i])
10       writer.writerow(['20123', '张芳', '女','20'])
11   with open("xj.csv",'r') as stucsv:
12       reader = csv.reader(stucsv)
13       for row in reader:
14           print(row)
```

运行结果：

```
['学号', '姓名', '性别', '年龄']
['20001', '李明', '男', '17']
['20387', '王兰兰', '女', '19']
['20786', '许可馨', '女', '18']
['20675', '刘亮亮', '男', '19']
['20981', '王小明', '男', '17']
['20542', '程强', '男', '18']
['20761', '李玲', '女', '19']
['20765', '王强', '男', '20']
['20198', '张晓燕', '女', '17']
['20111', '徐世杰', '男', '18']
['20152', '邹明', '男', '19']
['20123', '张芳', '女', '20']
```

7.5　习题

一、单选题

1. 以下关于文件的描述中，错误的是(　　)。
   A. 文件中可以包含任何数据内容

B. 文本文件和二进制文件都是文件

C. 文本文件不能以二进制文件方式读入

D. 文件是存储在辅助存储器上的数据序列

2. 以下关于文件的描述中,错误的是( )。

    A. 二进制文件和文本文件的操作步骤都是"打开→操作→关闭"

    B. 使用 open()函数打开文件后,文件的内容并不在内存中

    C. 使用 open()函数只能打开一个已经存在的文件

    D. 文件读写完之后,必须调用 close()函数才能确保文件保存在磁盘上

3. Python文件的只读打开模式是( )。

    A. w   B. x   C. b   D. r

4. 以下关于Python文件的描述中,错误的是( )。

    A. open()函数的参数处理模式'b'表示以二进制数据处理文件

    B. open()函数的参数处理模式'a'表示以追加方式打开文件并删除其中已有的内容

    C. readline()方法用于读取文件中的一行并返回一个字符串

    D. open()函数的参数处理模式'+'表示可以对文件进行读写操作

5. 关于Python文件的'+'打开模式,以下描述中正确的是( )。

    A. 表示追加写模式

    B. 当与 r/w/a 一同使用时,表示在原有功能的基础上增加同时读写的功能

    C. 表示只读模式

    D. 表示覆盖写模式

6. 关于Python文件的打开模式,以下描述中错误的是( )。

    A. 覆盖写模式是 w   B. 追加写模式是 a

    C. 创建写模式是 n   D. 只读模式是 r

7. 运行以下程序后,text.txt文件中的内容是( )。

```
1    fo = open("text.txt", 'w+')
2    x, y = 'this is a test', 'hello'
3    fo.write('{} + {}\n'.format(x, y))
4    fo.close()
```

    A. this is a test hello   B. this is a test

    C. this is a test,hello   D. this is a test+hello

8. Python 文件读取方法 read(size)的含义是( )。

    A. 从头到尾读取文件中的所有内容

    B. 从文件中读取一行数据

    C. 从文件中读取多行数据

    D. 从文件中读取指定大小的数据。如果 size 为负数或者为空,则读取到文件结束

9. book.txt 文件在当前程序所在目录下,其中的内容是文本"book",以下代码的输出结果是( )。

```
1    txt = open("book.txt", "r").read()
2    print(txt)
```

```
3        txt.close()
```

　　　　A. booktxt　　　　　　B. txt　　　　　　　C. book　　　　　　　D. 以上答案都不对

10. 以下关于文件的描述中，错误的是(　　　)。

　　　　A. readlines()方法在读取文件内容后会返回一个列表，列表元素的划分依据是文本文件中的换行符

　　　　B. read()方法能够一次性读取文本文件中的全部内容并返回一个字符串

　　　　C. readline()方法读取文本文件中的一行并返回一个字符串

　　　　D. 二进制文件和文本文件都可以用文本编辑器进行编辑

11. 文件tettxt.txt中的内容如下：

```
QQ&Wechat
Google & Baidu
```

以下程序的输出结果是(　　　)。

```
1        fo = open("tettxt.txt",'r')
2        fo.seek(2)
3        print(fo.read(8))
4        fo.close()
```

　　　　A. Wechat　　　　　　B. &Wechat G　　　　C. &Wechat　　　　D. Wechat Go

12. 有一个文件中记录了1000个人高考成绩的总分，其中每一行信息的长度是20字节，若想只读取最后10行的内容，则不可能用到的函数是(　　　)。

　　　　A. seek()　　　　　B. readline()　　　　C. open()　　　　　D. read()

13. 执行如下代码：

```
1        fname = input("请输入想要写入的文件：")
2        fo = open(fname, "w+")
3        ls = ["清明时节雨纷纷，","路上行人欲断魂，","借问酒家何处有？","牧童遥指杏花村。"]
4        fo.writelines(ls)
5        fo.seek(0)
6        for line in fo:
7            print(line)
8        fo.close()
```

以下描述中错误的是(　　　)。

　　　　A. fo.writelines(ls)表示将元素全为字符串的 ls 列表写入文件

　　　　B. fo.seek(0)这行代码即使省略，也能打印输出文件中的内容

　　　　C. 上述代码的主要功能是向文件中写入一个列表并打印输出结果

　　　　D. 执行上述代码时，若从键盘输入"清明.txt"，则"清明.txt"文件将被创建

14. 关于以下代码，描述错误的是(　　　)。

```
1        with open('abc.txt', 'r+') as f:
2        lines = f.readlines()
3        for item in lines:
4            print(item)
```

A. 执行上述代码后，abc.txt 文件未关闭，该文件必须通过 close()函数来关闭

B. 打印输出 abc.txt 文件中的内容

C. item 是字符串类型

D. lines 是列表类型

15. 以下不属于 OS 模块的函数是(   )。

    A. dir(path)   B. chdir(path)   C. listdir(path)   D. mkdir(path)

16. 以下关于 OS 模块中 rename()函数的描述中，错误的是(   )。

A. 用于重命名文件

B. 用于重命名目录

C. 用于实现文件的移动，若目标文件已存在，则抛出异常

D. 可以跨磁盘或分区进行操作

二、填空题

1. Python 内置函数_____用来打开或创建文件并返回文件对象。

2. 对文件进行写入操作后，_____方法用来在不关闭文件对象的情况下将缓冲区内容写入文件。

3. 使用上下文管理关键字_____可以自动管理文件对象。

4. OS 模块中用来列出指定文件夹下文件和目录列表的函数是_____。

5. OS 模块中用来返回到当前目录的函数是_____。

6. OS 模块中用来创建目录的函数是_____。

7. 根据注释将下列代码补充完整。

```
>>> import os
# 返回到当前目录
>>> _____
# 返回当前目录下的文件和目录列表
>>> _____
# 返回当前目录下扩展名为.py 的文件
>>>
>>> with open('s.txt', 'w') as f:
pass
# 在当前目录下创建目录 t1
>>> _____
# 把 s.txt 文件移至目录 t1 下
>>> _____
# 改变当前目录为 t1 目录
>>> _____
>>> os.listdir()
# 删除 s.txt 文件
>>> _____
```

三、判断题

1. Python 的主程序文件 python.exe 属于二进制文件。   (   )

2. 使用普通的文本编辑器就可以正常查看二进制文件的内容。   (   )

3. 以读模式打开文件时，文件指针指向文件头部。　　　　　　　　　　（　　）

4. 以追加模式打开文件时，文件指针指向文件末尾。　　　　　　　　　（　　）

5. 在对文件进行完读写操作之后，必须关闭文件以确保所有内容都得到保存。（　　）

6. 以写模式打开的文件无法进行读操作。　　　　　　　　　　　　　　　（　　）

7. 文件对象的 tell()方法用来返回文件指针的当前位置。　　　　　　　（　　）

8. 使用内置函数 open()并以'w'模式打开的文件，文件指针默认指向文件末尾。（　　）

9. 使用内置函数 open()打开文件时，只要路径正确，文件就可以正确打开。（　　）

10. 文本文件是可以迭代的，可以使用类似 for line in fp 的语句遍历文件对象 fp 中的每一行。

　　　　　　　　　　　　　　　　　　　　　　　　　　　　　　　（　　）

11. OS 模块中的 listdir()函数可以返回包含指定路径下所有文件名和文件夹名的列表。

　　　　　　　　　　　　　　　　　　　　　　　　　　　　　　　（　　）

12. OS 模块中的 rename()函数可以实现文件移动操作。　　　　　　　（　　）

13. OS 模块中的 listdir()函数默认只能列出指定文件夹中处于当前层级的文件和文件夹列表，而不能列出其子文件夹中的文件。　　　　　　　　　　　　　　　（　　）

14. 使用 OS 模块中的 remove()函数可以删除带有只读属性的文件。　（　　）

15. 假设 OS 模块已导入，列表推导式[filename for filename in os.listdir('C:\\Windows') if filename.endswith('.exe ')]的作用是列出 C:\Windows 文件夹中所有扩展名为.exe 的文件。

　　　　　　　　　　　　　　　　　　　　　　　　　　　　　　　（　　）

第 8 章

Python异常处理

学习目标

- 了解 Python 异常的产生原因，掌握异常的基本类型及处理方法。
- 掌握 try…except 语句、raise 语句的使用方法，了解断言语句。

学习重点

掌握常见的 Python 异常和 try…except 语句。

学习难点

try…except 语句的使用方法。

知识导图

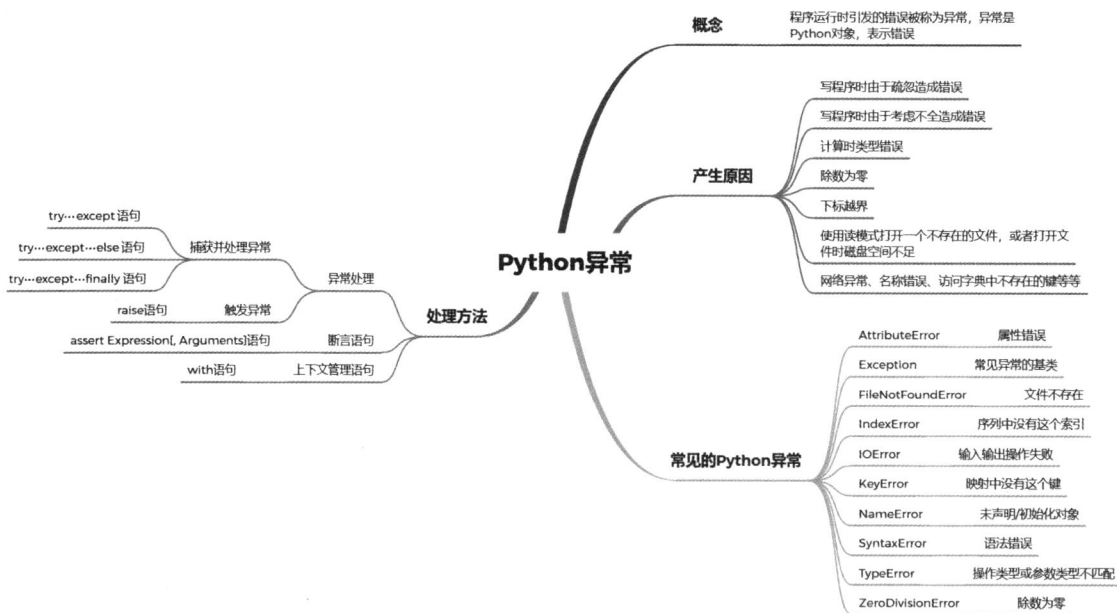

8.1 Python 异常

在学习 Python 的过程中,我们在调试程序、执行命令时,系统经常会返回错误提示,并且程序会因为错误导致终止,这些错误严重影响了程序的正常执行。程序运行时引发的错误被称为异常。

8.1.1 Python 异常的产生原因

Python 异常的产生原因可能是写程序时由于疏忽或考虑不全造成了错误,此时就需要根据异常跟踪到出错位置并进行分析和改正。引发错误的原因有很多,例如除数为零、下标越界、使用读模式打开一个不存在的文件或打开文件时磁盘空间不足、网络异常、计算时类型错误、名称错误、访问字典中不存在的键等。但不管是什么样的错误,它们都会导致程序终止执行。程序出现异常或错误之后,就需要调试程序,以便快速地定位和解决存在的问题,好的程序应该具有很强的健壮性。有些异常是不可避免的,但我们可以对异常进行捕获和处理,从而防止程序终止执行。

8.1.2 常见的 Python 异常

Python 的异常处理功能很强大,Python 有很多内置异常。在 Python 语言中,不同的异常被定义为不同的对象,它们分别对应不同的错误,以便向用户准确反馈出错信息。BaseException 是所有内置异常的基类,但用户定义的异常类并不直接继承 BaseException,因为所有的异常类都需要从 Exception 继承且在 Exceptions 模块中定义。表 8-1 展示了 Python 语言中几种常见的异常。

表 8-1 Python 语言中几种常见的异常

异常名称	描述
BaseException	所有异常的基类
Exception	常见异常的基类
AttributeError	属性错误
FileNotFoundError	文件不存在
IndexError	序列中没有这个索引
IOError	输入输出操作失败
KeyError	映射中没有这个键
NameError	未声明/初始化对象
SyntaxError	语法错误
TypeError	操作类型/参数类型不匹配
ValueError	传入无效的参数
ZeroDivisionError	除数为零

下面的命令在执行过程中,会由于不同原因抛出不同的异常。

1) 除数为零。

```
>>> 1 / 0
ZeroDivisionError: division by zero
```

2) 操作类型不支持。

```
>>> 'a' + 1
TypeError: can only concatenate str (not "int") to str
>>> {1, 2, 3, 4} * 2
TypeError: unsupported operand type(s) for *: 'set' and 'int'
```

3) 参数类型不匹配。

```
>>> len(1)
TypeError: object of type 'int' has no len()
>>> list(1)
TypeError: 'int' object is not iterable
```

4) 变量名不存在。

```
>>> print(ss)
NameError: name 'ss' is not defined
```

5) 文件对象不存在，之前打开失败或未打开。

```
>>> fp.close()
NameError: name 'fp' is not defined
```

6) 文件不存在。

```
>>> fp = open ('test_txt.txt',   'r')
FileNotFoundError: [Errno 2] No such file or directory: 'test_txt.txt'
```

7) 属性错误。

```
>>> [1, 2, 3].find(3)
AttributeError: 'list' object has no attribute 'find'
```

8) 语法错误。

```
>>> 'Hello world *5
SyntaxError: EOL while scanning string literal
```

9) 由于输入错误引发语法错误。

```
>>> x = float(input())
1223s
SyntaxError: multiple statements found while compiling a single statement
```

10) 传入无效参数。

```
>>> int('a')
ValueError: invalid literal for int() with base 10: 'a'
```

严格来说，语法错误和逻辑错误不属于异常。例如，拼写错误导致的后果相当于访问不存在的对象或文件等，这些语法错误虽然也会导致异常，但是当 Python 检测到这种错误时，解释器就会指出当前程序已经无法再继续执行下去。

8.2 常用的异常处理方法

异常处理是指在程序执行过程中，由于输入不合法导致程序出错而在正常控制流之外采取的行为。异常会立刻终止程序的执行，导致程序无法实现预定的功能。如果异常在发生时能及时捕获并做出处理，就能通过纠正错误保证程序的顺利执行。合理地使用异常处理结构可以使程序更加健壮，程序将具有更强的容错性，不会因为用户输入错误或运行时的其他原因造成程序终止。此外，我们还可以使用异常处理结构为用户提供更加友好的提示信息。

Python 提供的各种异常处理结构的基本思路大都是一致的，首先试运行代码，如果不发生异常，就正常执行。如果发生了异常，就尝试捕获异常并进行处理，处理不了的才会导致程序崩溃。Python 语言专门提供了 try 语句来进行异常的捕获与处理，这种异常处理结构类似于选择结构。另外，使用 raise 语句可以主动触发异常，使用 traceback 模块可以查看异常等等。

8.2.1　捕获和处理异常

1. try…except 语句

Python 异常处理结构中最简单的形式是 try…except 结构，它类似于单分支选择结构。其中，try 子句中的代码块包含可能会引发异常的语句，而 except 子句则用来捕获相应的异常。具体的语法格式如下：

```
try:
    代码块 1                          # 可能引发异常的代码
except Exception1 [as reason1]:
    代码块 2                          # 用来处理异常的代码
[except Exception2 [ as rcason2]:
    代码块 3                          # 用来处理异常的代码
…]
```

说明：
- try 子句中的代码块 1 包含可能引发异常的语句。
- except 子句用来捕获相应的异常，Exception 是异常名称，[as reason]表示定义异常实例。
- 如果在执行代码块 1 的过程中发生了异常，那么 try 子句余下的部分将被忽略；一旦 try 子句中的代码抛出异常，就按顺序依次检查与哪一个 except 子句匹配。如果某个 except 子句捕获到异常，就执行其相应的代码块，其他的 except 子句将不再捕获异常。
- 如果代码块 1 在执行时没有出现异常，就跳过 except 子句，继续往下执行异常处理结构后面的代码。
- 如果异常出现但没有被 except 子句捕获，就继续往外层抛出异常；如果所有层都没有捕获并处理异常，那么程序就会崩溃并将异常信息呈现给用户。

【例 8-1】输入一个数字，求它的绝对值，输入的数字如果不合法，就提示重新输入。

参考代码：

```
1    # 求数字的绝对值
2    while True:
3        x = input("请输入一个数字：")
4        try:
5            x = float(x)
6            print("您输入的是{}，绝对值是{}".format(x, abs(x)))
7            break
8        except Exception as e:
9            print("您输入的是{}，{}".format(x, e))
10           print("错误！请重新输入！")
```

运行结果：

```
请输入一个数字：-12h
您输入的是-12h，could not convert string to float: '-12h'
错误！请重新输入！
请输入一个数字：,-12
您输入的是,-12，could not convert string to float: ',-12'
错误！请重新输入！
请输入一个数字：-12
您输入的是-12.0，绝对值是12.0
```

这里的 while 语句用来实现只有输入正确的数据才能结束程序。输入"−12h"和",−12"时，try 子句抛出的异常被 except 子句捕获，错误原因存放在 e 对象中，执行 except 子句中的代码块，提示用户输入正确的数据并重新进入循环，等待用户输入；直到输入的数据满足条件时，才输出绝对值，然后执行 break 语句退出循环。

2. try…except…else 语句

在实际开发中，同一段代码可能会抛出多种异常，于是我们就需要针对不同的异常类型进行相应的处理。Python 提供了带有多个 except 子句的异常处理结构 try…except…else，它类似于双分支选择结构或多分支选择结构。具体的语法格式如下：

```
try:
    代码块 1                        # 可能引发异常的代码
except Exception1 [ as reason1]:
    代码块 2                        # 用来处理异常的代码
[except Exception2 [ as reason2]:
    代码块 3                        # 用来处理异常的代码
…]
[else:
    代码块 n]                       # 未发生异常时执行的代码
```

说明：

- try 子句中的代码块 1 包含可能引发异常的语句。
- except 子句用来捕获相应的异常，Exception 是异常名称，[as reason]表示定义异常实例。
- 如果在执行代码块 1 的过程中发生了异常，那么 try 子句余下的部分将被忽略。一旦 try 子句中的代码抛出异常，就按顺序依次检查与哪一个 except 子句匹配。如果某个 except

子句捕获到异常，其他的 except 子句将不再捕获异常。

- 如果代码块 1 在执行时没有出现异常，就跳过 except 子句，执行 else 子句中的代码块 *n*。
- 如果异常出现但没有被 except 子句捕获，就继续往外层抛出异常；如果所有层都没有捕获并处理异常，那么程序就会崩溃并将异常信息呈现给用户。

例如，下面的代码用于读取并输出 data.txt 文件中的内容，如果这个文件不存在，就进行异常处理，提醒用户必须先创建文件。

```
1    # 读取 data.txt 文件
2    try:
3        file = open("data.txt", 'r')
4    except IOError:
5        print("data.txt 文件不存在，必须先创建!")
6    else:
7        text = file.read()
8        print("data.txt 内容:\n", text)
9        file.close()
```

执行 try 子句中的代码，当要读取的文件不存在，且抛出的异常被 except 子句捕获时，就执行 except 子句中的代码块，提示用户输入的文件不存在，必须先创建。如果没有出现异常，就执行 else 子句中的代码块，显示文件中的内容。

读者可通过如下代码对例 8-1 进行修改，以进一步体会 try…except…else 语句的使用方法。

```
1    # 求数字的绝对值
2    while True:
3        x = input("请输入一个数字：")
4        try:
5            x = float(x)
6        except Exception as e:
7            print("您输入的是{}，{}".format(x, e))
8            print("错误！请重新输入！")
9        else:
10           print("您输入的是{}，绝对值是{}".format(x, abs(x)))
11           break
```

在求两个数的商时，既可能出现输入数据错误的情况，也可能出现除数为零的情况，下面举例说明如何利用 try…except…else 语句解决上述问题。

【例 8-2】输入两个数 a 和 b，求 a 除以 b 的结果。

参考代码：

```
1    # 求 a 除以 b 的结果
2    x = input("请输入数 a：")
3    y = input("请输入数 b：")
4    try:
5        z = float(x) / float(y)
6    except (Exception, ZeroDivisionError) as e:
7        print("您输入的 a 是{}，b 是{}".format(x, y))
8        print("数据错误或除数为零！请重新输入！")
9    else:
```

```
10      print("您输入的a是{}，b是{}，a/b的结果为{}".format(x, y, float(x) / float(y)))
```

运行结果1：

```
请输入数a: 11
请输入数b: 3a
您输入的a是11，b是3a
数据错误或除数为零！请重新输入！
```

运行结果2：

```
请输入数a: 11
请输入数b: 0
您输入的a是11，b是0
数据错误或除数为零！请重新输入！
```

运行结果3：

```
请输入数a: 11
请输入数b: 3
您输入的a是11，b是3，a/b的结果为3.6666666666666665
```

上述程序也可以利用 while 循环语句，使程序直至得到正确的结果才退出，有兴趣的同学可以动手尝试。当执行代码时，如果出现的异常可能有多种，那么可以将异常的名称以元组的形式列在 except 关键字的后面，当然也可以细化异常产生的原因并提示用户。

【例 8-3】改写例 8-2，输入两个数 a 和 b，求 a 除以 b 的结果。

参考代码：

```
1    # 求a除以b的结果
2    x = input("请输入数a: ")
3    y = input("请输入数b: ")
4    try:
5        z = float(x) / float(y)
6    except ZeroDivisionError:
7        print("您输入的a是{}，b是{}".format(x,y))
8        print("除数为零！请重新输入！ ")
9    except Exception:
10       print("您输入的a是{}，b是{}".format(x,y))
11       print("数据错误！请重新输入！ ")
12   else:
13       print("您输入的a是{}，b是{}，a/b的结果为{}".format(x,y,float(x)/float(y)))
```

运行结果1：

```
请输入数a: 11
请输入数b: 3a
您输入的a是11，b是3a
数据错误！请重新输入！
```

运行结果2：

```
请输入数a: 11
```

```
请输入数 b: 0
您输入的 a 是 11，b 是 0
除数为零！请重新输入！
```

运行结果 3：

```
请输入数 a: 11
请输入数 b: 3
您输入的 a 是 11，b 是 3，a/b 的结果为 3.6666666666666665
```

上述程序的结构类似于多分支选择结构，try 子句中的代码抛出的异常符合哪个 except 关键字后面的条件，就执行哪一个 except 子句。思考一下，如果将 except ZeroDivisionError 子句和 except Exception 子句互换一下，那么还能否得到正确的错误提示。

3. try…except…finally 语句

在 try…except…finally 语句中，无论 try 子句中的代码是否发生异常，也不管抛出的异常有没有被 except 子句捕获，finally 子句中的代码将总是得到执行。因此，finally 子句中的代码常用来做一些清理工作，例如关闭打开的文件、释放 try 子句中的代码申请的资源等。具体的语法格式如下：

```
try:
    代码块 1                              # 可能引发异常的代码
except Exception1 [ as reason1]:
    代码块 2                              # 处理异常的代码
[except Exception2 [ as reason2]:
    代码块 3                              # 处理异常的代码
…]
[else:
    代码块 n]                            # 未发生异常时执行的代码
[finally:
    代码块 n+1]                          # 无论 try 子句中的代码是否引发异常，都会执行此处的代码
```

【例 8-4】对多种异常进行测试。
参考代码：

```
1    # 对多种异常进行测试
2    def test(x):
3        try:
4            eval(x)
5        except NameError as e:
6            print("error1:", e)
7        except ZeroDivisionError as e:
8            print("error2:", e)
9        except TypeError as e:
10           print("error3:", e)
11       except SyntaxError as e:
12           print("error4:", e)
13       else:
14           print('没有异常')
15       finally:
```

```
16              print('无论异常产生与否，都会执行我')
17
18
19     x = input("输入测试数据：")
20     test(x)
```

运行结果 1：

输入测试数据：s1
error1: name 's1' is not defined
无论异常产生与否，都会执行我

运行结果 2：

输入测试数据：3/0
error2: division by zero
无论异常产生与否，都会执行我

运行结果 3：

输入测试数据：1+'3'
error3: unsupported operand type(s) for +: 'int' and 'str'
无论异常产生与否，都会执行我

运行结果 4：

输入测试数据：1
没有异常
无论异常产生与否，都会执行我

通过上述测试结果可以看出，无论执行 except 子句(如运行结果 1～3 所示)还是执行 else 子句(如运行结果 4 所示)，程序都会执行 finally 子句。需要注意的是，如果一个异常在 try 子句中产生，然后在 except 或 else 子句中被抛出，但又没有被任何 except 子句捕获，那么这个异常将会在 finally 子句执行后被抛出。

8.2.2 触发异常

前面介绍的异常如果不进行捕获和处理，就会引起默认异常处理器的启动，所以这些异常又称为系统默认异常或内置异常。由于程序的需要，我们想把一些不会引起默认异常处理器启动的情况作为异常来处理，例如控制用户输入的数据在某个范围内，此时就可以把这些情况自定义为异常，然后利用 try 子句的异常处理机制，通过 except 子句捕获内置异常或用户自定义异常，这样就可以将整个程序中所有需要处理的异常设计为在统一的机制下进行捕捉和处理，从而便于程序的设计和维护。

可以使用 raise 语句触发异常，raise 语句的语法格式如下：

raise [Exception]

其中，Exception 用于指定抛出的异常(例如 ValueError)，它必须是一个异常实例或异常类。我们可以通过创建一个新的异常类来定义自己的异常。所有的异常类都继承自 Exception 类，可以直接继承或间接继承。

【例 8-5】定义一个函数来计算两个数的差，当减数大于被减数时抛出"减数不能大于被减数！"的异常信息。

参考代码：

```
1    # 求两个数的差
2    def test(a, b):
3        if b > a:
4            raise BaseException('减数不能大于被减数！')
5        else:
6            return a-b
7
8
9    x = eval(input("输入被减数："))
10   y = eval(input("输入减数："))
11   print("两个数的差为", test(x,y))
```

运行结果 1：

```
输入被减数：2
输入减数：4
Traceback (most recent call last):
    File "D:/Python38/8.6-1.py", line 9, in <module>
        print("两个数的差为",text(x,y))
    File "D:/Python38/8.6-1.py", line 3, in text
        raise BaseException('减数不能大于被减数！')
BaseException: 减数不能大于被减数！
```

运行结果 2：

```
输入被减数3
输入减数1
两个数的差为 2
```

在自定义函数 test ()中，如果减数大于被减数，就用 raisc 语句触发异常；当调用 test()函数时，可以对输入的数据进行测试，以确定是否发生异常。当然，也可以在测试数据时利用 try 子句来防止因异常导致程序中断执行。

【例 8-6】输入一个字符串，将字符串的长度控制在 5～10 范围内。

参考代码：

```
1    # 判断字符串的长度是否在 5～10 范围内
2    def test(s):
3        if (len(s) < 5) or (len(s) > 10):
4            raise ValueError('字符串的长度不在 5～10 范围内！')
5
6
7    s = input('请输入一个字符串：')
8    try:
9        test(s)
10   except Exception as a:
11       print(a)
```

```
12    print("您输入的是：", s)
```

运行结果1：

```
请输入一个字符串：abc
字符串的长度不在5～10范围内！
您输入的是：abc
```

运行结果2：

```
请输入一个字符串：abcdefg
您输入的是：  abcdefg
```

下面对上述代码进行解释。在test()函数中，如果字符串的长度不在5～10范围内，就用raise语句触发异常。在try子句中，当调用test()函数时，可以对输入的数据进行测试以确定是否发生异常。当发生的异常被except子句捕获时，就输出提示信息以防止程序执行的中断，而后继续执行语句print("您输入的是：", s)。

下面的例8-7在自定义函数的try子句中直接使用了raise语句。

【例8-7】输入被除数和除数，求它们的商。

参考代码：

```
1     # 求两个数的商
2     def not_zero(num):
3         try:
4             if num == 0:
5                 raise ValueError('除数不能为零！')
6             return num
7         except Exception as e:
8             print(e)
9
10
11    x = eval(input("输入被除数："))
12    y = eval(input("输入除数："))
13    if not_zero(y):
14        print('商为：{}'.format(x/y))
```

运行结果1：

```
输入被除数：34
输入除数：0
除数不能为零！
```

运行结果2：

```
输入被除数：34
输入除数：7
商为：4.857142857142857
```

8.3　断言语句与上下文管理语句

断言(assert)也是一种比较常用的代码调试技术，常用在程序中的某个位置。如果满足 assert 语句的条件，就继续执行后续代码；如果不满足，就触发异常。断言可以在不满足程序运行条件的情况下直接返回错误，而不必等待程序运行后发生崩溃。一般来说，通过了严格测试的代码在正式发布之前会删除 assert 语句，这样可以适当提高程序的运行速度。

上下文管理语句 with 实现了自动管理资源，不论是什么原因(哪怕是代码引发异常)导致跳出 with 代码块，都总能保证文件被正确关闭，并且可以在 with 代码块执行完之后，自动还原进入 with 代码块时的上下文，常用于文件操作、数据库连接、网络通信连接、多线程、多进程同步等场合。

8.4　习题

一、选择题

1. 关于 try…except 语句，以下哪个选项中的描述是错误的？(　　)

　　A. 表现出一种分支结构的特点

　　B. 用于对程序中的异常进行捕获和处理

　　C. 使用了异常处理，因此程序将不再出错

　　D. NameError 是一种异常类型

2. 以下与 Python 异常处理无关的关键字是(　　)。

　　A. in　　　　　　　　B. try　　　　　　　　C. else　　　　　　　　D. finally

3. Python 中用来抛出异常的关键字是(　　)。

　　A. try　　　　　　　　B. except　　　　　　　　C. raise　　　　　　　　D. finally

4. 对于 except 子句中异常类的排列，下列哪种说法是正确的？(　　)

　　A. 父类在先，子类在后　　　　　　　　B. 子类在先，父类在后

　　C. 没有顺序，谁在前，谁先捕获　　　　D. 先有子类，与其他异常类如何排列无关

5. (　　)类是所有异常类的父类。

　　A. Throwable　　　B. Error　　　C. BaseException　　D. Exception

6. 在异常处理中，释放资源、关闭文件、关闭数据库等操作可由(　　)完成。

　　A. try 子句　　　　　　B. catch 子句　　　　　　C. raise 子句　　　　　　D. finally 子句

7. 当遇到异常但又不知如何处理时，下列哪种做法是正确的？(　　)

　　A. 捕获异常　　　　B. 抛出异常　　　　C. 声明异常　　　　D. 嵌套异常

二、填空题

1. 如下命令在执行后，输出结果是_____。

2. Python 异常处理结构中最简单的形式是 try…except 语句，它类似于_____结构。

3. 在 try…except 语句中，_____子句用来捕获相应的异常。

4. 当执行代码时，如果出现的异常可能有多种，那么可以使用_____将异常的名称列在 except 关键字的后面。

5. 在 try…except…finally 语句中，无论 try 子句中的代码是否发生异常，也不管抛出的异常有没有被 except 子句捕获，_____子句中的代码总是会得到执行。

6. 可以使用_____语句触发异常。

7. 程序填空。从键盘输入一个字符串，如果这个字符串不在列表list1中，就进行异常处理，输出"×××元素不存在"，否则输出该元素的索引号并从所在位置至末尾对列表进行切片操作。

```
1    # 查找字符串并对列表进行切片处理
2    list1 = ['apple', 'banana', 'orange', 'pear', 'grape', 'peach', 'cherry', 'mango']
3    str = input()
4        (1)
5        m = list1.index(str)
6    except ValueError:
7        print('{}该元素不存在'.format(str))
8        (2)
9        print(m)
10       list =    (3)
11       print(list)
```

三、编程题

1. 输入 5 个整数并存放于一个列表中，然后将它们按升序排列输出。如果输入的数据不是整数，就提示"请输入整数！"；如果输入的整数不足 5 个，则返回异常并中断程序的执行。

2. 输入一元二次方程的二次项、一次项、常数项的系数 a、b、c。当 a 等于 0 或判别式小于 0 时返回异常，然后捕获异常并给出相应的提示；当判别式大于或等于 0 时，输出一元二次方程的两个实根。

第9章

中文文本分析

学习目标

- 掌握 jieba 分词的三种模式。
- 掌握 jieba 分词的相关函数。
- 理解 jieba 库的词性标注。
- 理解 jieba 库的关键词提取技术。
- 掌握中英文分词的方法。
- 学会运用 wordcloud 库绘制词云。

教学重点

掌握 jieba 库，包括 jieba 库的三种模式及对应的函数；学会运用 jieba 库进行中英文分词；掌握运用 wordcloud 库绘制词云的方法。

教学难点

运用 jieba 库和 wordcloud 库进行中文文本分析。

知识导图

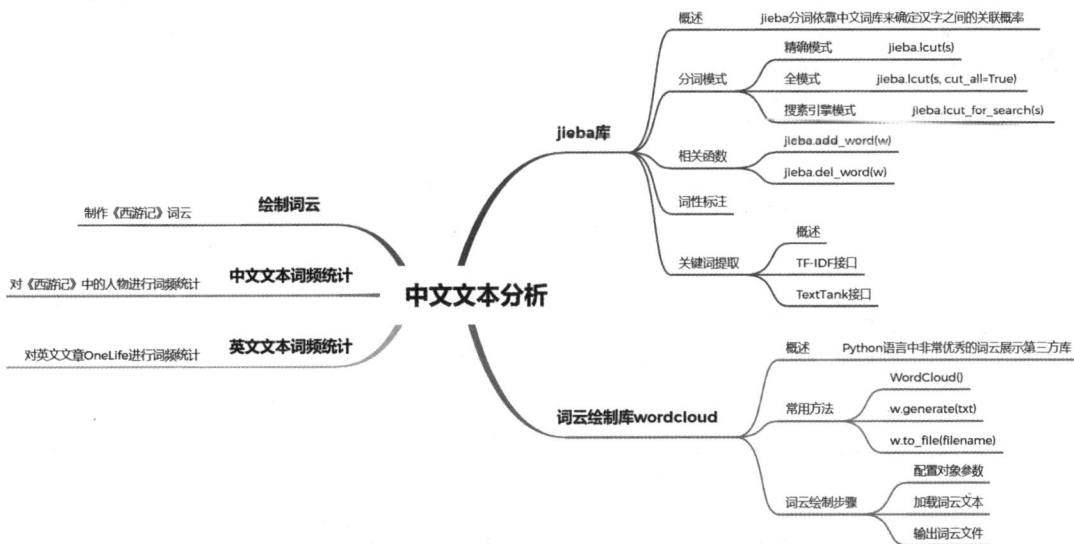

9.1 中文文本分析相关库

本节主要介绍中文分词库 jieba 和词云绘制库 wordcloud 的相关知识。

9.1.1 jieba 库概述

文本(text)与消息(message)的意义大致相同，指的都是由一定的符号或符码组成的信息结构体，这种结构体可采用不同的表现形态，如语言的、文字的、影像的，等等。文本是由特定的人制作的，文本的语义不可避免地会反映人的特定立场、观点、价值和利益。因此，通过分析文本内容，可以推断文本提供者的意图和目的。文本分析是指对文本的表示及其特征项的选取；文本分析是文本挖掘与信息检索中的一个基本问题，可通过对你从文本中抽取出的特征词进行量化来表示文本信息。

文本数据是非结构化数据，通常属于特定语言，遵循特定的语法和语义。在大多数情况下，通过任何文本数据片段(简单的句子或文档)都可追溯到一些自然语言。词(word)是一门独立语言中的最小单位，具有特定的含义。虽然语素是具有独特意义的最小语言单位，但语素与词不同，语素不是独立的，而一个词可以由多个语素组成。因此，为了更好地处理自然语言中的句子，需要把它拆分成一个一个的词，即中文分词。中文分词是将连续的自然语言文本，切分成具有语义合理性和完整性的词汇序列的过程。

jieba 库是 Python 中的一个十分重要的第三方分词函数库，需要另外安装。在 Scripts 文件夹中按住 Shift 键的同时右击鼠标，在弹出的快捷菜单中选择在此处打开命令窗口，输入命令 pip install jieba 即可。另外，在使用 jieba 库之前，必须先使用命令 import jieba 导入 jieba 库。

1. jieba 分词原理

jieba 分词依靠中文词库来确定汉字之间的关联概率，可通过图结构和动态规划方法找到概率最大的词组，并最终形成分词结果。除此之外，jieba 库还提供了自定义中文单词的功能。

2. jieba 分词的三种模式

- 精确模式：把文本精确地切分开，不存在冗余单词(最常用)。
- 全模式：把文本中所有可能的词语都扫描出来，存在冗余单词。
- 搜索引擎模式：在精确模式的基础上，对长词再次进行切分。

3. jieba 库中常用的分词函数

jieba 库中常用的分词函数如表 9-1 所示。

表 9-1　jieba 库中常用的分词函数

函数	描述
jieba.cut(s)	精确模式，返回的数据是可迭代的
jieba.cut(s,cut_all=True)	全模式，输出文本 s 中所有可能的单词
jieba.cut_for_search(s)	搜索引擎模式，适合使用搜索引擎建立索引的分词结果
jieba.lcut(s)	精确模式，返回一个列表，建议使用

函数	描述
jieba.lcut(s, cut_all=True)	全模式，返回一个列表，建议使用
jieba.lcut_for_search(s)	搜索引擎模式，返回一个列表，建议使用
jieba.add_word(w)	在分词词典中增加新词 w
jieba.del_word(w)	从分词字典中删除旧词 w

【例 9-1】精确模式分词。

```
>>> import jieba
>>> s = "庆祝中国共产党建党 100 周年"
>>> for x in jieba.cut(s):                          # 返回的数据是可迭代的
        print(x,end = ' ')
庆祝 中国共产党 建党 100 周年
>>> jieba.lcut(s)                                   # 返回的是一个列表
['庆祝', '中国共产党', '建党', '100', '周年']
```

例 9-1 采用 jieba 库的精确模式进行分词，精确模式分为两种形式——jieba.cut(s)和
jieba.lcut(s)，jieba.cut(s)分词后返回的数据"庆祝 中国共产党 建党 100 周年"是可迭代的，
jieba.lcut(s)分词后返回了列表['庆祝', '中国共产党', '建党', '100', '周年']。采用精确模式分词时，输
出的分词能够完整且不多余地组成原始文本。

【例 9-2】全模式分词。

```
>>> import jieba
>>> s = "庆祝中国共产党建党 100 周年"
>>> for x in jieba.cut(s, cut_all = True):
        print(x, end = ' ')
庆祝 中国 中国共产党 国共 共产 共产党 党建 建党 100 周年
>>> jieba.lcut(s, cut_all = True)
['庆祝', '中国', '中国共产党', '国共', '共产', '共产党', '党建', '建党', '100', '周年']
```

全模式分为两种形式——jieba.cut(s, cut_all = True)和 jieba.lcut(s, cut_all = Truc)，从运行结果
可以看出，全模式能够输出原始文本中所有可能的词语。

【例 9-3】搜索引擎模式分词。

```
>>> import jieba
>>> s = "庆祝中国共产党建党 100 周年"
>>>for x in jieba.cut_for_search(s):
        print(x, end = ' ')
庆祝 中国 国共 共产 共产党 中国共产党 建党 100 周年
>>> jieba.lcut_for_search(s)
['庆祝', '中国', '国共', '共产', '共产党', '中国共产党', '建党', '100', '周年']
```

搜索引擎模式也分两种形式——jieba.cut_for_search(s)和 jieba.lcut_for_search(s)，从运行结果
可以看出，搜索引擎模式会首先执行精确分词，之后再对生成的长词做进一步切分并获得最终
结果。

注意:

以上三种模式都包括返回可迭代的数据和返回列表两种情况，但列表不仅通用且灵活，因此我们应尽量使用能够返回列表的分词函数。

在 jieba 库中，除了以上三种模式之外，还可以通过 jieba.add_word(w) 函数将新词添加到分词词典中(分词词典可自行定义)。由于 jieba.cut() 和 jieba.lcut() 等 6 个分词函数能够很好地识别自定义的新词，因此自行添加新词可以保证更高的正确率。

词典的使用方法如下:

```
jieba.load_userdict(fileName)          # fileName 为文件对象或自定义词典的路径
```

词典的格式和 dict.txt 文本文件一样，一个词占一行，每行分三部分——词语、词频(可省略)、词性(可省略)，它们之间用空格隔开，顺序不可颠倒。

【例 9-4】添加新词。

```
>>> import jieba
>>> s = "青春须早为，岂能长少年"
>>> jieba.lcut(s)
['青春', '须', '早', '为', '，', '岂能', '长', '少年']
```

在使用 jieba.lcut(s) 进行分词后，就会发现"须早为"和"长少年"这两个词被拆分了，但它们实际上不能拆分。要想将它们作为新词使用，可以使用 jieba.add_word() 进行临时添加，具体代码如下:

```
>>> jieba.add_word("须早为")
>>> jieba.add_word("长少年")
>>> jieba.lcut(s)
['青春', '须早为', '，', '岂能', '长少年']
```

在加入新词后，再一次使用 jieba.lcut(s) 进行分词，"须早为"和"长少年"就可以作为词来切分了。这里只加入两个新词，如果想要加入的新词数量较多，那么可以使用上面介绍的自定义词典来完成。

例 9-4 中的文本是一首古诗，其中的每一句都有完整的含义，因此将"青春须早为"和"岂能长少年"作为词对待更合乎实际，下面以词典的形式添加新词。

在加入新词前，必须先创建文本文件 userdict.txt，并存入新词"青春须早为"和"岂能长少年"，切记文本文件必须采用 utf-8 编码格式，文件内容如图 9-1 所示。

```
>>> jieba.load_userdict("userdict.txt")
>>> jieba.lcut(s)
['青春须早为', '，', '岂能长少年']
```

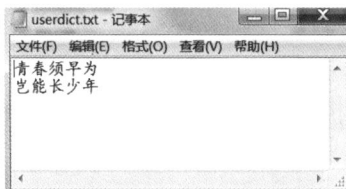

图 9-1　userdict.txt 文件中的内容

4. 词性标注

词性(part of speech)通常也称为词类，主要用来描述一个词在上下文中的作用。例如，描述概念的词是名词，而引用名词的词是代词。有的词性中经常会出现一些新的词，例如名词，这样的词性叫作开放式词性。另外一些词性中的词比较固定，例如代词，这样的词性叫作封闭式词性。因为存在一个词对应多个词性的现象，所以想要为词准确地标注词性并不是很容易。例如，"改革"这个词在"中国开始对计划经济体制进行改革"这句话中是动词，但它在"医药卫生改革中的经济问题"这句话中却是名词。把这个问题抽象出来，就是已知单词序列，给每个单词标注词性。词性标注是自然语言处理中一项非常重要的基础性工作。

汉语词性标注同样面临许多棘手的问题，难点主要可以归纳为以下三方面。

- 汉语是一种缺乏词的形态变化的语言，词的类别不像印欧语言那样可以直接从词的形态变化来判别。
- 常用词兼类现象严重，越是常用的词，不同的用法越多，尽管兼类现象仅仅占汉语词汇很小的一部分，但是由于兼类使用的程度高、兼类现象纷繁、覆盖面广、涉及汉语中大部分词类，因而造成汉语文本中词类歧义排除的任务量大，而且面广、复杂多样。
- 研究者主观原因造成的困难。语言学界对于词性划分的目的、标准等问题还存在分歧。

不同的语言有不同的词性标注集。为了方便指明词的词性，可以对每个词性进行编码，具体可参考 ICTCLAS 汉语词性标注表。其中，常见的有 a 表示形容词，d 表示副词，n 表示名词，p 表示介词，v 表示动词。

【例 9-5】引入词性标注接口。

```
>>> import jieba.posseg as psg                    # 引入词性标注接口
>>> text = "奋斗百年路，启航新征程，庆祝建党 100 周年!"
>>> seg = psg.cut(text)                           # 进行词性标注
>>> for ele in seg:                               # 将词性标注结果打印出来
        print(ele,end = ' ')
奋斗/v 百年/m 路/n ，/x 启航/v 新/a 征程/n ，/x 庆祝/v 建党/n 100/m 周年/t !/x
```

本例通过引入词性标注接口打印了词性的标注。例如，"奋斗""庆祝"标注为 v，查询词性标注表为动词；"百年"标注为 m，查询词性标注表为数词；"路""征程""建党"标注为 n，查询词性标注表为名词。本例既可采用 cut()函数完成分词，也可通过 lcut()函数来实现，具体代码如下所示：

```
>>> import jieba.posseg as psg
>>> text = "奋斗百年路，启航新征程，庆祝建党 100 周年!"
>>> psg.lcut(text)
[pair('奋斗', 'v'), pair('百年', 'm'), pair('路', 'n'), pair('，', 'x'), pair('启航', 'v'), pair('新', 'a'), pair('征程', 'n'), pair('，', 'x'),
pair('庆祝', 'v'), pair('建党', 'n'), pair('100', 'm'), pair('周年', 't'), pair('!', 'x')]
```

思考：既然可以通过引入词性将每个词的类型标注出来，那么能否对不同的词性进行筛选呢？

【例 9-6】筛选出下面段落中的地名。

```
>>>import jieba.posseg as psg                      #导入词性标注接口
>>>text = "Python 语言的创始人为吉多 · 范罗苏姆(Guido van Rossum)，他出生于荷兰，是一名计算机
程序员，后来成为 Python 语言的最初设计者及主要架构师。1989 年圣诞节期间，在阿姆斯特丹，吉多为了
```

打发圣诞节的无趣，决心开发一种新的脚本解释程序，作为 ABC 语言的一种继承。之所以选用 Python(蟒蛇的意思)作为该编程语言的名字，是因为吉多是一支名为 Monty Python 的喜剧团体的爱好者。吉多希望 Python 既能够像 C 语言那样全面调用计算机的功能接口，又可以像 shell 那样轻松地进行编程。"

```
>>>seg = psg.cut(text)
>>>type(seg)
<class 'generator'>
>>>lst = [x.word for x in seg if x.flag == "ns"]
>>>lst
['罗苏', '荷兰', '阿姆斯特丹']
```

5. 关键词抽取

关键词抽取就是从文本里面把跟文档意义最相关的一些词抽取出来。这可以追溯到文献检索初期，当时还不支持全文搜索，人们便把关键词作为搜索文献的关键词语。因此，我们目前依然可以在论文中看到"关键词"这一项。

除了这些，关键词还在文本聚类、分类、自动摘要等领域发挥着重要的作用。比如：在进行聚类时，可将关键词相似的几篇文档看成团簇，这可以极大提高聚类算法的收敛速度；从某天所有的新闻中提取出这些新闻的关键词，就可以大致了解那天发生了什么事情；将某段时间内几个人的微博拼成一篇长文，然后抽取关键词，就可以知道他们主要在讨论什么话题。

总之，关键词就是最能够反映出文档主题或意思的那些词语。但是，在网络上写文章的人不会像写论文那样告诉他人文章的关键词是什么，这时候就需要利用计算机自动抽取出关键词，算法的好坏直接决定了后续步骤的效果。

从方法角度看，关键词的抽取大致有两种。

- 第一种是关键词分配，就是新来一篇文档，从给定的关键词词库里面找出几个词语作为这篇文档的关键词。
- 第二种是关键词抽取，就是新来一篇文档，从文档中抽取几个词语作为这篇文档的关键词。

目前大多数领域无关的关键词抽取算法(领域无关算法的意思就是无论什么主题或领域的文本，都可以抽取关键词)和对应的库都是基于后者的。从逻辑上看，后者比前者在实际使用中更有意义。

从算法的角度看，关键词抽取算法主要有两类。

- 有监督学习算法：将关键词抽取过程视为二分类问题，首先抽取出候选词，然后对于每个候选词划定标签，要么是关键词，要么不是关键词，最后训练关键词抽取分类器。当新来一篇文档时，抽取出所有的候选词，然后利用训练好的关键词抽取分类器对各个候选词进行分类，最终将标签为关键词的候选词作为关键词。
- 无监督学习算法：首先抽取出候选词，然后对各个候选词打分，最后输出前 K 个分值最高的候选词作为关键词。根据打分策略的不同，算法也不同，例如 TF-IDF 算法、TextRank 算法等。

TF-IDF 算法的主要思想是：如果某个词在一篇文档中出现的频率高(即 TF 高)，并且在语料库的其他文档中很少出现(即 IDF 高)，则认为这个词具有很好的类别区分效果。

TextRank 算法的主要思想是：将文本中的语法单元视作图中的节点，如果两个语法单元存在一定的语法关系(例如共现)，则这两个语法单元在图中就会有一条边将它们相互连接起来，通过一定的迭代次数，最终不同的节点会有不同的权重，权重高的语法单元可以作为关键词。

节点的权重不仅依赖于入度节点的多少，而且依赖于入度节点的权重，入度节点越多、入度节点的权重越高，就说明这个节点的权重也越高。

【例 9-7】利用 jieba 分词系统中的 TF-IDF 接口抽取关键词。

参考代码：

```
1    from jieba import analyse
2    text = ''' Python 语言的创始人为吉多 · 范罗苏姆(Guido van Rossum)，他出生于荷兰，是一名计算机
3    程序员，后来成为 Python 语言的最初设计者及主要架构师。1989 年圣诞节期间，在阿姆斯特丹，
4    吉多为了打发圣诞节的无趣，决心开发一种新的脚本解释程序，作为 ABC 语言的一种继承。之所以
5    选用 Python (蟒蛇的意思)作为该编程语言的名字，是因为吉多是一支名为 Monty Python 的喜剧团
6    体的爱好者。吉多希望 Python 既能够像 C 语言那样全面调用计算机的功能接口，又可以像 shell 那
7    样轻松地进行编程。'''
8    keywords = analyse.extract_tags(text, topK = 10, withWeight = True)
9    print("keywords by TF-IDF:")
10   for keyword in keywords:
11       print("{:<10} weight:{:.2f}".format(keyword[0], keyword[1]))
```

运行结果：

```
keywords by TF-IDF:
Python          weight:0.82
吉多            weight:0.66
语言            weight:0.25
圣诞节          weight:0.24
计算机          weight:0.19
解释程序        weight:0.18
罗苏            weight:0.16
Guido           weight:0.16
van             weight:0.16
Rossum          weight:0.16
```

在例 9-7 用到的 extract_tags 方法中，topK 表示最大抽取个数，默认为 10；withWeight 表示是否返回关键词的权重值，默认为 False；参数 allowPOS 的默认值为('ns','n','vn','v')，表示仅提取地名、名词、动名词、动词。

【例 9-8】利用 jieba 分词系统中的 TextTank 接口抽取关键词。

参考代码：

```
1    from jieba import analyse
2    text = ''' Python 语言的创始人为吉多 · 范罗苏姆(Guido van Rossum)，他出生于荷兰，是一名计算机
3    程序员，后来成为 Python 语言的最初设计者及主要架构师。1989 年圣诞节期间，在阿姆斯特丹，
4    吉多为了打发圣诞节的无趣，决心开发一种新的脚本解释程序，作为 ABC 语言的一种继承。之所以
5    选用 Python (蟒蛇的意思)作为该编程语言的名字，是因为吉多是一支名为 Monty Python 的喜剧团
6    体的爱好者。吉多希望 Python 既能够像 C 语言那样全面调用计算机的功能接口，又可以像 shell 那
7    样轻松地进行编程。'''
8    keywords = analyse.textrank(text, topK = 10, withWeight = True)
9    print("keywords by TextTank:")
10   for keyword in keywords:
11       print("{:<10} weight:{:.2f}".format(keyword[0], keyword[1]))
```

运行结果：

```
keywords by TextTank:
作为            weight:1.00
语言            weight:0.89
计算机          weight:0.86
全面            weight:0.58
调用            weight:0.57
无趣            weight:0.55
开发            weight:0.50
C语言           weight:0.48
功能            weight:0.47
脚本            weight:0.46
```

9.1.2　词云绘制库 wordcloud

wordcloud 库是 Python 语言中非常优秀的词云展示第三方库。wordcloud 库把词云当作 wordcloud 对象，wordcloud.WordCloud()代表文本对应的词云，可以根据文本中词语出现的频率等参数绘制词云，词云的形状、尺寸和颜色都可以设定。词云过滤掉了大量低频、低质的文本信息，使得用户只要扫一眼文本就可领略文档的主旨。

例如，有学者根据《水浒传》和《西游记》绘制的词云如图 9-2 和图 9-3 所示。

图 9-2　《水浒传》词云　　　　　　　图 9-3　《西游记》词云

1. wordcloud 库的安装

wordcloud 库是 Python 中十分重要的第三方分词函数库，需要额外安装。在 Scripts 文件夹中按住 Shift 键的同时右击鼠标，在弹出的快捷菜单中选择在此处打开命令窗口，输入命令 pip install wordcloud 即可。但我们在使用 wordcloud 库之前，需要先使用命令 import wordcloud 导入 wordcloud 库。

2. wordcloud 库的功能和用法

wordcloud 库的常规用法如下：

```
w = wordcloud.WordCloud()
```

w = wordcloud.WordCloud()是以 WordCloud 对象为基础配置参数、加载文本和输出文件，用到的函数如表 9-2 所示。

表 9-2 wordcloud 库中的函数

函数	描述
w.generate(txt)	在 WordCloud 对象 w 中加载文本 txt，例如 w.generate("Python and WordCloud")
w.to_file(filename)	将词云输出为.png 或.jpg 图像文件，例如 w.to_file("outfile.png")

使用 wordcloud 库涉及以下三个步骤：

(1) 配置对象参数。

(2) 加载词云文本。

(3) 输出词云文件。

【例 9-9】使用 wordcloud 库绘制词云。

```
>>> import wordcloud
>>> w = wordcloud.WordCloud()
>>> w.generate("I love China")
>>> w.to_file("china.png")
```

执行完以上程序后，生成的词云如图 9-4 所示。

图 9-4 生成的词云

下面具体介绍相关函数涉及的各个参数。

- font_path:string：设置字体路径，例如 font_path='黑体.ttf'。
- width:int(default-400)：设置输出的画布宽度，默认为 400 像素。
- height:int(default=200)：设置输出的画布高度，默认为 200 像素。
- mask:nd-array or None(default-None)：如果 mask 为空，则使用二维遮罩绘制词云；如果 mask 非空，则设置的宽高值将被忽略，遮罩形状被 mask 取代。
- min_font_size:int(default=4)：设置要显示的最小字体大小。
- max_words:number(default=200)：设置要显示的词的最大个数。
- stopwords:set of strings or None：设置需要屏蔽的词，如果为空，则使用内置的 STOPWORDS。
- background_color:color value (default = 'black')：设置背景颜色，例如 background_color= 'white'表示背景颜色为白色。
- max_font_size:int or None(default=None)：设置要显示的最大字体大小。
- relative_scaling:float(default=.5)：设置词频和字体大小的关联性。
- color_func:callable, default=None：生成新颜色，如果为空，则使用 self.color_func。
- fit_words(frequencies)：根据词频生成词云(frequencies 为字典类型)。

- generate(text)：根据文本生成词云。
- generate_from_frequencies(frequencies[,...])：根据词频生成词云。
- generate_from_text(text)：根据文本生成词云。
- process_text(text)：将长文本分词并去除屏蔽词(此处指的是英文分词，中文分词仍需要自己使用别的库先行实现)。
- to_array()：转换为 NumPy 数组。
- to_file(filename)：输出到文件。

【例 9-10】运用随机数和大写字母创建字典，最后绘制生成词云。

参考代码：

```
1    import wordcloud
2    import random
3    import string
4
5    lChar = [x for x in string.ascii_uppercase]
6    lfreq = [random.randint(1,100) for i in range(26)]
7    freq = {x[0]:x[1] for x in zip(lChar,lfreq)}
8    print(freq)
9    wcloud = wordcloud.WordCloud(background_color = 'white',width = 1500,
10                   max_words = 50,height = 600,margin = 1).fit_words(freq)
11   wcloud.to_file("outcloud.png")
12   print('ending')
```

运行结果：

{'A': 83, 'B': 96, 'C': 9, 'D': 91, 'E': 22, 'F': 9, 'G': 95, 'H': 21, 'I': 40, 'J': 71, 'K': 47, 'L': 16, 'M': 73, 'N': 15, 'O': 93, 'P': 10, 'Q': 94, 'R': 82, 'S': 40, 'T': 93, 'U': 94, 'V': 2, 'W': 11, 'X': 97, 'Y': 89, 'Z': 9}
ending

执行以上程序后，生成的词云如图 9-5 所示。

图 9-5　根据字典生成的词云

9.2　中文文本分析应用实例

本节主要介绍英文词频统计、中文词频统计和词云的制作方法。

9.2.1　英文词频统计

在 Python 中，对于一段英文文本，要想提取其中的单词，使用字符串处理方法 split()完成切片即可。然而，对于中文文本，要想提取其中的词语，则需要通过 jieba、wordcloud 等第三方库来实现。

【**例 9-11**】英文词频统计：对英文文章 OneLife 进行分词统计，输出出现频率最高的前 10 个单词。

【**分析**】为了对英文文章 OneLife 进行分词统计，需要执行以下几个步骤：

(1) 通过 OneLife.txt 文本文件获取英文文章，这可以通过使用 open()函数和 read()方法来实现。

(2) 将所有的大写字母转换为小写字母，这可以通过使用 lower()方法来实现。

(3) 将 OneLife 文章中的标点符号用空格代替，从而为后面的分词做准备。标点符号如下："《》,.;!? "。

(4) 将英文单词划分成列表。

(5) 定义 get()方法以存放统计的单词。

(6) 对统计的单词进行排序(降序)。

(7) 将排在前 10 位的单词按指定格式输出，输出格式为'{:8}{:2}'.format(key,value)。

参考代码：

```
1    # 读取文件，fp 对象的数据类型为字符串
2    fp = open('OneLife.txt','r',encoding='utf-8')
3    txts = fp.read()                              # 读取数据
4    fp.close()
5    txts = txts.lower()                           # 将大写字母全部转换成小写字母
6    # 将标点符号替换为空格
7    chars = "《》,.;!?"
8    for char in chars:
9        txts = txts.replace(char,' ')
10   # 进行划分以形成列表
11   txt = txts.split()                            # 将英文单词分隔成列表
12   newchar = {}                                  # 空字典
13   for item in txt:
14       newchar[item] = newchar.get(item,0) + 1   # 对单词进行计数
15   #newchar1 = sorted(newchar.items(),key=lambda x:x[1],reverse=True)
16   items = list(newchar.items())                 # 将字典转换为列表
17   items.sort(key=lambda x:x[1], reverse=True)   # 进行降序排列
18   # 输出结果
19   for i in range(10):
20       k, v = items[i]
21       print('{:8}{:2}'.format(k, v))
```

运行结果：

```
you      32
to       19
the      10
who      10
those     9
have      8
and       8
that      6
```

want	6
make	6

9.2.2 中文词频统计

《西游记》是中国古典四大名著之一，由明代小说家吴承恩创作。下面以《西游记》为例，介绍中文词频统计方面的基本知识。

中文文章需要先进行分词才能进行词频的统计，这可以通过使用 jieba 库来完成。为此，将《西游记》小说保存为纯文本格式，编码格式为 utf-8，如图 9-6 所示。

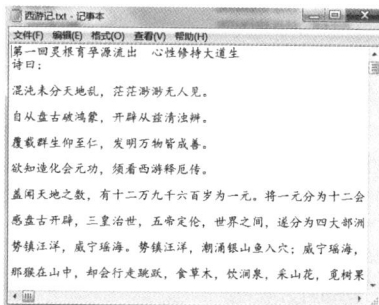

图 9-6 《西游记》小说的纯文本版本

【例 9-12】中文词频统计：对小说《西游记》中的人物进行词频统计，找出出场次数排名前 5 的人物。

参考代码：

```
1   import jieba
2   txt = open("西游记.txt", "r", encoding='utf-8').read()
3   words = jieba.lcut(txt)                          # 使用精确模式对文本进行分词
4   counts = {}                                      # 通过键值对的形式存储词语及其出现的次数
5   for word in words:
6       counts[word] = counts.get(word, 0) + 1       # 遍历所有词语，每出现一次，就将对应的值加 1
7   items = list(counts.items())                     # 将键值对转换成列表
8   items.sort(key=lambda x:x[1], reverse=True)      # 根据词语出现的次数对它们从大到小进行排序
9   for i in range(15):
10      word, count = items[i]
11      print ("{}\t{}".format(word, count))
```

运行结果：

，	56266
。	20811
：	11609
"	11066
"	10985
道	8411
了	7214
！	6009
	5745
我	5738
的	5226

```
他    5213
你    5133
那    4138
行者 4078
...
```

中文词频统计与英文词频统计基本类似，但中文需要使用 jieba.lcut() 函数进行分词。通过观察运行结果可以发现，很多词没有太多的实际意义，它们无法真实地反映小说的具体内容；此外还出现了许多标点符号，但这些标点符号不在文本分析的范畴内，也没有任何意义。因此，可以修改上述代码，将这些无实际意义的内容剔除掉，修改后的代码如下所示：

参考代码：

```
1    import jieba
2    txt = open("西游记.txt", "r", encoding='utf-8').read()
3    words = jieba.lcut(txt)                        # 使用精确模式对文本进行分词
4    counts = {}                                    # 通过键值对的形式存储词语及其出现的次数
5    for word in words:
6        if len(word) == 1:                        # 单个汉字不计算在内
7            continue
8        counts[word] = counts.get(word, 0) + 1     # 遍历所有词语，每出现一次，就将对应的值加 1
9    items = list(counts.items())                   # 将键值对转换成列表
10   items.sort(key=lambda x:x[1], reverse=True)    # 根据词语出现的次数，对它们从大到小进行排序
11   for i in range(15):
12       word, count = items[i]
13       print ("{}\t{}".format(word, count))
```

运行结果：

```
行者 4078
八戒 1677
师父 1594
三藏 1323
一个 1081
大圣 887
唐僧 796
那里 764
怎么 744
菩萨 729
我们 726
沙僧 721
和尚 634
妖精 630
两个 593
...
```

观察运行结果，出现频率最高的是"行者"，出现了 4078 次，但"行者"不是人物，需要剔除；而后出现了"一个""那里""怎么""我们""两个"等无意义的词语，它们也需要进一步剔除。不仅如此，结果中还出现了"大圣""悟空"，它们指同一个人，因此需要进行整合。下面继续修改程序，以解决这两个问题。

参考代码：

```
1    import jieba
2    excludes = {"一个","那里","我们","怎么","甚么","两个","只见","这个","不知",
3             "不是","不曾","只是","袈裟","那怪","闻言","如何","行者","和尚",
4             "徒弟","长老","不敢"}
5    txt = open("西游记.txt", "r", encoding='utf-8').read()
6    words = jieba.lcut(txt)
7    counts = {}
8    for word in words:
9        if len(word) == 1:
10           continue
11       elif word == "大圣" or word == "悟空" or word == "老孙"or word == "猴王":
12           rword = "孙悟空"
13       elif word == "师父" or word == "三藏":
14           rword = "唐僧"
15       else:
16           rword = word
17       counts[rword] = counts.get(rword, 0) + 1
18   for word in excludes:                          # 剔除不需要统计的词语
19       del counts[word]
20   items = list(counts.items())
21   items.sort(key=lambda x:x[1], reverse=True)
22   f = open('西游记词频.txt', 'w')
23   for i in range(5):
24       word, count = items[i]
25       print("{}\t{}".format(word, count))
```

运行结果：

```
唐僧 3713
孙悟空 1939
八戒 1677
菩萨 729
沙僧 721
```

下面对上述代码进行解释。通过不断调整第 2～4 行的排除词库 excludes，将排在前 5 位的不是人物的词添加到词库中；增加第 11～16 行以解决同人不同称呼的问题；通过第 18 和 19 行将 excludes 词库中的无关词语删除，最后输出出场次数排名前 5 的人物。

9.2.3 制作词云

可以运用 wordcloud 库为《西游记》中的高频词汇制作词云。下面的例 9-13 对例 9-12 做了改进，实现了将前 200 个高频词汇保存到"西游记词频.txt"文本文件中。

【例 9-13】制作《西游记》词云。

参考代码：

```
1    import jieba
2    excludes = {"一个","那里","我们","怎么","甚么","两个","只见","这个","不知",
3             "不是","不曾","只是","袈裟","那怪","闻言","如何","行者","和尚",
```

```
4                "徒弟","长老","不敢"}
5    txt = open("西游记.txt", "r", encoding='utf-8').read()
6    words = jieba.lcut(txt)
7    counts = {}
8    for word in words:
9        if len(word) == 1:
10           continue
11       elif word == "大圣" or word == "悟空" or word == "老孙"or word == "猴王":
12           rword = "孙悟空"
13       elif word == "师父" or word == "三藏":
14           rword = "唐僧"
15       else:
16           rword = word
17       counts[rword] = counts.get(rword, 0) + 1
18   for word in excludes:
19       del counts[word]
20   items = list(counts.items())
21   items.sort(key=lambda x:x[1], reverse=True)
22   f = open('西游记词频.txt','w')
23   for i in range(200):
24       word, count = items[i]
25       f.write("{}\t{}\n".format(word,count))
26   f.close()
```

执行完上述代码后，生成的“西游记词频.txt”文件如图 9-7 所示，从而为下一步制作词云做准备。

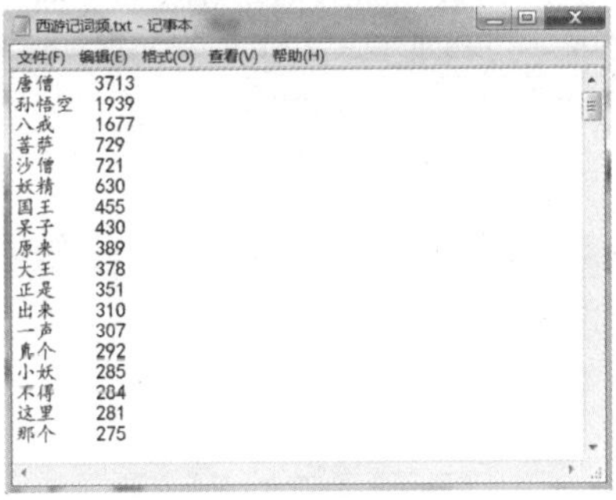

图 9-7　“西游记词频.txt”文件中的内容

接下来为《西游记》小说中的前 200 个高频词汇绘制词云，代码如下：

```
1    import wordcloud
2    f = open("西游记词频.txt", 'r')
3    text = f.read()
4    wcloud = wordcloud.WordCloud(font_path = r'C:\Windows\Fonts\STXINGKA.TTF',
5                                  background_color = "white", width=1500,
6                                  max_words = 600, height =750,
7                                  margin = 2).generate(text)
8    wcloud.to_file("西游记 cloud .png")
9    f.close()
```

本例采用的字体由代码 font_path = r'C:\Windows\Fonts\STXINGKA.TTF'实现，背景颜色为白色，执行完上述代码后，即可得到图 9-8 所示的词云。

读者可以继续修改例9-13，形成任意形状的词云图。例如，可以将《西游记》小说的词云图修改成菱形。为了修改词云图的形状，需要使用matplotlib库和imageio库，并准备用来显示词云的图片，如图9-9所示。

图9-8　《西游记》词云

图9-9　准备菱形效果的图片

参考代码：

```
1   import matplotlib.pyplot as plt
2   import wordcloud
3   from imageio import imread
4   bg_pic = imread(菱形.jpg)                              #读入形状图片
5   f = open("西游记词频.txt", 'r')
6   text = f.read()
7   f.close()
8   wcloud = wordcloud.WordCloud(font_path = r'C:\Windows\Fonts\STXINGKA.TTF',
9                          background_color = "white", width=1500,
10                         max_words = 600, mask = bg_pic,
11                         height =750, margin = 2).generate(text)
12  wcloud.to_file("西游记 cloud_菱形.png")                 #保存图片
13  plt.imshow(wcloud)
14  plt.axis('off')
15  plt.show()
```

运行效果如图9-10所示。

图9-10　菱形的词云图

9.3　习题

一、选择题

1. jieba 库中用于精确模式的分词函数是(　　)。

　　A. jieba.cut()　　　　B. cut()　　　　C. lcut()　　　　D. jieba.cut_for_search()

2. 以下程序的输出结果是(　　)。

```
>>> import jieba
>>> s = "我爱北京天安门"
>>> jieba.lcut(s)
```

　　A. ['我', '爱', '北京', '天安门']　　　　B. ['我爱', '北京', '天安门']
　　C. 无输出　　　　　　　　　　　　　　D. 我 爱 北京 天安门

3. 以下程序的输出结果是(　　)。

```
>>> import jieba
>>> s = "我爱北京天安门"
>>> for x in jieba.cut(s):
        print(x, end = ' ')
```

　　A. ['我', '爱', '北京', '天安门']　　　　B. ['我爱', '北京', '天安门']
　　C. 无输出　　　　　　　　　　　　　　D. 我 爱 北京 天安门

4. 以下程序的输出结果是(　　)。

```
>>> import jieba
>>> s = "我爱北京天安门"
>>> for x in jieba.cut(s, cut_all = True):
        print(x, end = ' ')
```

　　A. ['我', '爱', '北京', '天安门']　　　　B. ['我爱', '北京', '天安门']
　　C. 我 爱 北京 天安 天安门　　　　　　D. 我 爱 北京 天安门

5. 以下程序的输出结果是(　　)。

```
>>> import jieba
>>> s = "我爱北京天安门"
>>> jieba.lcut_for_search(s)
```

　　A. ['我', '爱', '北京', '天安门']　　　　B. ['我', '爱', '北京', '天安', '天安门']
　　C. 我 爱 北京 天安 天安门　　　　　　D. 我 爱 北京 天安门

二、填空题

1. jieba 库是使用 Python 实现的中文分词组件。在 Windows 环境下，可通过执行_____命令自动安装 jieba 库，具体格式为_____。

2. 在程序中使用 jieba 库之前需要导入 jieba 库，具体格式为_____。

3. jieba 分词模式主要有三种：_____、_____、_____。

4. jieba 库中的 cut()和 lcut()函数的区别是_____。

5. 在分词过程中，如果碰到 jieba 分词词典中不存在的词语，可通过_____方法在词典中临时添加新词，也可通过_____方法自定义词典。

6. 词性标注是语义分析中非常重要的基础性工作之一。jieba 库提供了相应的方法用于获取文本中词语的词性，但首先需要导入相关的子模块，格式为_____，然后即可通过该子模块中的_____方法，在对文本进行分词的同时获取每个词语的词性。

7. 关键词是读者了解文章主题的快捷途径，此外也被经常用于文章的检索。jieba 库中的子模块_____提供了提取文本关键词的方法：_____方法和_____方法。

8. 词云是对文本中的词语通过直观且艺术的形式进行展示的一种方式。Python 的第三方库 wordcloud 提供了绘制词云的方法，但在绘制之前，需要导入该库，格式为_____。然后即可使用该库的_____方法创建词云对象，其中的参数_____用于设置背景色，参数_____用于设置可容纳的词汇量，参数_____用于设置需要屏蔽的词。最后，可通过_____方法直接根据文本生成词云，也可通过_____方法根据词频字典生成词云。

9. 阅读下面的代码，给出运行结果。

```
>> import jieba
>>> s = "我在马路边，捡到一分钱"
>>> list(jieba.cut(s))
```

运行结果为：_____

10. 阅读下面的代码，给出运行结果。

```
>>> import jieba
>>> s = "市长×××参观了长江大桥"
>>> lst = jieba.lcut(s)
>>> lst
```

运行结果为：_____

三、编程题

1. 输入一个中文句子，以按回车键结束。统计并输出这个句子中的字符个数及中文词数，要求中文分词采用 jieba 库中的 lcut() 函数进行。

2. 统计《三国演义》小说中人物的出场次数，可使用 jieba 库对《三国演义》小说中的词语进行分词。

要求如下：

1) 剔除不是姓名的统计结果。

2) "玄德曰"和"玄德"指刘备、"孔明"和"孔明曰"指诸葛亮、"关公"和"云长"指关羽、"孟德"和"丞相"指曹操，叫法不同但指同一人，因此需要进行整合。

3) 更改想要统计的人物为 10 人。

第 10 章

科学计算与数据分析

学习目标
- 掌握 NumPy 库的使用方法。
- 掌握 matplotlib 库的使用方法。
- 掌握 Pandas 库的使用方法。

学习重点
NumPy 库中数组对象的常见操作。

学习难点
matplotlib 库中 pyplot 模块的使用方法。

知识导图:

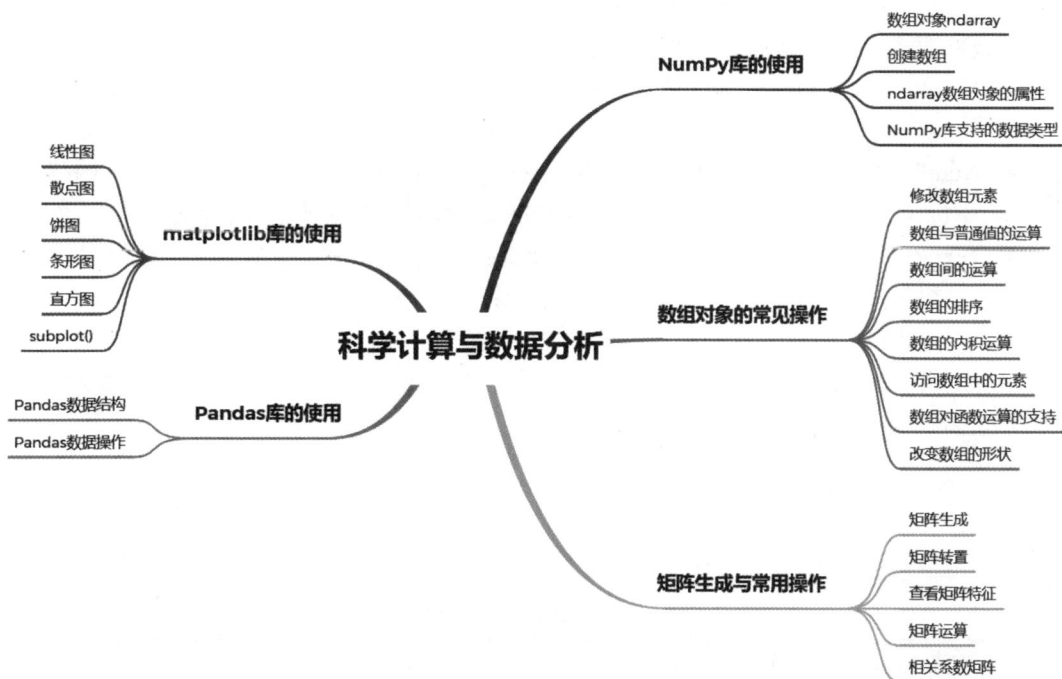

10.1 NumPy 库的使用

NumPy 是一个第三方的 Python 包，主要用于科学计算。NumPy 提供了多维数组对象、各种派生对象(如掩码数组和矩阵)以及用于数组快速操作的各种 API，包括数学/逻辑/形状操作、排序、选择、输入输出、离散傅里叶变换、基本线性代数、基本统计运算和随机模拟等。NumPy 库的前身是人们从 1995 年就开始研发的一个用于数组运算的库。经过长时间的发展后，NumPy 基本上成了绝大部分 Python 科学计算的基础包，当然也包括所有提供 Python 接口的深度学习框架。

Python 在内置模块中包含了 array 类型，用于保存数组类型的数据，但是 array 类型只能处理一维数组，且内部提供的功能较少，不适合做数值运算。相比之下，NumPy 拥有对多维数组的处理能力。因此，用 Python 编写的第三方库 NumPy 得到了迅速发展，并逐渐成为数据分析与处理的专用模块。

读者可以利用前面所学知识导入 NumPy 库——import numpy as np，这样就可以使用别名 np 代替 NumPy 库了。

10.1.1 NumPy 数组对象 ndarray

NumPy 中包含了一个 n 维的数组对象，也就是 ndarray 对象，该对象具有矢量运算能力和复杂的广播能力，常用于科学计算。ndarray 对象中的元素可以通过索引进行访问，索引编号从 0 开始，ndarray 对象中存储的所有元素类型必须相同。

NumPy 数组和原生的 Python 数组之间有以下几个重要的区别：

- NumPy 数组在创建时具有固定的大小，而原生的 Python 数组对象可以动态增长。如果更改 ndarray 的大小，系统将创建一个新的数组并删除原来的数组。
- NumPy 数组中的元素需要具有相同的数据类型，但也有特殊情况：原生的 Python 数组中包含 NumPy 对象，这种情况下允许 NumPy 数组包含不同大小的元素。
- NumPy 数组有助于对大量数据进行高级的数学操作和其他类型的操作。通常情况下，这些操作的执行效率更高，代码也比使用原生的 Python 数组少。

目前，越来越多的基于 Python 的科学和数学软件包开始使用 NumPy 数组，虽然这些工具通常也支持将原生的 Python 数组作为参数，但它们在处理之前还是会将输入的数组转换为 NumPy 数组，而且通常也输出为 NumPy 数组。

10.1.2 创建数组的常用方法

创建 ndarray 对象的方法有很多，关于这些方法的描述如表 10-1 所示。

表 10-1　创建数组的常用方法

方法	含义
np.array(object)	利用 Python 列表或元组创建数组
np.zeros((m, n))	创建一个 m 行 n 列且元素均为 0 的数组，然后返回一个给定形状和类型的新数组，并用 0 进行填充

(续表)

方法	含义
np.ones((m, n))	创建一个 m 行 n 列且元素均为 1 的数组,然后返回一个给定形状和类型的新数组,并用 1 进行填充
np.empty((m, n))	返回一个给定形状和类型的新数组,但无须初始化其中的元素
np.arange(x, y, i)	创建一个由 x 到 y 且步长为 i 的数组
np.linspace(x, y, n)	创建一个由 x 到 y 且等分成 n 个元素的数组
np.random.rand(m, n)	创建一个 m 行 n 列且元素为随机值的数组

创建数组的常规机制有 5 种,下面分别进行介绍。

1) 将其他的 Python 结构(如列表、元组等)转换成数组,参考代码如下。

```
>>> import numpy as np
>>> x = np.array([1, 2, 3, 4])
>>> x
array([1, 2, 3, 4])
```

2) 使用 arange()、ones()、zeros()等函数创建数组,参考代码如下。

```
>>> array1 = np.arange(1, 10, 2)
>>> array1
array([1, 3, 5, 7, 9])
>>> array2 = np.zeros((2, 3))
>>> array2
array([[0., 0., 0.],
       [0., 0., 0.]])
>>> array3 = np.ones((2, 3))
>>> array3
array([[1., 1., 1.],
       [1., 1., 1.]])
>>> array4 = np.linspace(0, 5, 3)
>>> array4
array([0. , 2.5, 5. ])
```

3) 从磁盘读取数组,无论是标准格式还是自定义格式。

4) 使用字符串或缓冲区创建数组。

5) 使用特殊的库函数(如 random()函数)创建数组,参考代码如下。

```
>>> array5 = np.random.rand(2, 4)
>>> array5
array([[0.26471399, 0.46402422, 0.33750973, 0.55956347],
       [0.05725952, 0.00875394, 0.47537382, 0.70523683]])
```

10.1.3 ndarray 数组对象的属性

数组属性反映了数组本身固有的信息。通常情况下,我们可以通过数组属性直接访问数组,而无须创建新的数组。

ndarray 对象的维度(dimension)称为轴(axes)，轴的个数称为秩(rank)。一维数组的秩为 1，二维数组的秩为 2。数组的大小(size)是指数组中元素的个数。ndarray 对象的重要属性如表 10-2 所示。

表 10-2　ndarray 对象的重要属性

属性	含义
ndarray.ndim	数组的轴数(维数)，即秩的大小
ndarray.shape	数组维度的元组，其中的元素是整数，表示每个维度的大小。对于一个 n 行 m 列的矩阵来说，shape 就是(n,m)。shape 元组的长度就是秩
ndarray.size	数组中元素的个数
ndarray.dtype	数组中元素的类型
ndarray.itemsize	数组中每个元素的字节大小。例如，类型为 float64 的数组中元素的大小为 8 字节
ndarray.data	数组中实际的元素

下面创建一个二维数组 array1，然后查看这个数组的一些属性。

```
>>> import numpy as np
>>> array1 = np.array([[1, 2, 3, 4],[5, 6, 7, 8]])
>>> array1
array([[1, 2, 3, 4],
       [5, 6, 7, 8]])
>>> array1.ndim          # 数组的维度
2
>>> array1.shape         # 数组的每个维度的大小
(2, 4)
>>> array1.size          # 数组中元素的个数
8
>>> array1.dtype         # 数组中元素的数据类型
dtype('int32')
>>> array1.itemsize      # 数组中每个元素的字节大小
4
```

10.1.4　NumPy 库支持的数据类型

int32 是 NumPy 库中众多数组元素类型中的一种。之前我们介绍了 Python 语言本身支持的数据类型有整型(int)、浮点型(float)和复数(complex)，但这些数据类型不足以满足科学计算的需求，因为科学计算涉及的数据较多，对数据的存储和处理性能都有较高的要求，因此 NumPy 库添加了很多其他的数据类型，如表 10-3 所示。

在实际应用中，往往需要不同精度的数据类型，而不同精度的数据类型占用的内存空间也是不同的。在 NumPy 库中，大部分数据以一个数字结尾，这个数字表示的是数据在内存中占用的二进制位数。

表 10-3　NumPy 库支持的数据类型

数据类型	描述
bool	用 1 位表示存储的布尔类型(值为 True 或 False)
int	由所在平台决定精度的整数(一般为 int32 或 int64)
int8	整数，范围是−128~127
int16	整数，范围是−32 768~32 767
int32	整数，范围是-2^{31}~$2^{31}-1$
int64	整数，范围是-2^{63}~$2^{63}-1$
unit8	无符号整数，范围是 0~255
unit16	无符号整数，范围是 0~65 536
unit32	无符号整数，范围是 0~$2^{32}-1$
unit64	无符号整数，范围是 0~$2^{64}-1$
float16	半精度浮点数(16 位)：其中 1 位表示正负号，5 位表示指数，10 位表示尾数
float32	单精度浮点数(32 位)：其中 1 位表示正负号，8 位表示指数，23 位表示尾数
float64	双精度浮点数(64 位)：其中 1 位表示正负号，11 位表示指数，52 位表示尾数
complex64	复数，分别用两个 32 位的浮点数表示实部和虚部
complex128	复数，分别用两个 64 位的浮点数表示实部和虚部

10.2 数组对象的常见操作

ndarray 对象提供了一些便捷的方法来操作数组，例如更改数组的维数、类型、形状以及转置数组、组合数组、拆分数组、平铺数组、添加和删除数组元素、重新排列数组元素等，如表 10-4 所示。

表 10-4　用于操作数组的常用方法

方法	描述
reshape(a,newhape[,order])	在不更改数据的情况下为数组赋予新的形状
ravel(a[,order])	返回原始数据的视图或副本，仅在参数 order='F'时返回副本
ndarray.flat	数组上的一维迭代器
ndarray.flatten([order])	返回折叠成一维的数组的副本
moveaxis(a,source,destination)	将数组的轴移到新的位置
rollaxis(a,axis1,axis2)	向后滚动指定的轴，直到位于希望的位置
swapaxes(a,axis1,axis2)	互换数组的两个轴
ndarray.T	转置数组
Transpose(a[,axes])	排列数组的尺寸
Delete(arr,obj[,axis])	返回一个新的数组，这个数组具有沿删除的轴的子数组

（续表）

方法	描述
Insert(arr,obj,values[,axis])	沿给定轴在给定索引之前插入值
Append(arr,values[,axis])	将值附加到数组的末尾
Resize(a,new_shape)	返回具有指定形状的新数组，如有必要，可重复填充所需数量的元素

10.2.1 修改数组元素

NumPy 支持以多种方式修改数组元素的值，既可以使用 insert()、append()函数在原始数组的基础上插入或追加元素并返回新数组，也可以使用下标的方式直接修改数组中一个或多个元素的值。

```
>>> import numpy as np
>>> x = np.arange(5)
>>> x
array([0, 1, 2, 3, 4])
>>> np.append(x, 5)                 # 在数组的末尾追加一个元素，并返回新的数组
array([0, 1, 2, 3, 4, 5])
>>> np.append(x, [6, 7, 8])         # 在数组的末尾追加多个元素，并返回新的数组
array([0, 1, 2, 3, 4, 6, 7, 8])
>>> np.insert(x, 0, -1)             # 在指定位置插入一个元素，并返回新的数组
array([-1, 0, 1, 2, 3, 4])
>>> x[-1] = 5                       # 使用下标的方式原地修改数组元素的值
>>> x
array([0, 1, 2, 3, 5])
>>> y = np.array([[1, 2, 3], [4, 5, 6], [7, 8, 9]])
>>> y[0, 1] = -2                    # 修改第 0 行第 1 列元素的值
>>> y[1:, 1:] = 0   # 利用切片，将行数大于或等于 1 且列数也大于或等于 1 的元素设置为 0
>>> y
array([[ 1, -2,  3],
       [ 4,  0,  0],
       [ 7,  0,  0]])
>>> y[0:, 1:] = [[0, 1],[0, 4],[0, 7]]      # 同时修改多个元素的值
>>> y
array([[1, 0, 1],
       [4, 0, 4],
       [7, 0, 7]])
```

10.2.2 数组与普通值的运算

NumPy 数组支持与普通值进行加、减、乘、除及幂运算，计算结果为一个新数组，其中的每个元素为普通值与原始数组中每个元素进行计算的结果。使用时需要注意的是，普通值在前时与在后时，计算方法是不同的。

```
>>> z = np.array((0, 1, 2))
>>> z + 1                          # 将数组与数值相加
array([1, 2, 3])
```

```
>>> z – 1                         # 将数组与数值相减
array([-1, 0, 1])
>>> z * 2                         # 将数组与数值相乘
array([0, 2, 4])
>>> z / 2                         # 将数组与数值相除
array([0. , 0.5, 1. ])
>>> z // 2                        # 将数组与数值整除
array([0, 0, 1], dtype=int32)
>>> z ** 2                        # 数组的幂运算
array([0, 1, 4], dtype=int32)
>>> z % 2                         # 将数组元素求余数
array([0, 1, 0], dtype=int32)
>>> 2 ** z                        # 数值的幂运算
array([1, 2, 4], dtype=int32)
>>> z[0] = 3
>>> z
array([3, 1, 2])
>>> 2 / z                         # 分别计算 2/3、2/1、2/2 的值
array([0.66666667, 2. , 1. ])
```

10.2.3　数组间的运算

数组无须循环遍历就可以对每个元素进行批量的算术操作，也就是说，形状相同的数组之间在进行算术运算时，实际上是对位置相同的元素进行运算。例如，对于数组 x=[1,2,3]和数组 y=[3,2,1]，$x+y$ 的结果为 1+3、2+2、3+1 组成的一个新数组。若两个数组的基础形状不同，则 NumPy 可能会触发广播机制，广播机制的触发需要满足以下两个条件之一：数组在某个维度上元素的长度相等，或者数组在某个维度上元素的长度为 1。

广播机制描述了 NumPy 如何在算术运算进行期间处理具有不同形状的数组，较小的数组将被"广播"到较大的数组中，从而使它们具有兼容的形状。示例如下：

```
>>> import numpy as np
>>> np.array([1, 2, 3]) + np.array([3, 2, 1])    # 等长数组相加的结果是将对应元素的值相加
array([4, 4, 4])
>>> np.array([1, 2, 3]) + np.array([1])          # 将数组中每个元素的值都加 1
array([2, 3, 4])
>>> array1 = np.array([1, 3, 5])
>>> array1 + array1                              # 等长数组之间的加法运算，对应元素的值相加
array([ 2, 6, 10])
>>> array1 - array1                              # 等长数组之间的减法运算，对应元素的值相减
array([0, 0, 0])
>>> array1 * array1                              # 等长数组之间的乘法运算，对应元素的值相乘
array([ 1, 9, 25])
>>> array1 / array1                              # 等长数组之间的除法运算，对应元素的值相除
array([1., 1., 1.])
>>> array1 ** 2                                  # 对数组中的每个元素都进行乘方
array([1, 9, 25], dtype=int32)
>>> array1 ** array1                             # 等长数组之间的幂运算，对应元素的值乘方
array([1, 27, 3125], dtype=int32)
```

```
>>> array2 = np.array(([2, 4, 6], [3, 6, 9]))        # 不同维度的数组在相乘时，需要进行广播计算
>>> array3 = array1 * array2
>>> array3
array([[ 2, 12, 30],
       [ 3, 18, 45]])
```

10.2.4　数组的排序

NumPy 库中的 argsort()函数用来返回一个数组，其中的每个元素为原始数组中元素的索引，表示要把原始数组中哪个位置上的元素放在这个位置。另外，NumPy 还提供了 argmax()和 argmin()函数，它们分别用来返回数组中最大元素和最小元素的下标，而数组本身也提供了原地排序方法 sort()。

```
>>> import numpy as np
>>> array1 = np.array([1, 3, 5, 2, 4])
>>> np.argsort(array1)                       # 返回升序后元素的下标
array([0, 3, 1, 4, 2], dtype=int64)
>>> array1
array([1, 3, 5, 2, 4])
>>> array1.argmax(), array1.argmin()         # 返回最大元素和最小元素的下标
(2, 0)
>>> np.argsort(array1)
array([0, 3, 1, 4, 2], dtype=int64)
>>> array1.sort()                            # 原地排序
>>> array1
array([1, 2, 3, 4, 5])
>>> array1 = np.random.randint(1, 10, (2, 5))
>>> array1
array([[8, 1, 1, 6, 6],
       [5, 4, 8, 5, 8]])
>>> array1.sort(axis = 1)                    # 横向排序，纵向的元素对应关系将发生改变
>>> array1
array([[1, 1, 6, 6, 8],
       [4, 5, 5, 8, 8]])
```

10.2.5　数组的内积运算

对于两个等长数组 $x(x_1, x_2, x_3, \cdots, x_i)$ 和 $y(y_1, y_2, y_3, \cdots, y_i)$，其内积为两个数组中对应位置的元素乘积之和，计算公式如下：

$$x \cdot y = \sum_{i=1}^{n} x_i y_i$$

NumPy 库提供了 dot()函数来计算两个数组的内积，并且 NumPy 数组对象也提供了 dot() 方法来计算自身和另一个数组的内积，此处还可以借助内置函数 sum()来计算两个数组的内积。下面的代码演示了这三种方式，结果都一样。

```
>>> array1 = np.array((1, 3, 5))
>>> array2 = np.array((2, 4, 6))
```

```
>>> np.dot(array1, array2)
44
>>> array1.dot(array2)
44
>>> sum(array1 * array2)
44
```

10.2.6　访问数组中的元素

可以使用下标和切片的方式来访问数组中的一个或多个元素，形式非常灵活，具体示例如下。

```
>>> import numpy as np
>>> a = np. array(([1, 2, 3], [4, 5, 6], [7, 8, 9]))
>>> a                       # 访问数组 a 中的所有元素
array([[1, 2, 3],
       [4, 5, 6],
       [7, 8, 9]])
>>> a[:]                    # 访问数组 a 中的所有元素
array([[1, 2, 3],
       [4, 5, 6],
       [7, 8, 9]])
>>> a[1]                    # 访问第 2 行的所有元素
>>> a[0:2]                  # 访问第 1 行第 3 列的元素
array([[1, 2, 3],
       [4, 5, 6]])
>>> a[1,1:2]               # 使用切片方式访问第 2 行第 3 列的元素
array([5])
>>> a[: : -1]              # 反向切片
array([[7, 8, 9],
       [4, 5, 6],
       [1, 2, 3]])
>>> a[: : 2]              # 隔行输出，即输出第 1 行和第 3 行的所有元素
array([[1, 2, 3],
       [7, 8, 9]])
```

10.2.7　数组对函数运算的支持

NumPy 库提供了大量用于对数组进行计算的函数，有了这些函数，我们便可以对数组中的所有元素进行同样的计算并返回新的数组，另外处理速度也比循环要快很多。

```
>>> x = np.arange(0, 10, 2, dtype = np.floating)
>>> x
array([0., 2., 4., 6., 8.])
>>> np.sin(x)              # 对数组中的每个元素求正弦值
array([ 0.        ,  0.90929743, -0.7568025 , -0.2794155 ,  0.98935825])
>>> x
array([0., 2., 4., 6., 8.])
>>> np.cos(x)             # 对数组中的每个元素求余弦值
```

```
array([ 1.       , -0.41614684, -0.65364362,   0.96017029, -0.14550003])
>>> np.round(np.cos(x))      # 对数组中的每个元素求正弦值，之后再四舍五入
array([ 1., -0., -1.,   1., -0.])
>>> np.ceil(x / 2)                # 向上取整
array([0., 1., 2., 3., 4.])
```

10.2.8 改变数组的形状

NumPy 提供了两个方法来修改数组的形状，它们分别是 reshape()方法和 resize()方法。reshape()方法可以返回新数组，但它不能改变数组中元素的总数；resize()方法则可以对数组进行原地修改，此外它还会根据需要重复填充 0 或丢弃部分元素。读者也可以通过数组对象的shape 属性直接原地修改数组的大小。除了 resize()和 reshape()方法，NumPy 库还提供了同名的函数来实现类似的功能并返回新数组，语法格式分别为：

```
reshape(a, newshape[, order])
resize(a, newshape)
```

示例如下：

```
>>> import numpy as np
>>> a = np.arange(1, 12, 2)
>>> a
array([1, 3, 5, 7, 9, 11])
>>> a.shape                    # 查看数组的形状
(6,)
>>> a.size                     # 查看数组中元素的数量
6
>>> a.shape = 2, 3             # 将数组改为 2 行 3 列
>>> a
array([[ 1,   3,   5],
       [ 7,   9, 11]])
>>> a. shape
(2, 3)
>>> a.shape = 3, -1            # -1 表示自动计算
>>> a
array([[ 1,   3],
       [ 5,   7],
       [ 9, 11]])
>>> a = a.reshape(2, 3)        # reshape()方法会返回新数组
>>> a
array([[ 1,   3,   5],
       [ 7,   9, 11]])
>>> b = np.array(range(6))
>>> b
array([0, 1, 2, 3, 4, 5])
>>> b.resize((1, 7))          # resize()方法可以修改数组元素的个数
>>> b
array([[0, 1, 2, 3, 4, 5, 0]])
>>> np.resize(b, (1, 3))      # 利用 NumPy 数组对象的 resize()方法返回新数组
```

```
array([[0, 1, 2]])
>>> b                              # 原始数组未发生改变
array([[0, 1, 2, 3, 4, 5, 0]])
```

10.3　矩阵生成与常用操作

10.3.1　矩阵生成

矩阵和数组虽然在形式上很像，但矩阵是数学上的概念，而数组只是一种数据存储方式，二者还是有本质区别的。例如：矩阵只能包含数字，而数组可以包含任意类型的数据；矩阵必须是二维的，而数组可以是任意维的；乘法、幂运算等很多运算的规则在矩阵与数组中也不一样。

NumPy 库提供的 matrix()函数可以用来把列表、元组等 Python 可迭代对象转换为矩阵。

参考代码：

```
1    import numpy as np
2    array1 = np.matrix([[1, 2, 3, 4], [5, 6, 7, 8]])
3    array2 = np.matrix([1, 2, 3, 4, 5, 6, 7, 8])
4    print(array1, array2, array1[1, 3], sep='\n\n')    # 返回行下标为 1、列下标为 3 的元素
```

运行结果：

```
[[1 2 3 4]
 [5 6 7 8]]

[[1 2 3 4 5 6 7 8]]

8
```

10.3.2　矩阵转置

矩阵转置是指对矩阵的行和列进行互换，这将得到一个新矩阵，原矩阵的第 i 行变为新矩阵的第 i 列，原矩阵的第 j 列变为新矩阵的第 j 行，将 $m×n$ 的矩阵转置后得到的将是 $n×m$ 的矩阵。在 NumPy 中，矩阵对象的属性 T 实现了矩阵转置的功能。

参考代码：

```
1    import numpy as np
2    array1 = np.matrix([[1, 2], [3, 4], [5, 6], [7, 8]])
3    array2 = np.matrix([1, 2, 3, 4, 5])
4    print(array1.T, array2.T, sep='\n\n')
```

运行结果：

```
[[1 3 5 7]
 [2 4 6 8]]

[[1]
```

```
   [2]
   [3]
   [4]
   [5]]
```

10.3.3 查看矩阵特征

这里的矩阵特征主要指矩阵的最大值、最小值、元素求和结果、平均值等，NumPy 库为此提供了相应的 max()、min()、sum()、mean()等方法。在大部分的矩阵方法中，都支持使用参数 axis 来指定计算方向，axis=1 表示横向计算，axis=0 表示纵向计算。以 max()方法为例，语法格式如下：

```
max(axis=None, out=None)
```

max()方法会返回矩阵中沿 axis 方向的最大元素，如果不指定 axis 参数，则对矩阵平铺后的所有元素进行操作，也就是返回矩阵中所有元素的最大值。axis=0 表示沿矩阵的第一个维度(也就是行)进行计算，axis=1 表示沿矩阵的第二个维度(也就是列)进行计算。这一点和使用下标访问矩阵元素一样，$x[2,0]$表示访问行下标为 2、列下标为 0 的元素，其中的 2 为第一个维度的坐标，而 0 为第二个维度的坐标。

由此可知，对于 $m \times n$ 的矩阵，沿 axis=0 的方向计算相当于对矩阵从上往下"压扁"，最终得到 $1 \times n$ 的矩阵；沿 axis=1 的方向计算相当于对矩阵从左向右"压扁"，最终得到 $m \times 1$ 的矩阵。下面的代码演示了矩阵方法和 axis 参数的用法。

```
1    import numpy as np
2    array1 = np. matrix([[1,2,3,4],[5,6,7,8]])
3    print(array1.mean(), end='\n====\n')              # 输出所有元素的平均值
4    print(array1.mean(axis=0), end='\n====\n')        # 输出纵向平均值
5    print(array1.mean(axis=0). shape, end='\n====\n') # 输出数组的形状
6    print (array1.mean(axis=1), end='\n====\n')       # 输出横向平均值
7    print(array1.sum(), end='\n====\n')               # 输出所有元素的和
8    print(array1.max(axis=1), end='\n====\n')         # 输出横向最大值
9    print (array1.argmax(axis=1), end='\n====\n')     # 输出横向最大值的下标
10   print(array1.diagonal(), end='\n====\n')          # 输出对角线元素
11   print(array1.nonzero())                           # 输出非零元素的下标，包括行下标和列下标
```

运行结果：

```
4.5
====
[[3. 4. 5. 6.]]
====
(1, 4)
====
[[2.5]
 [6.5]]
====
36
====
[[4]
```

[8]]
=====
[[3]
 [3]]
=====
[[1 6]]

(array([0, 0, 0, 0, 1, 1, 1, 1], dtype=int64), array([0, 1, 2, 3, 0, 1, 2, 3], dtype=int64))

10.3.4　矩阵运算

NumPy 支持矩阵乘法运算，直接计算即可。

参考代码：

```
1    import numpy as np
2    array1 = np.matrix([[1, 2],[3, 4],[5, 6]])
3    array2 = np.matrix([[1, 2, 3], [4, 5, 6]])
4    print(array1 * array2)
```

运行结果：

```
[[ 9 12 15]
 [19 26 33]
 [29 40 51]]
```

10.3.5　相关系数矩阵

相关系数矩阵是一种对称矩阵，其中对角线上的元素都是 1，表示自相关系数；非对角线上的元素表示互相关系数，每个元素的绝对值都小于或等于 1，它们反映了变量变化趋势的相似程度。例如，如果 2×2 的相关系数矩阵中非对角线元素的值大于 0，则表示两个信号正相关，其中一个信号变大时另一个信号也变大，变化方向一致，或者说一个信号的变化对另一个信号的影响是"正面"的、积极的。相关系数的绝对值越大，表示两个信号互相影响的程度越大。

NumPy 库提供了 corrcoef()函数来计算相关系数矩阵，下面的代码演示了该函数的用法。

```
1    import numpy as np
2    print(np.corrcoef([1,2,3], [3,2,1]))        # 负相关，变化方向相反
3    print(np.corrcoef([1,2,3], [4,2,1]))        # 负相关，变化方向相反
4    print(np.corrcoef([1,2,3], [1,2,3]))        # 正相关，变化方向一致
5    print(np.corrcoef([1,2,3], [1,2,30]))       # 正相关，变化趋势接近
```

运行结果：

```
[[ 1. -1.]
 [-1.  1.]]
[[ 1.         -0.98198051]
 [-0.98198051  1.        ]]
[[1. 1.]
 [1. 1.]]
[[1.         0.88081227]
 [0.88081227 1.        ]]
```

10.4　matplotlib 库的使用

matplotlib 是当前最流行的用于绘制数据图表的 Python 库，非常适合用来创建出版物中的图表。matplotlib 最初由 John D. Hunter 创建，目前则由一支庞大的开发团队负责维护。matplotlib 的操作比较容易，只需要几行代码即可生成直方图、功率谱图、条形图、错误图、散点图以及 3D 图等各种图形。matplotlib 库的子模块 pyplot 还封装了一套 MATLAB 命令式绘图函数，从而给用户提供了更友好的接口，用户只需要调用 pyplot 模块中的函数，就可以快速绘制图形并设置图表的各种细节。

可使用下面的代码导入 pyplot 子模块。

```
import matplotlib.pyplot as plt
```

本节后续内容将使用别名 plt 代替 matplotlib.pyplot。

10.4.1　线性图

plot()函数实现了画线功能，语法格式如下：

```
plot(x, y, s, color, linewidth, label)
```

功能及参数说明：

- plot()函数的功能是在二维坐标系中绘制直线、曲线或离散的点，然后返回一个列表对象。
- x 代表横坐标的取值范围。
- y 代表与 x 对应的纵坐标的取值范围。
- s 代表用来控制线型的格式字符串，可选，省略时线型采用默认格式，分线风格字符和点风格字符两种，如表 10-5 和表 10-6 所示。
- color 代表线条的颜色，如表 10-7 所示。
- linewidth 代表折线线条的宽度。
- label 代码用来标记图形内容的标签文本。

表 10-5　线风格字符

符号	描述
-	实线
--	破折线
:	虚线
-.	点横线
none	没有线

表 10-6　点风格字符

符　号	描　述	符　号	描　述
,	极小的实心点	s	正方形
.	小的实心点	p	正五边形
o	大的实心点	h	垂直正六边形
v	倒三角	*	星号
^	下三角	+	十字
>	右三角	×	叉号
<	左三角	d	菱形

表 10-7　颜色字符

字　符	描　述
r	红色
g	绿色
b	蓝色
c	青色
y	黄色
k	黑色
w	白色
m	洋红色
#00FF11	RGB 颜色模型对应的某种颜色，每两位对应一种基色的色度

【例 10-1】绘制线性图。

参考代码：

```
1    import matplotlib.pyplot as plt
2    import numpy as np
3    plt.plot([1, 2, 3],[3, 6, 9],"bs-")
4    plt.plot([1, 2, 3],[2, 4, 6],"r*:")
5    plt.show()            # 显示图形
```

运行结果如图 10-1 所示。

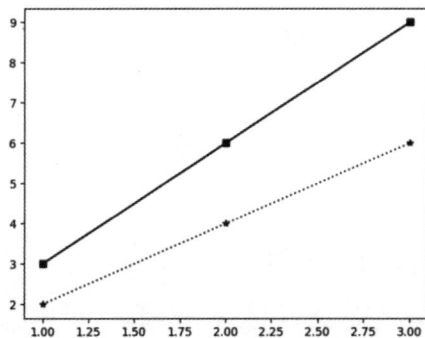

图 10-1　线性图

10.4.2　散点图

scatter()函数用来绘制散点图，语法格式如下。

scatter(*x*, *y*, *s*=None, *c*=None, marker=None, cmap=None, norm=None, vmin=None, vmax=None, alpha=None, linewidths=None, verts=None, edgecolors=None, hold=None, data=None, **kwargs)

参数说明：

- *x* 和 *y* 分别用来指定散点的 *x* 和 *y* 坐标，它们可以为标量或数组形式的数据。如果 *x* 和 *y* 都为标量，则在指定位置绘制一个散点符号；如果 *x* 和 *y* 都为数组形式的数据，则把两个数组中对应位置的数据作为坐标，在这些位置绘制若干散点符号。
- *s* 用来指定散点符号的大小，默认为50。
- marker 用来指定散点符号的形状。
- alpha 用来指定散点符号的透明度。
- linewidths 用来指定线宽，可以是标量或类似于数组的对象。
- edgecolors 用来指定散点符号的边线颜色，可以是颜色值或包含若干颜色值的序列。

【例 10-2】绘制散点图。

参考代码：

```
1   import matplotlib.pyplot as plt
2   import numpy as np
3   n = 10
4   plt.scatter(np.random.rand(n)*50, np.random.rand(n)*50, c='r', s=100, alpha=0.8)
5   plt.scatter(np.random.rand(n)*50, np.random.rand(n)*50, c='g', s=200, alpha=0.8)
6   plt.scatter(np.random.rand(n)*50, np.random.rand(n)*50, c='b', s=300, alpha=0.8)
7   plt.show()
```

运行结果如图 10-2 所示。

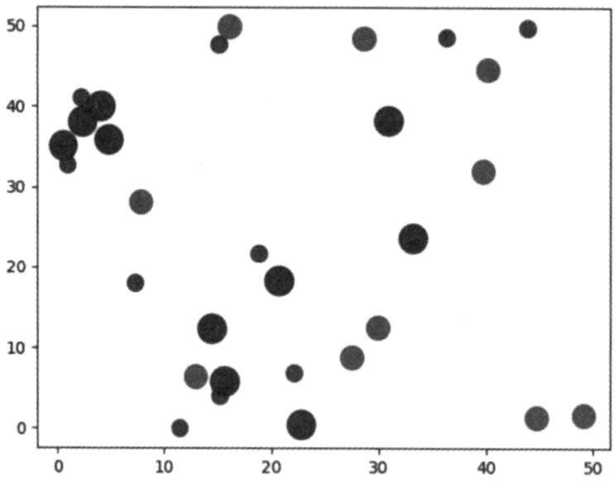

图 10-2　散点图

10.4.3　饼图

pie()函数用来绘制饼图，语法格式如下。

pie(*x*, explode=None, labels=None, autopct=None, shadow=False)

参数说明：

- *x* 代表需要绘制饼图的数据集。
- explode 用来设置饼块是否分离，默认为 None(表示饼块不分离)，如果不为 None，非零值饼块将被分离。
- labels 用来设置饼块对应的标签，默认为 None。
- autopct 用来设置饼块显示时的百分比值，默认为 None。
- shadow 用来设置饼图是否有阴影(即立体效果)，默认为 False(表示饼图是平面图形)。

【例 10-3】绘制饼图。

参考代码：

```
1    import matplotlib.pyplot as plt
2    import numpy as np
3    Labels = ["Mon", "Tue", "Wed", "Thu", "Fri", "Sat", "Sun"]
4    data = np.random.rand(7)*100
5    Explode = (0, 0, 0, 0, 1, 0, 0)
6    plt.pie(data,labels = Labels,explode = Explode, autopct = "%.2f%%", shadow = "True")
7    plt.axis("equal")
8    plt.legend()            # 设置图例
9    plt.show()
```

运行结果如图 10-3 所示。

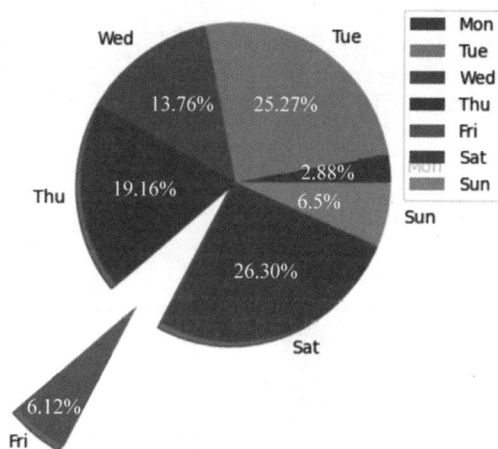

图 10-3　饼图

10.4.4　条形图

bar()函数用来绘制条形图，语法格式如下。

bar(left, height, width=0.8, bottom=None, …, align='center', data=None, **kwargs)

参数说明：

- left 用来指定每个柱形左侧边框的 *x* 坐标。
- height 用来指定每个柱形的高度。
- width 用来指定每个柱形的宽度，默认为 0.8。

- align 用来指定每个柱形的对齐方式。以垂直柱状图为例，如果 aligh='edge'且 width>0，则表示将柱形的左侧边框与给定的 x 坐标对齐；如果 aligh='edge'且 width<0，则表示将柱形的右侧边框与给定的 x 坐标对齐；如果 aligh='center'，则表示给定的 x 坐标恰好位于柱形的中间位置。
- **kwargs 用来指定矩形属性。

除了以上语法中列出的参数之外，bar()函数还有如下参数：
- bottom 用来指定每个柱形底部边框的 y 坐标。
- color 用来指定每个柱形的颜色。
- edgecolor 用来指定每个柱形的边框颜色。
- linewidths 用来指定每个柱的边框线宽。
- orientation 用来指定柱形的朝向，设置为'vertical'时绘制的是垂直柱状图，设置为'horizontal'时绘制的是水平柱状图。
- alpha 用来指定柱形的透明度。

【例 10-4】绘制条形图。

参考代码：

```
1    import matplotlib.pyplot as plt
2    import numpy as np
3    n = 7
4    x = np.arange(7)
5    data = np.random.randint(low = 0, high = 100, size = n)
6    colors = np.random.rand(n * 3).reshape(n, -1)
7    labels = ["Mon", "Tue", "Wed", "Thu", "Fri", "Sat", "Sun"]
8    plt.title("Weekday Data")
9    plt.bar(x,data,alpha = 0.8, color = colors, tick_label = labels)
10   plt.show()
```

运行结果如图 10-4 所示。

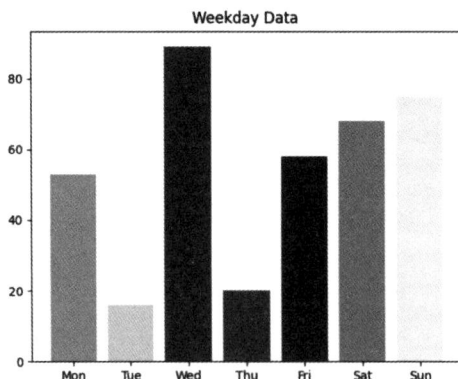

图 10-4　条形图

10.4.5　直方图

直方图是通过一系列高度不等的纵向条纹或线段来表示数据分布的统计报告图，使用 hist() 函数可以方便、快捷地绘制直方图。

【例 10-5】绘制直方图。

参考代码：

```
1    import numpy as np
2    import matplotlib.pyplot as plt
3    x = [np.random.randint(0, n, n) for n in [2000, 3000, 4000]]
4    labels = ['2k', '3k', '4k']
5    bins = [0, 100, 500, 1000, 2000, 3000, 4000]
6    plt.hist(x, bins = bins, label = labels)
7    plt.legend()
8    plt.show()
```

运行结果如图 10-5 所示。

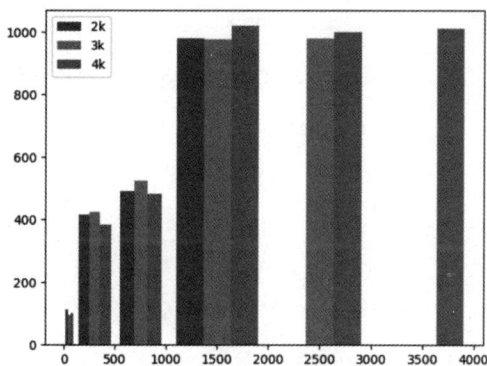

图 10-5　直方图

10.4.6　子图绘制——subplot()函数

利用 plot()函数可以在一个绘图区域内一次性绘制多个图形，但是，如果需要在一个绘图区域内绘制多个不叠加的图形，就需要用到 pyplot 模块中的 subplot()函数了，其语法格式如下：

```
subplot(nrows, ncols index)
```

参数说明：

- nrows 用来将绘图区域划分成 nrows 行。
- ncols 用来将绘图区域划分成 ncols 列。
- index 用来指定当前子绘图区域的索引。

subplot()函数的前两个参数相当于把绘图区域划分成 nrows 行和 ncols 列，共 nrows × ncols 个子绘图区域；第三个参数 index 指定了当前的子绘图区域的索引号。子绘图区域的索引号是按照行优先顺序从 1 开始编号的，步长为 1，依次递增。下面的代码将绘图区域划分成了 2 行 2 列共 4 个子绘图区域，此外还指定了当前的子绘图区域，如图 10-6 所示。

```
plt subplot(2, 2, 3)
```

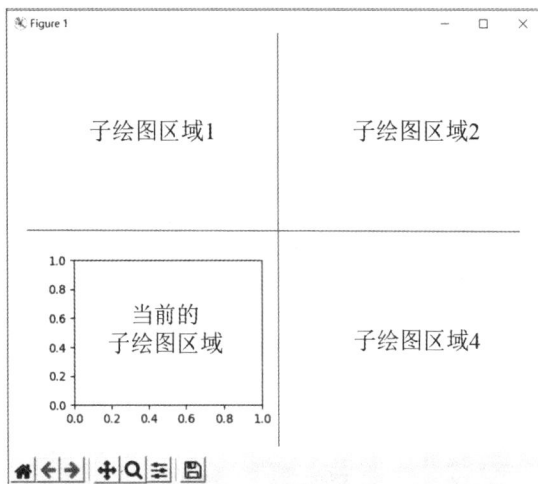

图 10-6　使用 subplot(2, 2, 3)指定当前的子绘图区域

【例 10-6】在指定绘图区域的 4 个位置分别画出 4 种图形。

参考代码：

```
1    import matplotlib.pyplot as plt
2    plt.subplot(2, 2, 1)
3    plt.barh(range(5),[2, 6, 3, 5, 8])
4    plt.subplot(2, 2, 2)
5    plt.plot(range(5), [2, 6, 3, 5, 8])
6    plt.subplot(2, 2, 3)
7    plt.scatter(range(5),[2, 6, 3, 5, 8])
8    plt.subplot(2, 2, 4)
9    plt.bar(range(5),[2, 6, 3, 5, 8])
10   plt.show()
```

运行结果如图 10-7 所示。

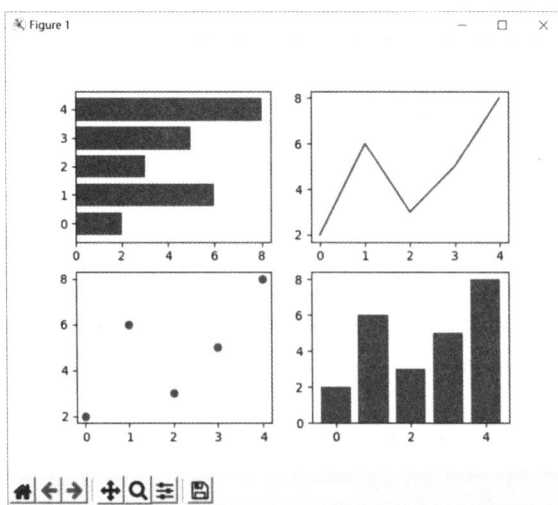

图 10-7　在指定绘图区域的 4 个位置分别画出 4 种图形

10.5　Pandas 库的使用

NumPy 的特长不在于数据处理，而在于能够非常方便地实现科学计算，所以我们日常对数据进行处理时使用 NumPy 的情况并不多，我们需要处理的数据一般都带有列标签和索引，而 NumPy 并不支持这些，这时就需要使用 Pandas 了。Pandas 是专为完成数据分析任务而建立的模块，其提供了与数据处理、数据分析和数据可视化相关的功能。Pandas 模块的导入代码如下：

```
import pandas as pd
```

10.5.1　Pandas 简介

Pandas 是基于 NumPy 构建的库，在数据处理方面可以看成 NumPy 的加强版，同时 Pandas 也是一个开源项目。Pandas 适合处理许多不同类型的数据处理，包括：
- 具有异构类型列的表格数据，例如 SQL 数据或 Excel 数据。
- 有序和无序(不一定是固定频率)的时间序列数据。
- 具有行列标签的任意矩阵数据(均匀类型或不均匀类型)。
- 任何其他形式的观测统计数据集。

10.5.2　Pandas 数据结构

不同于 NumPy 的是，Pandas 有两个主要的数据结构，它们分别是 Series 和 DataFrame。Series 是一维的数据结构，DataFrame 是二维的数据结构，关于 Series 和 DataFrame 的详细介绍如表 10-8 所示。

表 10-8　Pandas 的两个核心数据结构

名称	维度	说明
Series	一维	带有标签的同构数据类型一维数组，与 NumPy 中的一维数组类似。Series 与列表数据结构十分相似，区别在于：列表中的元素可以是不同的数据类型，而 Series 只允许存储相同类型的数据
DataFrame	二维	带有标签的异构数据类型二维数组，DataFrame 有行索引和列索引，可以看作 Series 的容器，DataFrame 中可以包含若干 Series，DataFrame 的行列操作大致对称

1. Series

使用 Series()函数可以直接创建 Series 对象，该函数的语法格式如下。

```
pd.Series(data=None, index=None, dtype=None)
```

参数说明：
- data 参数代表接收的数据，可接收数组、列表、字典等。
- index 参数代表自定义的行标签索引，若该参数没有接收到数据，则默认使用 $0 \sim n$ 的整数索引。

- dtype 参数代表数据类型。

【例 10-7】分别创建两个 Series 对象，其中一个 Series 对象使用的是整数索引，另一个 Series
对象使用的是标签索引。

参考代码：

```
1    import pandas as pd
2    s1 = pd.Series([2, 4, 6, 8])
3    print(s1)
4    s2 = pd.Series([85, 69, 77, 96, 88],index = ['a', 'b', 'c', 'd', 'e'])
5    print(s2)
```

运行结果：

```
0    2
1    4
2    6
3    8
dtype: int64
a    85
b    69
c    77
d    96
e    88
dtype: int64
```

2. DataFrame

使用 DataFrame()函数可以直接创建 DataFrame 对象，该函数的语法格式如下。

```
pd.DataFrame(data=None, index=None, columns=None, dtype=None)
```

参数说明：

- data 参数代表接收的数据，可接收二维数组、字典、Series 对象、另一个 DataFrame 对象等。
- index 参数代表自定义的行标签，若该参数没有接收到数据，则默认使用 0～n 的整数索引。
- columns 参数代表自定义的列标签，若该参数没有接收到数据，则默认使用 0～n 的整数索引。
- dtype 参数代表数据类型。

【例 10-8】分别创建带有整数索引和标签索引的 DataFrame 对象。

参考代码：

```
1    import pandas as pd
2    import numpy as np
3    arr_scores = np.array([[89, 92, 95],[96, 82, 80]])
4    df_scores1 = pd.DataFrame(arr_scores)
5    print(df_scores1)
6    df_scores2 = pd.DataFrame(arr_scores, columns = ['Python', 'C', 'Java'])
```

```
7    print(df_scores2)
```

运行结果：

```
     0    1    2
0   89   92   95
1   96   82   80
    Python    C    Java
0       89   92      95
1       96   82      80
```

3. 常见属性

Series 和 DataFrame 对象的一些常见属性如表 10-9 所示。

表 10-9　Series 和 DataFrame 对象的一些常见属性

属性	描述
Series | DataFrame.index	获取行索引(列标签)
Series | DataFrame.values	返回包含数据的数组
Series | DataFrame.dtype	返回基础的数据类型对象
Series | DataFrame.shape	返回基础形状的元组
Series | DataFrame.size	返回元素的个数
Series | DataFrame.columns	获取 DataFrame 对象的列索引(行标签)

【例 10-9】创建一个带自定义列标签的 DataFrame 对象，然后查看它的行索引、列索引和数据。

参考代码：

```
1    import pandas as pd
2    df_scores = pd.DataFrame([[89,90],[78,85],[66,70]],columns=['Python','C'])
3    print(df_scores)
```

运行结果：

```
    Python    C
0       89   90
1       78   85
2       66   70
```

其他常用属性的应用示例如下：

```
>>> df_scores.index
RangeIndex(start=0, stop=3, step=1)
>>> df_scores.columns
Index(['Python', 'C'], dtype='object')
>>> df_scores.values
array([[92, 88],
       [78, 85],
       [66, 70]], dtype=int64)
```

10.5.3　Pandas 数据操作

Pandas 是开展数据分析的优选工具，它提供了大量能使用户快速进行数据处理的函数，涉及 I/O 工具、I/O 数据运算与对齐、数据预处理和数据可视化等。

1. I/O 工具

Pandas 的 I/O 工具是一类 read 函数，如 pandas.read_csv()函数，这类函数可以返回 Pandas 对象；对应的则是 write 函数，如 to_csv()函数。表 10-10 列出了所有的 read 函数和 write 函数。

表 10-10　所有的 read 函数和 write 函数

格式	数据描述	read 函数	write 函数
文本	CSV	read_csv()	to_csv()
文本	JSON	read_json()	to_json()
文本	HTML	read_html()	to_html()
文本	本地剪贴板	read_clipboard()	to_clipboard()
二进制	MS Excel	read_excel()	to_excel()
二进制	OpenDocument	read_excel()	—
二进制	HDF5 Format	read_hdf()	to_hdf()
二进制	Feather Format	read_feather()	to_feather()
二进制	Parquet Format	read_parquet()	to_parquet()
二进制	msgpack	read_msgpack()	to_msgpack()
二进制	Stata	read_stata()	to_stata()
二进制	SAS	read_sas()	—
二进制	Python Pickle Format	read_pickle()	to_pickle()
SQL	SQL	read_sql()	to_sql()
SQL	Google Big Query	read_gbq()	to_gbq()

使用 Pandas 读取文件后，系统会自动生成 DataFrame 形式的二维表，我们将结合表 10-11 所示成绩表的公开数据集 scores.csv 介绍相关内容。

表 10-11　成绩表

姓名	语文	数学	外语
马龙	80	79	98
许昕	87	86	80
陈梦	77	68	83

【例 10-10】使用 read_csv()函数读取 scores.csv 文件。
参考代码：

```
1    import pandas as pd
2    import csv
3    scores = pd.read_csv('scores.csv')
```

```
4      print(type(scores))
5      print(scores)
```

运行结果：

```
<class 'pandas.core.frame.DataFrame'>
   姓名   语文   数学   外语
0  马龙   80    79    98
1  许昕   87    86    80
2  陈梦   77    68    83
```

从文件读取数据很常用，把计算结果或数据结构中包含的数据写入数据文件则是必要操作，而随时对中间结果进行持久化保存实际上是一种非常好的习惯。

在 Pandas 中，对于 DataFrame 对象，可以使用 to_csv() 函数将其存入文件中，示例代码如下：

```
1      import sys
2      import pandas as pd
3      df = pd.read_csv('scores.csv', header = 0, index_col = 2);
4      df.to_csv('scores.csv')
```

2. I/O 数据运算与对齐

Pandas 具有自动对齐的功能，它能够将两个数据结构的索引对齐，这可能是与 Pandas 数据索引有关的最强大功能。这一点也体现在 I/O 数据运算上。不仅参与运算的两个数据结构可以不同，它们具有的索引也可以不同。Pandas 中的两个数据结构在进行运算时，会自动寻找重叠的索引进行计算。若索引不重叠，则自动赋值为 NaN。若原来的数据都是整数，则生成的 NaN 会自动转换成浮点型。任何数与 NaN 计算后的结果都为 NaN。常见的运算方法如表 10-12 所示。

表 10-12　常见的运算方法

方法	说明
x.add(y.fill_value)	等效于 x + y
x.sub(y.fill_value)	等效于 x − y
x.mul(y.fill_value)	等效于 x * y
x.div(y.fill_value)	等效于 x / y
x.mod(y.fill_value)	等效于 x % y
x.pow(y.fill_value)	等效于 x ** y

Series 和 DataFrame 对象在进行算术运算时，都支持数据自动对齐功能，并且支持使用 fill_value 参数指定 NaN 为填充值。

参考代码：

```
1      import pandas as pd
2      df1 = pd.DataFrame([[1, 2, 3],[4, 5, 6]])
3      print(df1)
4      df2 = pd.DataFrame([3, 2, 1])
5      print(df2)
6      print(df1 + df2)
```

```
7    print(df1.add(df2, fill_value = 0.0))
```

运行结果：

```
0    1    2
0    1    2    3
1    4    5    6

      0
0     3
1     2
2     1

      0    1    2
0   4.0  NaN  NaN
1   6.0  NaN  NaN
2   NaN  NaN  NaN

      0    1    2
0   4.0  2.0  3.0
1   6.0  5.0  6.0
2   1.0  NaN  NaN
```

3. 数据预处理

我们在现实生活中获取数据时经常会遇到数据不完整、冗余和模糊的情况，这些数据是不能直接进行分析的。为了提高数据的质量，在进行数据分析之前，必须对原始数据进行一定的预处理。数据预处理是整个数据分析过程中最为耗时的操作，使用经过规范化处理后的数据不但可以节约分析时间，而且可以保证分析结果能够更好地起到决策和预测作用。目前，用于数据预处理的方法有很多，主要归类为数据清洗、数据集成、数据变换、数据规约等，如表 10-13 所示。

表 10-13　数据的预处理方法

类别	函数或方法	说明
数据清洗	isnull(obj)	检查 obj 中是否有空值
	notnull(obj)	检查 obj 中是否有非空值，返回布尔数组
	dropna(axis)	删除所有包含缺失值的行或列
	fillna(x)	使用 x 替换所有的 NaN
	duplicated()	标记重复的记录
	astype(dtype)	将数据转换为 dtype 类型
	to_numeric(x)	将 x 转换为数值类型
数据集成	concat(objs,axis,join)	沿着轴方向对 objs 进行堆叠合并
	merge(left,right,how,on)	根据不同的键对 left 和 right 进行连接
	join(other,on,how)	通过指定的列连接 other
	combine_first(other)	使用 other 填充缺失的数据

（续表）

数据变换	stack(level,dropna)	将 DataFrame 对象的列索引转换成行索引
	unstack(level,fill_value)	将 Series/DataFrame 对象的行索引转换成列索引
	pivot(index,columns,values)	根据 index 和 columns 重新组织 DataFrame 对象
	rename(mapper,index,columns)	重命名行(或列)索引的名称
数据规约	cut(x,bins,right)	对数据进行离散化处理
	get_dummies(data,prefix)	对类别数据进行哑变量处理

用户在读取数据时可能会出现一些无效值，为了避免无效值带来的干扰和影响，一般可以忽略无效值或将无效值替换为有效值。

1) 忽略无效值

可以使用 isnull()函数检查是否有空值，并使用 dropna()函数删除无效值，代码如下：

```
8    df_res = df1.add(df2, fill_value = 0.0)
9    print(df_res)
10   print(df_res.isnull())
11   print(df_res.dropna(axis = 1))
12   print(df_res)
13   print(df_res.dropna(axis = 0))
```

运行结果：

```
     0      1      2
0    4.0    2.0    3.0
1    6.0    5.0    6.0
2    1.0    NaN    NaN
         0      1      2
0    False  False  False
1    False  False  False
2    False  True   True
     0
0    4.0
1    6.0
2    1.0
     0      1      2
0    4.0    2.0    3.0
1    6.0    5.0    6.0
2    1.0    NaN    NaN
     0      1      2
0    4.0    2.0    3.0
1    6.0    5.0    6.0
```

2) 将无效值替换为有效值

可以使用 fillna()函数将无效值替换为有效值，但是将全部无效值替换为同样的值通常意义不大，在实际应用中一般使用不同的值进行填充。例如，可以先使用 rename()方法修改 def_res 对象的行标签和列标签，再使用 fillna()方法将第 2 行第 1 列的无效值替换为 2.0，并将第 2 行第 2 列的无效值替换为 3.0，代码如下：

```
14    print(df_res)
15    df_res.rename(index={0:'row1', 1: 'row2', 2:'row3'},columns={0:'col1',1:'col2',2:'col3'},\
16    inplace=True)
17    print(df_res)
18    df_res.fillna(value={'col2':2,'col3':3},inplace=True)
19    print(df_res)
```

运行结果：

```
              0      1      2
0           4.0    2.0    3.0
1           6.0    5.0    6.0
2           1.0    NaN    NaN
           col1   col2   col3
row1        4.0    2.0    3.0
row2        6.0    5.0    6.0
row3        1.0    NaN    NaN
           col1   col2   col3
row1        4.0    2.0    3.0
row2        6.0    5.0    6.0
row3        1.0    2.0    3.0
```

4. 数据可视化

前面介绍的 matplotlib 可视化工具的功能非常强大。目前，很多开源框架的绘图功能都是基于 matplotlib 实现的，Pandas 也是其中之一。对于 Pandas 数据结构来说，直接使用自身的绘图功能要比使用 matplotlib 更简单方便。表 10-14 介绍了绘制图形的几个常用方法。

表 10-14　绘制图形的常用方法

方法	说明
Series|DataFrame.plot(x,y,kind)	绘制线性图
Series|DataFrame.plot.area(x,y)	绘制面积图
Series|DataFrame.plot.bar(x,y)	绘制柱状图
Series|DataFrame.plot.barh(x,y)	绘制条形图
Series|DataFrame.plot.box(by)	绘制箱形图
Series|DataFrame.plot.desity()	绘制密度图
Series|DataFrame.plot.hist(by,bins)	绘制直方图
Series|DataFrame.plot.kde()	绘制核密度估计曲线
Series|DataFrame.plot.line(x,y)	将一列绘制为线
Series|DataFrame.plot.pie(y)	绘制饼图
DataFrame.boxplot(column,by)	绘制箱线图
DataFrame.plot.scatter(x,y)	绘制散点图

通常，使用 Pandas 的 plot()函数可以快速绘制不同的图形，plot()函数的 kind 参数的常用取值如下：

- line 或 barh(用于条形图)。
- hist(用于直方图)。
- box(用于箱形图)。
- area(用于面积图)。
- scatter(用于散点图)。
- pie(用于饼图)。

对于一维表数据,可使用 pd.Series()函数进行绘图,参考代码如下:

```
1   import numpy as np
2   import pandas as pd
3   import matplotlib as mpl
4   from matplotlib import pyplot as plt
5   ts=pd.Series(np.random.randn(5), index=(pd.date_range('2021-8-15', periods=5)))
6   print("\n", ts)
7   ts.plot(title="series figure", label="normal")
8   ts.cumsum=ts.cumsum()
9   ts.cumsum.plot(style="r--",title="cumsum", label="cumsum")
10  plt.legend()
11  plt.tight_layout()
12  plt.show()
```

运行结果如图 10-8 所示。

对于二维表数据,可使用 pd. DataFrame()函数进行绘图,参考代码如下。代码运行结果如图 10-9~图 10-11 所示。

```
1   import numpy as np
2   import pandas as pd
3   import matplotlib as mpl
4   from matplotlib import pyplot as plt
5   df = pd.DataFrame(np.random.randn(5, 3), columns=["col1","col2","col3"])
6   # 仍可使用其他数据表的索引
7   df_cumsum = df.cumsum()
8   df.plot(title = "df normal")
9   df_cumsum.plot(title = "df_cumsum")          # 对各列数值求和
10  plt.legend()
11  plt.tight_layout()
12  plt.show()
13  print(df)
14  print(df_cumsum)
15  print(df_cumsum.describe())
16  df_cumsum.plot(title="df_cumsum, share x", subplots=True, figsize=(6,6))
17  # 启用子图模式,将各列分成子图,x 轴共享
18  plt.legend()
19  plt.tight_layout()
20  plt.show()
21  df_cumsum.plot(title="df_ cumsum, share y", subplots=True, sharey=True)
22  # y 轴共享
23  plt.show()
```

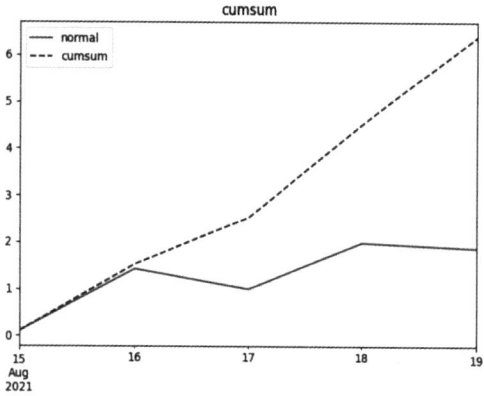

图 10-8　一维表数据的图形绘制结果

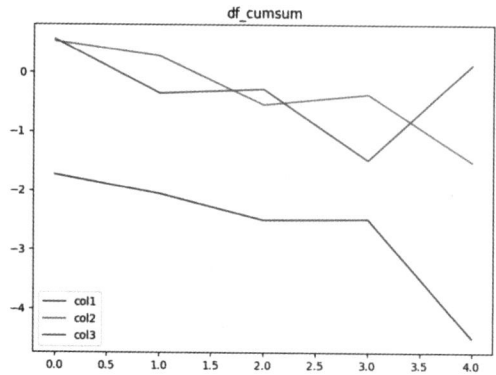

图 10-9　df_cumsum()函数的运行结果

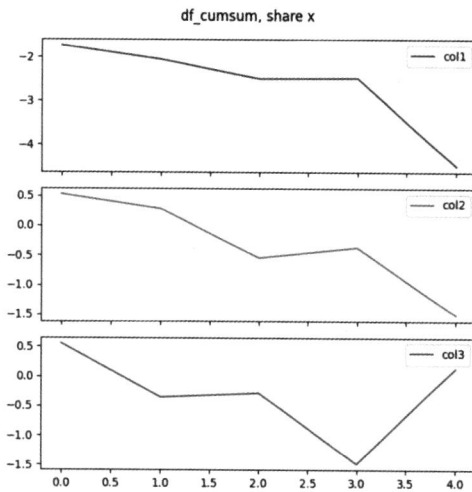

图 10-10　子图模式下的 x 轴共享示意图

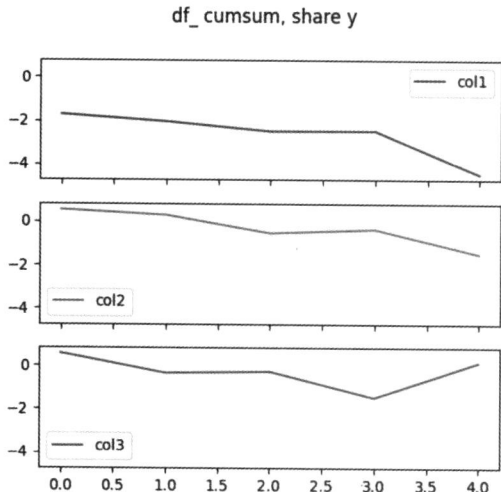

图 10-11　子图模式下的 y 轴共享示意图

10.6 科学计算相关库应用实例

【例 10-11】绘制正弦函数和余弦函数的图形。

参考代码：

```
1    import numpy as np
2    import matplotlib.pyplot as plt
3    import math
4    x = np.linspace(0, 2 * np.pi, 100)
5    y1 = np.sin(x)
6    y2 = np.cos(x)
7    plt.plot(x, y1, x, y2)
8    plt.show()
```

运行结果如图 10-12 所示。

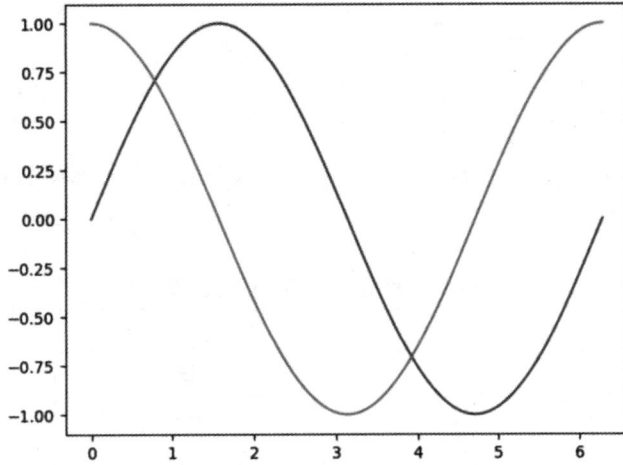

图 10-12 绘制的正弦函数和余弦函数的图形

【例 10-12】绘制下列函数的图形：

$$f(x) = \sin x + 2x^2 + 1, \, x \in [0, 2\pi]$$
$$f(x) = 3x^2 + 2x^2 + 1, \, x \in [-2, 2]$$

参考代码：

```
1    import numpy as np
2    import matplotlib.pyplot as plt
3    x=np.linspace(0,2*np.pi,100)
4    y=np.sin(x)+2*x**2+1
5    plt.plot(x,y)
6    plt.show()
7    x1=np.linspace(-2,2,100)
8    y1=3*x1**3+2*x1**2+1
9    plt.plot(x1,y1)
10   plt.show()
```

运行结果如图 10-13 和图 10-14 所示。

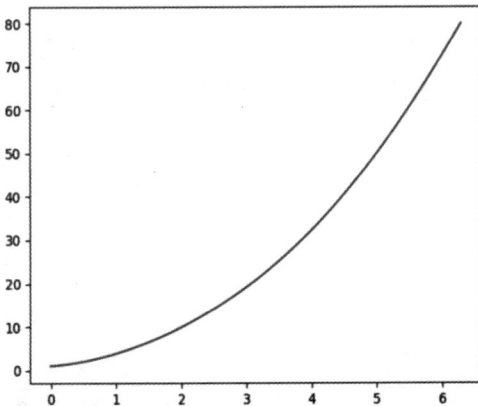

图 10-13 第 1 个函数的图形

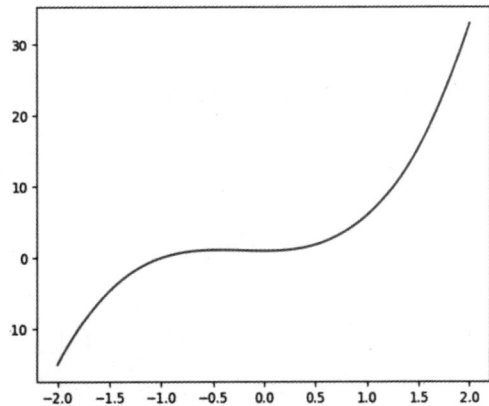

图 10-14 第 2 个函数的图形

10.7 习题

编程题

1. 某工厂生产三种产品，这三种产品的原料费、人工费、管理费如表 10-15 所示，每个季度生产的每种产品的数量如表 10-16 所示。

表 10-15　产品的原料费、人工费和管理费

成本	产品		
	A	B	C
原料费(万元)	1.2	0.9	1.6
人工费(万元)	2.2	1.8	2.9
管理费(万元)	1.2	0.9	1.5

表 10-16　每个季度生成的每种产品的数量

产品	季度			
	一季度(件)	二季度(件)	三季度(件)	四季度(件)
A	4500	4000	4200	4800
B	3000	3500	3200	3200
C	5050	6100	5300	6000

请利用 NumPy 编程实现如下功能：

1) 输出该工厂 4 个季度生产 A、B、C 三种产品的总成本。

2) 输出该工厂第 1 季度生产 A、B、C 三种产品的总成本。

3) 分别输出该工厂每个季度生产所有产品的原料费、人工费和管理费，并把这些数据以二维数组的形式写入文件 cost_pr.csv 中，元素之间用英文逗号分隔。

2. 根据上一题中的数据，利用 matplotlib 库，按照如下要求绘制图形：

1) 绘制子图 1，在该子图中绘制折线图，显示 4 个季度 A、B、C 三种产品的产量变化趋势，横轴标签为"季度"，纵轴标签为"产量"。

2) 绘制子图 2，在该子图中绘制饼图，显示第 1 季度生产 A、B、C 三种产品的原料费、人工费和管理费的百分比值(保留两位小数)，饼图的标签对应显示"原料费""人工费""管理费"。

3) 绘制子图 3，在该子图中选取合适的数据，然后通过绘制某种图形来表达一定的含义。

## 第 11 章

网络爬虫技术

学习目标

- 了解一些网络知识及相关的爬虫技术。
- 学会分析简单的 HTML 文档。
- 能够利用 Python 提供的第三方库提取相应网页中有价值的信息。

学习重点

requests 库和 BeautifulSoup 库的使用。

学习难点

分析 HTML 源码信息。

知识导图

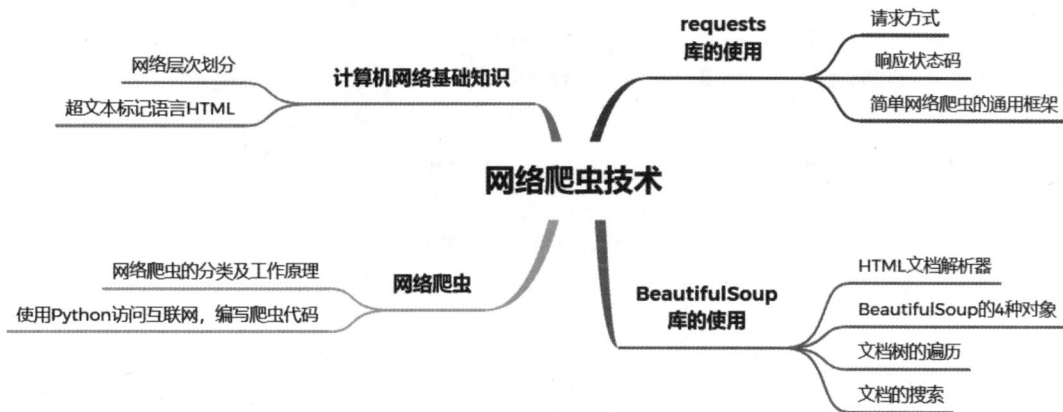

11.1 计算机网络基础知识

网络由若干节点和连接这些节点的链路构成，用来表示诸多对象及其相互联系。在数学上，网络是一种加权图。网络除了有数学定义之外，还有具体的物理含义，即网络是从某种相同类型的实际问题中抽象出来的模型。在计算机领域，网络是信息传输、接收、共享的虚拟平台，网络把各个点、面、体的信息联系到了一起，从而实现了这些资源的共享。

11.1.1 网络层次划分

计算机网络学习的核心内容就是网络协议。网络协议是为了在计算机网络中进行数据交换而建立的规则、标准或约定的集合。不同用户的数据终端可能采取的字符集是不同的，两者如果需要进行通信，就必须基于一定的标准。在这方面，一个很形象的比喻就是我们所说的语言，在我国，地方性方言非常丰富，而且不同方言之间差别巨大。不同地区的人在沟通交流时，可以使用普通话。

计算机网络协议与人类语言一样，也多种多样。ARPA公司于1977年至1979年期间推出了一种名为 ARPANET 的网络协议，它之所以受到热捧，其中最主要的原因就是里面包含的TCP/IP标准网络协议。目前，TCP/IP协议已经成为Internet上的"通用语言"，图11-1是不同计算机群之间利用TCP/IP协议进行通信的示意图。

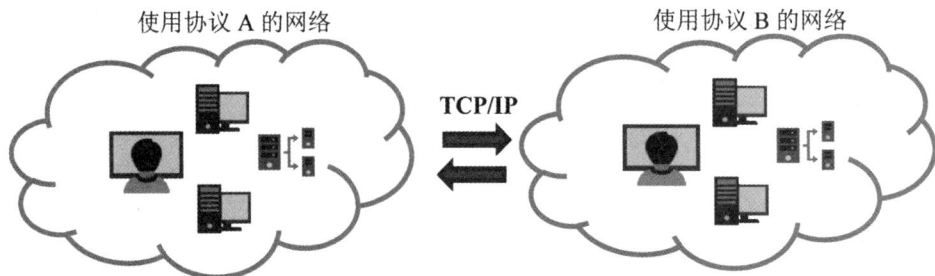

图 11-1　计算机群之间利用 TCP/IP 协议进行通信

为了使不同计算机厂家生产的计算机能够相互通信，以便在更大的范围内建立计算机网络，国际标准化组织(ISO)在1978年提出了"开放系统互联参考模型"，即著名的OSI/RM模型(open system interconnection/reference model)。OSI/RM模型将计算机网络体系结构的通信协议划分为七层，自下而上依次为物理层、数据链路层、网络层、传输层、会话层、表示层、应用层。其中的第四层完成数据传送服务，上面的三层面向用户。除了标准的OSI七层模型以外，常见的网络层次划分方法还有TCP/IP四层模型，它们之间的对应关系如图11-2所示。

TCP/IP协议毫无疑问是互联网的基础协议，没有它根本就不可能上网，任何和互联网有关的操作都离不开TCP/IP协议。TCP/IP协议是最基本的Internet协议，也是Internet国际互联网络的基础，由网络层的IP协议和传输层的TCP协议组成。通俗而言：TCP协议负责发现传输的问题，一有问题就发出信号，要求重新传输，直到所有数据都已安全、正确地传输到目的地，而IP协议负责为网络中的每一台联网设备设定地址。IP层接收由更低层发来的数据包，并把数据包发送到更高层，比如TCP层或UDP层；另外，IP层也会把从TCP层或UDP层接收过来的数据包传送到更低层。IP 数据包是不可靠的，因为 IP 层并没有做任何事情来确认数据包是按顺序发送的并且没有被破坏，IP 数据包中含有发送主机的地址(源地址)和接收主机的地址(目的地址)。TCP 是面向连接的通信协议，需要通过三次握手才能建立连接，通信完成时则需要拆除连接。TCP 协议由于是面向连接的，因此只能用于端到端的通信。TCP 协议提供的是一种可靠的数据流服务，它采用"带重传的肯定确认"技术来实现传输的可靠性。TCP 协议还采用一种称为"滑动窗口"的方式来进行流量控制。

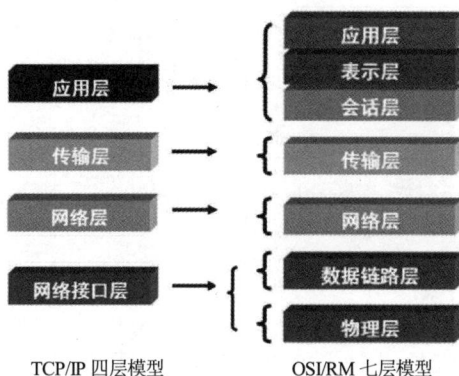

TCP/IP 四层模型　　　　　　OSI/RM 七层模型

图 11-2　TCP/IP 四层模型与 OSI 七层模型的对应关系

11.1.2　超文本标记语言(HTML)

超文本标记语言(hypertext markup language，HTML)是一种用于创建网页的标准标记语言。读者可以使用 HTML 来建立自己的 Web 站点，HTML 标记运行在浏览器中，由浏览器解析。超文本是一种组织信息的方式，可通过超链接将文本中的文字、图表与其他信息媒体关联起来。这些相互关联的信息媒体可能在同一文本中，也可能是其他文件，或是地理位置相距遥远的某台计算机上的文件。这种信息组织方式能够将分布在不同位置的信息资源以随机方式连接起来，为人们查找、检索信息提供方便。

打开一个网页，然后在空白区域右击，从弹出的快捷菜单中选择"查看网页源代码"，浏览器中将弹出网页的 HTML 源代码，如图 11-3 所示。

图 11-3　网页的 HTML 源代码

HTML超文本标记语言可简单理解为某些字句加上标志的语言，从而实现预期的特定效果。网页正是使用这种HTML语言编写出来的。学会一套标记语言，基本上只要明白各种标记的用法，HTML也是如此。HTML的语法格式分为嵌套与非嵌套两类，嵌套格式为<标记>…</标记>，非嵌套格式为<标记>。此外，根据标记的不同，有的标记附带属性，可表示为<标记 属性="参数值">。根据个人需要，可添加或去掉相应的属性标记。

1. 基本框架

和人一样，网页也包括"头部"和"身体"。<head>标记内包含着诸如网页标题、语言编码、网页描述等基本信息，而我们平时真正看到的网页内容则放在<body>标记内。下面首先介绍<head>标记中的基本信息。

- 网页标题，标记格式为<title></title>。
- 网页的标题文本，标记格式为<title>标题文本</title>，网页的标题文本会显示在浏览器的标题栏中。
- 网页的文档信息，标记格式为<meta>。
- 网页的内容类型，标记格式为<meta http-equiv="Content-Type" content="text/html; charset=gb2312">，这表示网页的内容为文本或HTML格式、语言编码方式为GB2312(简体中文)。
- 网页的关键字信息，标记格式为<meta name="keywords" content="这里是关键字">。
- 网页的详细描述，标记格式为meta name="description" content="这里是对网页的介绍">。
- 网页的刷新，标记格式为<meta http-equiv="refresh" content="5;URL=xxx.htm">，这表示5秒后刷新网页并跳转到xxx.html。

2. 组成要素

无论网页如何千变万化，构成网页内容的最基本要素大体只有5种——文字、图片、表格、超链接和表单控件，下面对这5种要素逐一介绍。

1) 文字(标记格式为<font></font>)

指定文字字体：<font face="宋体">宋体文字</font>。

指定文字大小：<font size="3">3号文字</font>。

指定文字颜色：<font color="#FF0000">红色文字</font>。网页颜色采用16位编码，因此#FF0000表现为红色。读者可以查阅相关资料以了解其他颜色的编码。

2) 图片(标记格式为<img>)

例如：

```
<img src="/Files/Pic/2006-9/4/069409563356425.jpg" width="400" height="300" border="2" align="center">
```

其中，src为路径地址，width为宽度，height为高度，border为边框大小，align为横向位置。

3) 表格(标记格式为<table><tr><td></td></tr></table>)

例如：

```
<table width="400" height="300" border="1" align="center" cellpadding="2" cellspacing="2"
    bgcolor="#FF0000"><tr><td>此处添加文字或图片等</td></tr></table>
```

其中，width、height、border、align 的作用与前面介绍的一样，cellpadding 为边框与单元格的间距，cellspacing 为单元格之间的距离，bgcolor 为表格的背景色。

以上介绍的元素都只存在于当前页面中，超链接的出现极大改变了人们的浏览习惯，访客可根据个人喜好，跳转到相关链接并查看网页信息。

4) 超链接(标记格式为<a></a>)

例如：

<a href="xxx.htm" title="提示文字">链接文字或图片</a>

其中，href 为单击后的链接页面，title 为光标悬停在链接文字或图片上时出现的提示文字。

5) 表单控件(标记为<input>、<textarea></textarea>、<select></select>)

表单控件实现了人与网页的交互，大家常去的论坛、购物站点等都有表单控件的"身影"。

- 文本框：<input type="text" value="这是文本框"> 。其中的 value 为控件的值，以下每个表单控件均可设定，不设定的话默认为空。
- 密码框：<input type="password">。
- 单选按钮：<input type="radio">。
- 复选框：<input type="check">。
- 提交按钮：<input type="submit">。
- 重置按钮：<input type="reset">。
- 隐藏区域：<input type="hidden">。
- 文本域：<textarea rows="6" cols="30"></textarea>。其中，rows 为行数，cols 为宽度。
- 列表框：<select><option>项目 1<option>项目 2<option>项目 3</select>。

通过查看 HTML 网页的源代码，可以了解网页的内容和结构，进而根据自己的需求对网页中的数据进行更改、过滤和排版。

11.2　网络爬虫

网络爬虫又名"网络蜘蛛"，它能通过网页中的链接地址来寻找其他网页：从网站上的某个页面开始，读取网页的内容，找到网页中其他的链接地址，然后通过这些链接地址寻找下一个网页，就这样一直循环下去，直至按照某种策略把互联网上所有的网页都抓取完，如图 11-4 所示。

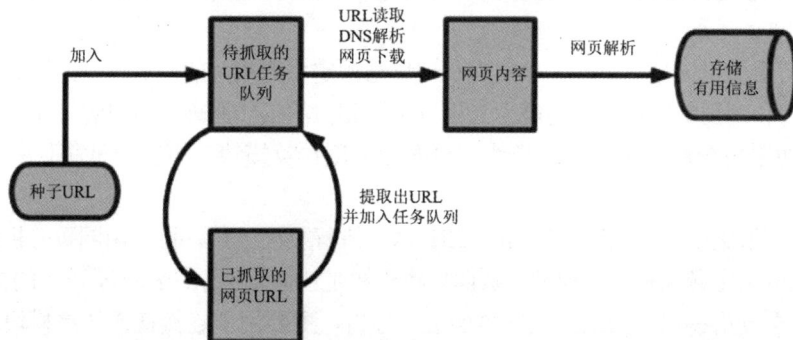

图 11-4　网络爬虫的工作流程

11.2.1 网络爬虫的分类及工作原理

网络爬虫按照系统结构和实现技术，大致可以分为以下几种类型：通用爬虫、主题爬虫和深度爬虫。

1. 通用爬虫

通用爬虫会从预先设定的一个或若干初始种子 URL 开始，以此获得初始网页上的 URL 队列，然后在爬行过程中不断从 URL 队列中获取一个 URL，进而访问并下载相应的页面。页面下载后，页面解析器将去掉页面上的 HTML 标记，从而得到页面的内容，同时将摘要、URL 等信息保存到 Web 数据库中，最后抽取当前页面上新的 URL 并保存到 URL 队列中，直到满足停止条件为止。通用爬虫主要存在以下不足：

- 由于抓取目标是尽可能大的覆盖网络，因此爬行结果中包含大量用户不需要的网页。
- 不能很好地搜索和获取信息含量密集且具有一定结构的数据。
- 通用爬虫的搜索引擎大多采用基于关键字的检索方式，对于支持语义信息的查询和索引要求难以实现。

由此可见，通用爬虫在爬行网页时，无法既保证网页的质量和数量，又保证网页的时效性。

2. 主题爬虫

主题爬虫既不追求高覆盖率，也不全盘接收所有的网页和 URL，而是根据既定的抓取目标，有选择地访问 Internet 上的网页与相关的链接，从而获取所需的信息，这不仅克服了通用爬虫存在的问题，而且返回的数据资源更精确。主题爬虫的基本工作原理是：按照预先确定的主题，分析超链接和刚刚抓取的网页内容，获取下一个将要爬行的 URL，并尽可能保证多爬行与主题相关的网页。为此，主题爬虫需要解决以下关键问题：

- 如何判定已经抓取的网页与主题相关。
- 如何过滤海量的网页中与主题不相关或相关度较低的那些网页。
- 如何有目的、有控制地抓取与特定主题相关的页面信息。
- 如何决定待访问 URL 的访问次序。
- 如何提高主题爬虫的覆盖率。
- 如何协调抓取目标的描述或定义与网页分析算法及候选 URL 排序算法之间的关系。
- 如何寻找和发现高质量的网页和关键资源。高质量的网页和关键资源不仅可以极大提高主题爬虫搜集 Web 页面的效率和质量，而且可以为主题表示模型的优化等应用提供支持。

主题爬虫的目标是尽可能多地发现和搜集与预定主题相关的网页，其最大特点在于具备分析网页内容和判别主题相关度的能力。根据主题爬虫的工作原理，可以设计主题爬虫系统，其主要由页面采集模块、页面分析模块、页面相关度计算模块、页面过滤模块和链接排序模块组成。

- 页面采集模块：根据待访问的 URL 队列进行页面下载，再交由网页分析模型处理以抽取网页主题向量空间模型。页面采集模块是任何爬虫系统都必不可少的模块。
- 页面分析模块：对采集到的页面进行分析，主要用于连接链接排序模块和页面相关度计算模块。

- 页面相关度计算模块：它是整个爬虫系统的核心模块，主要用于评估与主题的相关度，并提供相关的爬行策略以指导爬虫的爬行过程。URL 的超链接评价得分越高，爬行的优先级就越高。背后的主要思想是，在网络爬虫爬行之前，页面相关度计算模块会根据用户输入的关键字和初始文本信息进行学习，训练页面相关度评价模型。当一个被认为与主题相关的页面爬行下来之后，该页面将被送入页面相关度评价器以计算其主题相关度值，若介绍结果大于或等于给定的链接值，该页面就被存入页面库，否则丢弃。
- 页面过滤模块：过滤与主题无关的链接，同时将该链接及其隐含的所有子链接一并去除。通过过滤，爬虫便无须遍历与主题不相关的页面，从而保证了爬行效率。
- 链接排序模块：将过滤后的页面按照优先级的高低加入待访问的 URL 队列中。

3. 深度爬虫

通用爬虫在爬行中无法发现隐藏在普通网页中的信息和规律，缺乏一定的主动性和智能性。比如，需要输入用户名和密码的页面以及包含页码导航的页面均无法爬行。深度爬虫针对通用爬虫的这些不足，对结构进行了改进——增加了表单分析和页面状态保持两部分。可通过分析网页的结构并将其归类为普通网页或存在更多信息的深度网页，来针对深度网页构造合适的表单参数并进行提交，以得到更多的页面。深度爬虫与通用爬虫的区别在于，深度爬虫在下载完页面之后并不立即遍历其中的所有超链接，而是使用一定的算法对它们进行分类，并根据不同的类别采取不同方法计算查询参数，然后将参数再次提交到服务器。如果提交的查询参数正确，那么将会得到隐藏的页面和链接。深度爬虫的目标是尽可能多地访问和收集互联网上的网页，由于深度页面是通过提交表单的方式来访问的，因此爬行深度页面时存在以下难点：

- 深度爬虫需要有高效的算法以应对数量巨大的深度页面数据。
- 很多服务器要求校验表单输入，如用户名、密码、校验码等。如果校验失败，将无法爬取到深度页面数据。
- 需要 JavaScript 等脚本以支持分析客户端深网(deep web)。

11.2.2 使用 Python 访问互联网并编写爬虫代码

Python 的 urllib 内置库主要用于操作网页 URL 并对网页的内容进行抓取处理，urllib 库包含如下 4 个模块。

- urllib.request：打开和读取 URL。
- urllib.error：处理 urllib.request 抛出的异常。
- urllib.parse：解析 URL。
- urllib.robotparser：解析 robots.txt 文件。

如何利用 urllib 库实现网页图片的下载呢？以图 11-5 所示的网页为例，首先查看网页的源代码，如图 11-6 所示，找到图片的下载地址 https://img.zswxy.cn/uploads/images/20180816/1534409812159537.jpg，据此编写如下 Python 代码：

```
1    import urllib.request
2    response=urllib.request.urlopen("https://img.zswxy.cn/uploads/
3                           /images/20180816/1534409812159537.jpg")
4    logo_img=response.read()
```

```
5    with open("1.jpg","wb") as f:
6        f.write(logo_img)
```

图 11-5　示例网页

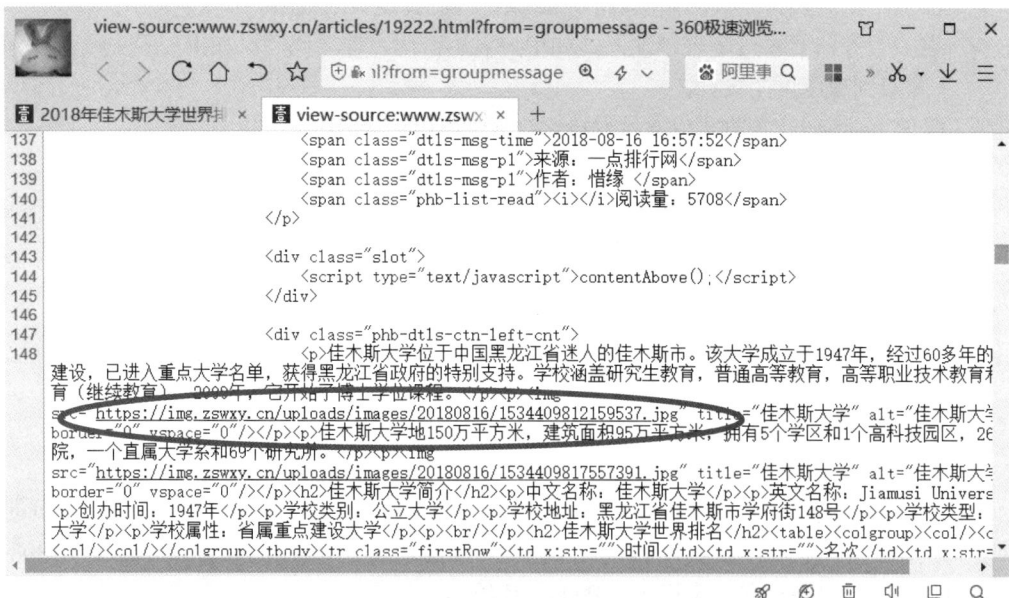

图 11-6　示例网页的源代码

　　执行上述代码后，代码所在的文件夹中将出现 1.jpg 这张图片，如图 11-7 和图 11-8 所示。下面解读一下上述代码，urlopen()方法的参数是一个字符串，返回值是一个文件对象。可以通过 read()方法读取文件的内容，并通过新建 1.jpg 文件来保存 read()方法读取的对象 logo_img。

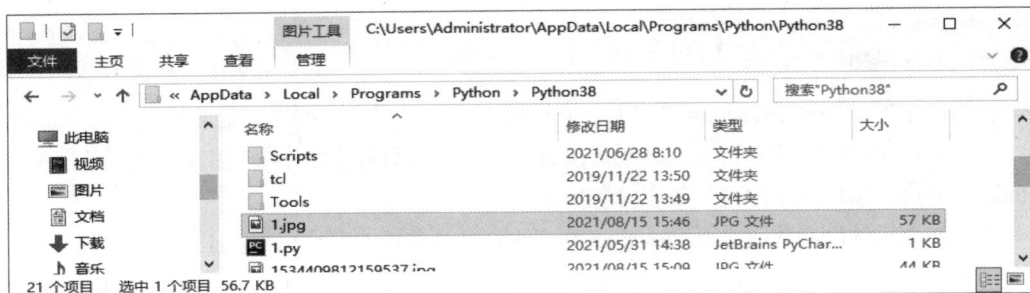

图 11-7　图片所在的文件夹

图 11-8　下载的图片

11.3　requests 库的使用

Python 内置的 urllib 库主要用于访问网络资源，但是 urllib 库使用起来比较麻烦，而且缺少很多实用的高级功能。更好的方案是使用 Python 第三方库 requests，该库对于处理 URL 资源特别方便。requests 库是用 Python 语言编写的基于 urllib 库并采用 Apache 2 Licensed 开源协议的 HTTP 库。相比 urllib 库，requests 库使用起来更加方便，能够完全满足 HTTP 测试需求，建议使用 requests 库。

11.3.1　请求方式

```
1    import requests
2    requests.get(url)
3    requests.post(url)
4    requests.put(url)
5    requests.delete(url)
6    requests.head(url)
7    requests.options(url)
```

1) get 请求的核心代码是 requests.get(url)，具体例子如下：

```
>>> import requests
>>> r=requests.get("https://www.jmsu.edu.cn/")
```

```
>>> print(r)
<Response [200]>
```

打印出来的结果是<Response [200]>。尖括号<>表示这是一个对象，也就是说，这里获取的是一个 Response 对象，200 表示状态码。在 get 方式下，可以把数据请求想象成向服务器喊话："Hello 服务器，请把这个地址的数据给我"。

2) post 请求的核心代码是 requests.post(url, data={请求体的字典})，具体例子如下：

```
>>>import requests
>>>url = 'http://httpbin.org/post'
>>>data = {'name':'jack', 'age':'23'}
>>>response = requests.post(url, data=data)
>>>print(response.text)
```

运行结果：

```
{
  "args": {},
  "data": "",
  "files": {},
  "form": {
    "age": "23",
    "name": "jack"
  },
  "headers": {
    "Accept": "*/*",
    "Accept-Encoding": "gzip, deflate",
    "Content-Length": "16",
    "Content-Type": "application/x-www-form-urlencoded",
    "Host": "httpbin.org",
    "User-Agent": "python-requests/2.26.0",
    "X-Amzn-Trace-Id": "Root=1-6119c367-1293f359690965d17aeaca89"
  },
  "json": null,
  "origin": "111.43.111.44",
  "url": "http://httpbin.org/post"
}
```

3) 获取响应信息。可通过 status_code 获取响应状态码。

```
>>> r = requests.get('http://httpbin.org/get')
>>> r.status_code
200
# requests 库内置了一个状态码查询对象
>>> print(r.status_code == requests.codes.ok)
True
>>> # 如果发生了 4××或 5××类型的错误响应，那么可以使用 raise_for_status()函数抛出异常
>>> bad_r = requests.get('http://httpbin.org/status/404')
>>> bad_r.status_code
404
>>> bad_r.raise_for_status()
```

```
Traceback (most recent call last):
  File "<pyshell#39>", line 1, in <module>
    bad_r.raise_for_status()
  File "C:\Users\Administrator\AppData\Local\Programs\Python\Python38\lib\site-packages\requests\models.py",
line 953, in raise_for_status
    raise HTTPError(http_error_msg, response=self)
requests.exceptions.HTTPError: 404 Client Error: NOT FOUND for url: http://httpbin.org/status/404
>>>     # 如果请求没有发生错误, 那么 raise_for_status()函数将返回 None
```

还可通过 headers 获取响应头。

```
>>> r = requests.get('http://httpbin.org/get')
>>> r.headers
'Date': 'Fri, 20 Dec 2024 03:12:09 GMT', 'Content-Type': 'application/json', 'Content-Length': '305', 'Connection':
'keep-alive', 'Server': 'gunicorn/19.9.0', 'Access-Control-Allow-Origin': '*', 'Access-Control-Allow-Credentials': 'true'}
>>> # 另外, 可以通过任意大小写形式来访问这些响应头字段
>>> r.headers['Content-Type']
'application/json'
```

11.3.2　响应状态码

1 开头状态码: 请求收到, 需要继续进行处理。

2 开头状态码: 操作成功。

3 开头状态码: 表示重定向, 必须做进一步处理。

4 开头状态码: 请求中包含错误语法或操作不能完成。

5 开头状态码: 服务器在处理请求的过程中发生错误。

100——客户必须继续发出请求。

101——客户要求服务器根据请求转换 HTTP 协议版本。

200——请求成功。

201——提示知道新文件的 URL。

202——接受和处理, 但处理未完成。

203——返回的信息不确定或不完整。

204——请求收到, 但返回信息为空。

205——服务器完成请求, 用户代理必须复位当前已经浏览过的文件。

206——服务器已经完成部分用户的 GET 请求。

300——请求的资源可从多处得到。

301——删除请求数据。

302——在其他地址发现了请求数据。

303——建议客户访问其他 URL 或更改访问方式。

304——客户端已经执行了 GET 请求, 但文件未变化。

305——请求的资源只能从服务器指定的地址得到。

306——在 HTTP 前一版本中使用的代码, 在现行版本中已不再使用。

307——请求的资源被临时性删除。

400——客户端发起的请求中存在错误, 如语法错误。

401——请求授权失败，需要进行身份认证。

402——保留有效的 ChargeTo 头响应。

403——服务器虽然理解客户端的请求，但拒绝接收。

404——没有发现文件、查询或 URL。

405——用户在 Request-Line 字段中定义的方法不允许。

406——根据用户发送的 Accept 头，请求资源不可访问。

407——类似于 401 响应状态码，用户必须首先在代理服务器上得到授权。

408——客户端没有在用户指定的时间内完成请求。

409——对于当前资源状态，请求无法完成。

410——服务器上不再有指定的资源且无进一步的参考地址，410 响应状态码不同于 404 响应状态码。如果资源以前有，但现在被永久删除了，那么可以使用 410 响应状态码，这样网站设计人员就可通过 301 响应状态码指定资源的新位置。

411——服务器拒绝用户定义的 Content-Length 属性请求。

412——一个或多个请求头字段在当前请求中发生错误。

413——请求的资源大于服务器允许的大小。

414——请求的资源长于服务器允许的长度。

415——请求的资源不支持项目格式。

416——请求中包含 Range 请求头字段，但当前请求的资源范围内没有 Range 指示值，并且请求中也不包含 If-Range 请求头字段。

417——服务器不满足请求中 Expect 头字段指定的期望值，如果是代理服务器，则可能是下一级服务器不满足要求。

500——服务器内部发生错误，无法完成请求。

501——服务器不支持请求的功能。

502——充当网关或代理的服务器从远程服务器接收到一个无效的请求。

503——服务器过载或处于维护状态，暂停服务。

504——充当网关或代理的服务器未及时从远程服务器获得请求。

505——服务器不支持或拒绝请求行中指定的 HTTP 版本。

11.3.3 简单网络爬虫的通用框架

```
1   import requests
2   def getHTML(url):
3       try:
4           r = requests.get(url)
5           r.raise_for_status()      # 如果返回的响应状态码不是 200，就抛出 HTTPError 异常
6           r.encoding = r.apparent_encoding
7           return r.text
8       except:
9           return "产生异常"
10  if __name__ == "__main__":
11      url = "http://www.baidu.com"
12      print(getHTML(url))
```

【例 11-1】 抓取 logo.png 图片，抓取的图片如图 11-9 所示。

```
1    import requests
2    import os
3    root = "e://";
4    url = " https://lib.jmsu.edu.cn/images/logo.png ";
5    path = root + url.split("/")[-1]
6    try:
7        if not os.path.exists(root):
8            os.mkdir(root);
9        if not os.path.exists(path):
10           r = requests.get(url)
11           r.raise_for_status
12           with open(path,'wb') as f:
13               f.write(r.content)
14               f.close()
15   except:
16       print("爬取失败")
```

图 11-9　抓取的图片

11.4　BeautifulSoup 库的使用

BeautifulSoup 库的最主要功能是从网页抓取数据。BeautifulSoup 库提供了一些简单的、Python 式的函数来处理导航、搜索、修改分析树等。Beautifulsoup 库能通过解析文档为用户提供需要抓取的数据，因为简单，所以不需要写多少代码就可以得到一个完整的应用程序。BeautifulSoup 能自动将输入的文档转换为 Unicode 编码，并将输出的文档转换为 utf-8 编码。不需要考虑编码方式，除非文档没有指定编码方式，但这时 BeautifulSoup 就不能自动识别编码方式了。然后，仅仅说明一下原始编码方式就可以了。BeautifulSoup 已成为和 lxml、html5lib 一样出色的 Python 解析器，它为用户灵活地提供了不同的解析策略。

BeautifulSoup 的最新版本是 BeautifulSoup4，简称 bs4。BeautifulSoup 库在使用前也需要安装，安装方法与其他 Python 第三方库一样。

11.4.1　HTML 文档解析器

BeautifulSoup 不仅支持 Python 标准库中的 HTML 解析器，而且支持一些第三方的解析器，其中之一就是 lxml。推荐使用 lxml 作为解析器，因为效率更高。在 Python 2.7.3 之前的所有 Python 版本以及 Python 3.2.2 之前的 Python 3 版本中，必须安装 lxml 或 html5lib，因为在这些 Python 版本的标准库中，内置的 HTML 解析方法不够稳定。

观察如下代码：

```
1    import requests
```

```
2    from bs4 import BeautifulSoup
3    r = requests.get('https://www.jmsu.edu.cn/')
4    r.encoding = 'utf-8'
5    soup = BeautifulSoup(r.text, 'html.parser')
```

上述代码中的 BeautifulSoup 对象有两个参数：r.text 和 html.parse。r.text 是网页的源代码；html.parse 是 Python 语言自带的解析器，可用于解析 HTML 文档。

表 11-1 列出了一些常用的解析器。

表 11-1　常用的一些解析器

解析器	使用方法	优势	劣势
Python 标准库中的 HTML 解析器	BeautifulSoup(markup, "html.parser")	执行速度适中 文档容错能力强	在 Python 2.7.3 之前的所有 Python 版本以及 Python 3.2.2 之前的 Python 3 版本中，文档容错能力差
lxml HTML 解析器	BeautifulSoup(markup, "lxml")	速度快 文档容错能力强	需要安装 C 语言库
lxml XML 解析器	BeautifulSoup(markup, ["lxml", "xml"]) BeautifulSoup(markup, "xml")	速度快 唯一支持 XML 的解析器	需要安装 C 语言库
html5lib	BeautifulSoup(markup, "html5lib")	具有最好的容错性 以浏览器的方式解析文档 能生成 HTML5 格式的文档	速度慢 不依赖外部扩展

11.4.2　BeautifulSoup 的 4 种对象

BeautifulSoup 能将复杂的 HTML 文档转换成树状结构，其中的每个节点都是 Python 对象，并且所有对象都可以归为 4 种：

- Tag 对象
- NavigableString 对象
- BeautifulSoup 对象
- Comment 对象

1. Tag 对象

通俗来讲，Tag 对象就是 HTML 中的一个个标签。

```
1    import requests
2    import lxml
3    from bs4 import BeautifulSoup
4    r = requests.get('https://www.jmsu.edu.cn/')
5    r.encoding = 'utf-8'
6    soup=BeautifulSoup(r.text, 'lxml')
7    print(soup.meta)              #输出标签对象
8    print(type(soup.meta))        #输出对象的类型
```

```
9      print(soup.meta.name)              #输出标签类型
10     print(soup.meta.attrs)             #输出标签属性字典
11     print(soup.meta['content'])        #输出标签的 content 属性
12     print(soup.meta['http-equiv'])     #输出标签的 http-equiv 属性
```

运行结果：

```
<meta content="IE=9" http-equiv="X-UA-Compatible"/>
<class 'bs4.element.Tag'>
meta
{'http-equiv': 'X-UA-Compatible', 'content': 'IE=9'}
IE=9
X-UA-Compatible
```

2. NavigableString 对象

使用 NavigableString 对象可以遍历字符串，它常用来操作那些包含在标签内的字符串。实际上，我们在解析 HTML 文档时最关心的是标签里面的内容，而不是标签本身。使用 NavigableString 对象可以提取网页信息，例如上面的网页信息就可以通过如下语句来提取：

```
1      soup=BeautifulSoup(r.text,'lxml')
2      print(soup.p.string)
3      print(soup.li.string)
4      print(soup.h1.string)
```

运行结果：

```
欢迎访问佳木斯大学！
首页
校园快讯
```

3. BeautifulSoup 对象

BeautifulSoup 对象表示整个文档，它可以看作文档树的根节点或顶节点，文档中的所有标签及内容都是其后代节点。通常情况下，系统都是从 BeautifulSoup 对象开始向下搜索或遍历文档树的。

4. Comment 对象

以上三种对象几乎覆盖了 HTML 文档的所有内容，但还是有一些特殊对象可能出现在文档中却不属于以上三者，那就是文档的注释。这些注释可以用 Comment 对象来处理，由于价值不大，因此它们并不是很重要。

例如：

```
>>>newsoup=BeautifulSoup("<b><!—This is a comment--></b><p>This is not a comment</p>",'html.parser')
>>> newsoup.b.string
'This is a comment'
>>> type(newsoup.b.string)
<class 'bs4.element.Comment'>
>>> newsoup.p.string
'This is not a comment'
```

```
>>> type(newsoup.p.string)
<class 'bs4.element.NavigableString'>
```

11.4.3 文档树的遍历

HTML 文档可以映射为一棵树，文档中的标签可以认为是树的各个节点，有了这种结构，我们就可以对文档树进行遍历访问了。我们可以使用 Tag 对象提供的若干属性对文档树自上而下或自下而上地进行遍历解析。

BeautifulSoup 对象的创建代码如下：

```
>>> from bs4 import BeautifulSoup
>>> html='''<html><head><title>欢迎登录 HTML 网站首页</title></head>
<body>
    <table border="1" align="center">
      <tr align="center" valign="middle">
        <td width="150" height="40"><b><font color="red">基础学习知识</font></b></td>
        <td width="150" height="40"><b><font color="red">学习教程</font></b></td>
        <td width="150" height="40"><b><font color="red">在线书籍阅读</font></b></td>
        <td width="150" height="40"><b><font color="red">练习基地</font></b></td>
      </tr>
      <tr align="center" valign="middle">
        <td width="150" height="40"><b><font color="red">代码大全</font></b></td>
        <td width="150" height="40"><b><font color="red">最新文章</font></b></td>
        <td width="150" height="40"><b><font color="red">视频教程</font></b></td>
        <td width="150" height="40"><b><font color="red">技术博客</font></b></td>
      </tr>
    </table>
  </body>
</html>'''
>>> soup = BeautifulSoup(html,'html.parser')
```

1）通过标签的名称获得 Tag 对象。

```
>>> print(soup.head)
<head><title>欢迎登录 HTML 网站首页</title></head>
>>> print(soup.title)
<title>欢迎登录 HTML 网站首页</title>
>>> soup.find_all("td")
[<td height="40" width="150"><b><font color="red">基础学习知识</font></b></td>, <td height="40"
width="150"><b><font color="red">学习教程</font></b></td>, <td height="40" width="150"><b><font color="red">
在线书籍阅读</font></b></td>, <td height="40" width="150"><b><font color="red">练习基地</font></b></td>, <td
height="40" width="150"><b><font color="red">代码大全</font></b></td>, <td height="40" width="150"><b><font
color="red">最新文章</font></b></td>, <td height="40" width="150"><b><font color="red">视频教程</font></b>
</td>, <td height="40" width="150"><b><font color="red">技术博客</font></b></td>]
```

2）通过 contents 属性将 Tag 对象的子节点以列表的方式返回。

```
>>> soup.tr.contents
['\n', <td height="40" width="150"><b><font color="red">基础学习知识</font></b></td>, '\n', <td height="40"
width="150"><b><font color="red">学习教程</font></b></td>, '\n', <td height="40" width="150"><b><font
```

```
color="red">在线书籍阅读</font></b></td>, '\n', <td height="40" width="150"><b><font color="red">练习基地
</font></b></td>, '\n']
>>> soup.tr.contents[1]
<td height="40" width="150"><b><font color="red">基础学习知识</font></b></td>
```

3) 通过 children 属性对子节点进行循环。

```
>>> tr_tag=soup.tr.contents[1]
>>> for child in tr_tag.children:
        print(child)
<b><font color="red">基础学习知识</font></b>
```

4) 不论是 contents 属性还是 children 属性，它们都返回直接子节点，而通过 descendants 属性可以对所有标签的子孙节点进行递归循环。

```
>>> for child in tr_tag.descendants:
        print(child)
<b><font color="red">基础学习知识</font></b>
<font color="red">基础学习知识</font>
基础学习知识
```

5) 通过 parent 属性获得指定元素的所有父节点。

```
for parent in soup.td.parents:
    if parent is None:
            print(parent)
    else:
            print(parent.name)
tr
table
body
html
[document]
```

6) 兄弟节点。

```
>>> print(soup.title.prettify())
<title>
 欢迎登录 HTML 网站首页
</title>
>>> soup.head.next_sibling
'\n'
>>> soup.head.previous_sibling
'\n'
```

7) 回退与前进。

```
>>> soup.title.next_element
'欢迎登录 HTML 网站首页'
>>> soup.title.previous_element
<head><title>欢迎登录 HTML 网站首页</title></head>
```

11.5 爬虫技术应用实例

天气变化对我们的工作和生活影响很大，我们几乎每天都要关注天气。中国天气网(参见图 11-10)会权威发布天气预报，提供天气预报一周查询、天气预报 15 天查询、天气预报 40 天查询、空气质量、生活指数、旅游出行、交通天气等查询服务。我们可以从中国天气网查看自己所在地区的天气情况，了解气温变化。接下来我们就使用所学的爬虫技术抓取最近 7 天自己所在地区的最高气温和最低气温，如图 11-11 所示。

图 11-10　中国天气网

图 11-11　查询本地天气

为此，我们首先需要获取本地气象信息的网址 http://www.weather.com.cn/weather/101050401.shtml，以便分析源码并获取其中的数据。为了使程序结构清晰，我们可以对代码进行拆分，将网页抓取代码、网页内容分析与抽取代码、CSV 文件生成代码等定义成独立的函数，由主程序进行调用。

程序的开头需要导入一些库，其中：BeautifulSoup 库用来代替以正则方式获取源码中相应标签里的内容；requests 库用来抓取网页的 HTML 源代码；csv 库用于将数据写入 CSV 文件中；random 库用于随机数和时间方面的相关操作；socket 库和 http.client 库在这里只用于异常处理。

```
1    # coding:UTF-8
2    from bs4 import BeautifulSoup
3    import requests
4    import csv
5    import random
6    import time
7    import socket
8    import http.client
```

定义 html_get_content()函数以获取网页的 HTML 标记。其中，timeout 是设定的超时时间，这里设置为随机数是为了防止被网站认定为网络爬虫。接下来，通过 requests.get 方法获取网页的源代码，rep.encoding = 'utf-8'表示将源代码的编码格式改为 utf-8。

```
1    def html_get_content(url , data = None):
2    header={
3        'Accept':'text/html,application/xhtml+xml,application/xml;q=0.9,image/webp,*/*;q=0.8',
4        'Accept-Encoding': 'gzip, deflate, sdch',
5        'Accept-Language': 'zh-CN,zh;q=0.8',
6        'Connection': 'keep-alive',
7        'User-Agent': 'Mozilla/5.0 (Windows NT 6.3; WOW64) AppleWebKit/537.36(KHTML,
8                    \like Gecko) Chrome/43.0.235'
9        }
10   timeout = random.choice(range(80, 180))    #设定超时时间
11   while True:
12       try:
13           rep = requests.get(url,headers = header,timeout = timeout)
14           rep.encoding = 'utf-8'        #不改的话，源代码中的中文会变成乱码
15           break
16       cxccpt socket.timeout as e:
17           print( '3:', e)
18           time.sleep(random.choice(range(8,15)))
19       except socket.error as e:
20           print( '4:', e)
21           time.sleep(random.choice(range(20, 60)))
22       except http.client.BadStatusLine as e:
23           print( '5:', e)
24           time.sleep(random.choice(range(30, 80)))
25       except http.client.IncompleteRead as e:
26           print( '6:', e)
27           time.sleep(random.choice(range(5, 15)))
28   return rep.text
```

定义 html_get_data()函数，使用 BeautifulSoup 获取 HTML 标记中我们所需的字段。查看网页的源代码，找到所需字段的相应位置，我们需要的字段都在 id=7d 的 div 元素的 ul 部分。其中，日期在每个 li 元素的 h1 标题中，天气状况在每个 li 元素的第一个 p 标签内，最高温度和

最低温度在每个 li 元素的 span 和 i 标签中。

```
1    def html_get_data(html_text):
2        final = []
3        bs = BeautifulSoup(html_text, "html.parser")              # 创建 BeautifulSoup 对象
4        body = bs.body                                            # 获取 body 部分
5        data = body.find('div', {'id': '7d'})                     # 找到 id 为 7d 的 div 元素
6        ul = data.find('ul')                                      # 获取 ul 部分
7        li = ul.find_all('li')                                    # 获取所有的 li 元素
8        for day in li:                                            # 对每个 li 元素的内容进行遍历
9            temp = []
10           date = day.find('h1').string                         # 找到日期
11           temp.append(date)                                    # 添加到 temp 中
12           inf = day.find_all('p')                              # 找到 li 元素的所有 p 标签
13           temp.append(inf[0].string,)    # 将第一个 p 标签中的内容(天气状况)添加到 temp 中
14           """天气预报可能没有当天的最高气温(到了傍晚，就是这样)，需要添加一条判断语句以
15           输出最低气温"""
16           if inf[1].find('span') is None:
17               temperature_highest = None
18           else:
19               temperature_highest = inf[1].find('span').string        # 找到最高气温
20               temperature_highest = temperature_highest.replace('°C', '')
21           """到了晚上网站会变，最高温度的后面也有°C"""
22           temperature_lowest = inf[1].find('i').string         # 找到最低气温
23           temperature_lowest = temperature_lowest.replace('°C', '')
24           """最低温度的后面有°C，请去掉这个符号"""
25           temp.append(temperature_highest)                     # 将最高气温添加到 temp 中
26           temp.append(temperature_lowest)                      # 将最低气温添加到 temp 中
27           final.append(temp)                                   # 将 temp 添加到 final 中
28       return fina
```

定义 html_write_data() 函数，将数据抓取出来并将它们写入 CSV 文件。

```
1    def html_write_data(data, name):
2        file_name = name
3        with open(file_name, 'a', errors='ignore', newline='') as t:
4            t_csv = csv.writer(f)
5            t_csv.writerows(data)
```

主函数中的部分代码如下：

```
1    if __name__ == '__main__':
2        url = 'http://www.weather.com.cn/weather/101050401.shtml'
3        html = html_get_content(url)
4        result = html_get_data(html)
5        html_write_data(result, 'jms_weather.csv')
```

将代码写入文件，运行文件后，结果如图 11-12 所示，系统将生成文件 jms_weather.csv，其中的内容如图 11-13 所示。

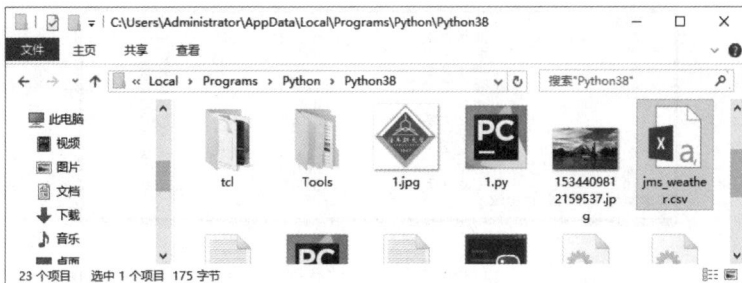

图 11-12　生成的 jms_weather.csv 文件

	A	B	C	D	E	F
1	17日（今天）	晴	28	15		
2	18日（明天）	晴	29	16		
3	19日（后天）	晴	30	19		
4	20日（周五）	多云	30	19		
5	21日（周六）	多云	28	19		
6	22日（周日）	小雨	24	17		
7	23日（周一）	小雨转多云	27	18		
8						

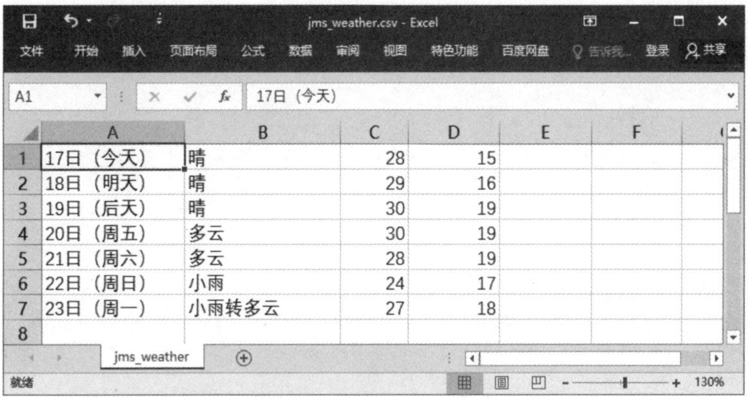

图 11-13　jms_weather.csv 文件中的内容

11.6 习题

编程题

首先从目标 URL 中提取有用的信息，然后分析所给网页的信息，最后根据内容截取信息并打印输出。URL 为 https://www.shanghairanking.cn/api/pub/v1/bcur?bcur_type=11&year=2021，网页内容如图 11-14 所示，打印结果如图 11-15 所示。

{"code":200,"msg":"success","data":{"rankings":[{"univUp":"tsinghua-university","univLogo":"logo/27532357.png","univNameCn":"清华大学","univNameEn":"Tsinghua University","inbound":false,"liked":false,"univLikeCount":266,"univTags":["一流大学A类","985","211"],"univNameRemark":"","univCategory":"综合","province":"北京","score":969.2,"ranking":"1","rankChange":0,"rankOverall":"1","indData":{"159":"37.9","160":"74.3","161":"39.4","162":"48.7","163":"343.0","164":"88.0","165":"37.9","166":"90.8","167":"129.1","168":"80.1"}},{"univUp":"peking-university","univLogo":"logo/86350223.png","univNameCn":"北京大学","univNameEn":"Peking University","inbound":false,"liked":false,"univLikeCount":228,"univTags":["一流大学A类","985","211"],"univNameRemark":"","univCategory":"综合","province":"北京","score":855.3,"ranking":"2","rankChange":0,"rankOverall":"2","indData":{"159":"36.1","160":"72.9","161":"25.9","162":"49.2","163":"315.7","164":"88.0","165":"12.8","166":"92.6","167":"102.9","168":"59.2"}},{"univUp":"zhejiang-university","univLogo":"logo/88311656.png","univNameCn":"浙江大学","univNameEn":"Zhejiang University","inbound":false,"liked":false,"univLikeCount":230,"univTags":["一流大学A类","985","211"],"univNameRemark":"","univCategory":"综合","province":"浙江","score":768.7,"ranking":"3","rankChange":0,"rankOverall":"3","indData":{"159":"34.3","160":"65.4","161":"21.8","162":"47.7","163":"285.7","164":"91.4","165":"32.2","166":"67.7","167":"79.4","168":"42.9"}},{"univUp":"shanghai-jiao-tong-university","univLogo":"logo/27403919.png","univNameCn":"上海交通大学","univNameEn":"Shanghai Jiao Tong University","inbound":true,"liked":false,"univLikeCount":183,"univTags":["一流大学A类","985","211"],"univNameRemark":"","univCategory":"综合","province":"上海","score":723.4,"ranking":"4","rankChange":0,"rankOverall":"4","indData":

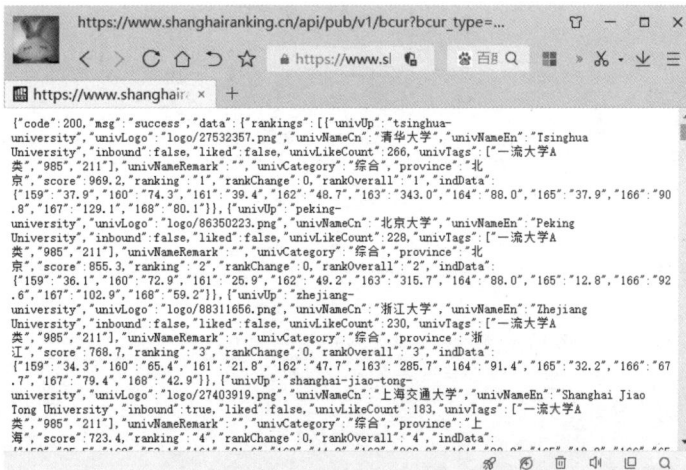

图 11-14　网页内容

```
排名          学校              总分          类型
1            清华大学          969.2         综合
2            北京大学          855.3         综合
3            浙江大学          768.7         综合
4            上海交通大学      723.4         综合
5            南京大学          654.8         综合
6            复旦大学          649.7         综合
7            中国科学技术大学  577           理工
8            华中科技大学      574.3         综合
9            武汉大学          567.9    |    综合
10           西安交通大学      537.9         综合
您需要按大学名称查询吗？(Y, N):
```

图 11-15　打印结果

第 12 章

Python计算生态

学习目标

- 理解计算思维的概念及特征。
- 掌握计算生态的概念及常用内置函数。
- 理解标准库是如何导入的并掌握 3 个常用的标准库。
- 理解第三方库的概念。
- 掌握第三方库的安装及导入。

学习重点

掌握计算思维和计算生态的概念及特征、常用内置函数以及三个常用标准库。

学习难点

常用内置函数的用法，turtle、random、math 三个标准库的应用。

知识导图

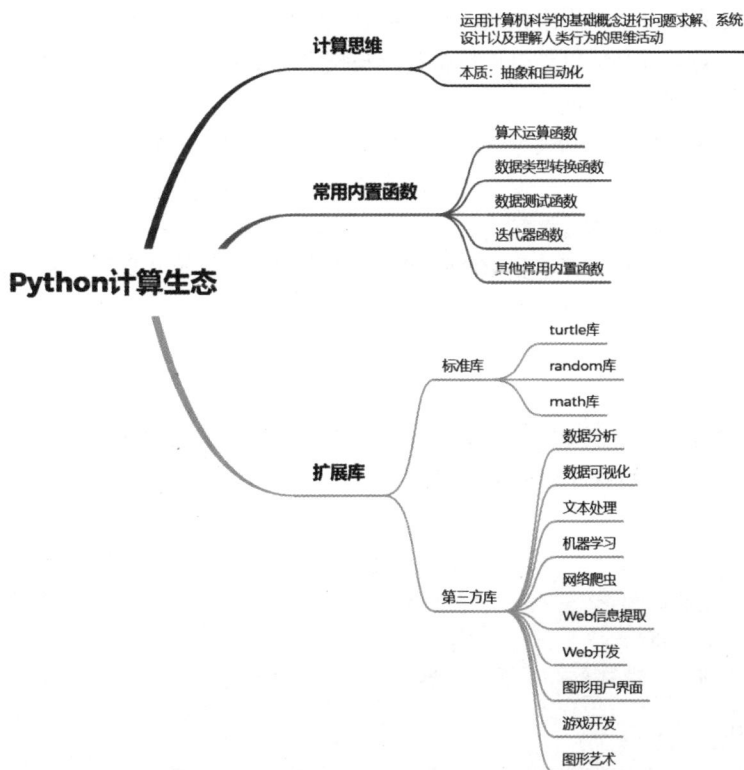

12.1 计算思维

2006年3月，美国卡内基·梅隆大学计算机科学系主任周以真教授在美国计算机权威期刊 *Communications of the ACM* 杂志上提出并定义了计算思维(computational thinking)的概念。周教授认为：计算思维是运用计算机科学的基础概念进行问题求解、系统设计以及理解人类行为的思维活动。计算思维的本质是抽象(abstraction)和自动化(automation)。

人类在认识和改造世界的过程中表现出三种基本的思维特征：

- 以实验和验证为特征的实证思维，以物理学科为代表。
- 以推理和演绎为特征的逻辑思维，以数学学科为代表。
- 以设计和构造为特征的计算思维，以计算机学科为代表。

计算思维采用"抽象实际问题的计算特性，利用计算机求解"的问题解决思路。

计算思维并非天生就清晰存在，人类在探索世界的数千年中仅有十分"朦胧"的计算概念。即使是1946年第一台通用计算机ENIAC的诞生，也没有让人类对计算有重新认识，更难从思维角度理解和认识计算。然而，随后计算机技术的快速发展改变了人类的认知。摩尔定律和网络技术在极短时间内让计算机以极低的成本走进人类日常生活及传统行业，并通过信息化改造大幅提升了效率，显著的变化让人类意识到计算机的强大力量。人类已经开始依赖计算机带来的强大计算能力，思维方式也在逐渐演变。2006年，周以真教授深刻阐述了计算思维的概念。可以看出，计算思维是计算机科学发展到一定程度才提出的，是人类逐渐意识到计算机解决问题的强大能力后自然产生的思维模式，具有显著的时代特征。从内涵角度讲，以"抽象和自动化"为特点的计算思维必然以当今计算机科学与技术的发展为前提，因而对计算思维的认识也要与计算机科学发展阶段相适应。

下面通过一道题目来帮助大家理解计算思维。要想计算从1至正整数N的等差数列的和，该怎么做呢？

问题：$S = 1+2+3+\cdots+N$。

数学家高斯小时候在计算1到100的和时，思考出著名的等差数列求和公式，采用数学公式可以快速求出结果，这是典型的逻辑思维。

公式：$S = \dfrac{N(1+N)}{2}$ $(N > 0)$

那么，在计算思维下该如何思考呢？在计算思维下，应首先抽象求和过程，这个过程表现为整数的累加；然后通过程序自动执行这个过程。具体来说，计算思维通过循环累加获得结果。

参考代码：

```
1    sum = 0
2    for i in range(1, 101):
3        sum = sum + i
4    print(sum)
```

运行结果：

```
5050
```

计算思维如果只用一句话来形容的话，那就是：计算思维是利用计算机求解问题的一种思维方式。

12.2 Python 计算生态的形成

Python 从 2.0 版本开始，近二十多年的开源运动产生了各信息技术领域大量可重用的资源，它们直接强有力地支撑起了信息技术远超其他技术领域的发展速度，形成了独有的 Python 计算生态。

Python 作为一门开源语言，在诞生之初就致力于开源开放，而且由于 Python 具有非常简单灵活的编程方式，很多采用 C、C++等语言编写的标准库经过简单的接口封装后，就可以供 Python 程序调用。正因为其胶水特性，Python 迅速建立起全球最大的编程语言开放社区，到目前为止，Python 已有 30 多万个第三方库，形成强大的计算生态。

Python 提供了第三方库的索引功能(Python package index，PyPI)，网址为 https://pypi.org/。

Python 库由模块和包构成，如图 12-1 所示。

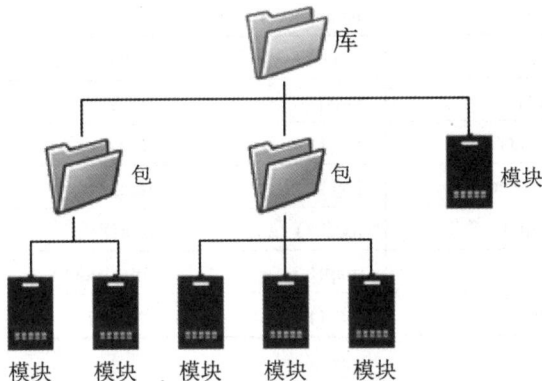

图 12-1 Python 库的结构

- 库：库是特定功能集合的通俗"名称"。库中包含一些模块和包，可通过 import 语句导入。Python 库分为三种，分别是标准库、第三方库和用户自定义库。标准库已与 Python 解释器一起安装到系统中，第三方库则需要额外安装到系统中。
- 模块：一个完整的 Python 文件就是一个模块，模块既是一切库的基础单元，也是 Python 语法元素。模块是单独的.py 文件，模块名就是文件名，一个模块中可以引入其他模块，并由对应的 Python 语法约束和管理。
- 包：包由一组模块构成，这种有层次的文件目录结构定义了由模块和子包组成的 Python 应用程序执行环境。

12.3 Python 内置函数

一部分 Python 计算生态已随 Python 安装程序一起发布，不需要额外导入任何模块即可直接使用，这部分计算生态被称为 Python 标准库。受限于 Python 安装包的设定大小，Python 标准库的数量不是很多，只有 270 个左右。部分 Python 标准库由 PSF 组织(Python 软件基金会)维护，但大部分 Python 标准库仍然由最初的开发者维护。Python 标准库保存在 Python 安装目录的 Lib 子目录下。

这些内置对象都被封装在内置模块＿builtins＿中，推荐优先使用。Python 3.8.7 提供了 69 个内置函数，如表 12-1 所示。使用内置函数 dir()可以查看所有的内置函数和内置对象：

>>> dir(＿builtins＿)

表 12-1　Python 内置函数

abs()	delattr()	hash()	memoryview()	set()
all()	dict()	help()	min()	setattr()
any()	dir()	hex()	next()	slice()
ascii()	divmod()	id()	object()	sorted()
bin()	enumerate()	input()	oct()	staticmethod()
bool()	eval()	int()	open()	str()
breakpoint()	exec()	isinstance()	ord()	sum()
bytearray()	filter()	issubclass()	pow()	super()
bytes()	float()	iter()	print()	tuple()
callable()	format()	len()	property()	type()
chr()	frozenset()	list()	range()	vars()
classmethod()	getattr()	locals()	repr()	zip()
compile()	globals()	map()	reversed()	＿import＿()
complex()	hasattr()	max()	round()	

为了帮助初学者更好地学习 Python 函数，Python 支持初学者使用 help(函数名)查看某个具体函数的用法，例如 help('abs')。

```
>>> help(abs)
Help on built-in function abs in module builtins:

abs(x, /)
    Return the absolute value of the argument.
```

12.3.1　算术运算函数

Python 提供了若干用于算术运算的内置函数，如表 12-2 所示。

表 12-2　算术运算函数

函数	功能	示例	结果
abs(x)	返回数值 x 的绝对值	abs(−1.5) abs(−10)	1.5 10

(续表)

函数	功能	示例	结果
divmod(*a*, *b*)	返回 *a* 除以 *b* 的商和余数	divmod(27, 6)	(4, 3)
pow(*x*, *y*[,*z*])	返回 *x* 的 *y* 次幂，如果指定了 *z*，则返回 pow(*x*, *y*) % *z* 的值	pow(2, 3)	8
		pow(2, 3, 3)	2
round(number[,*n*digits])	进行四舍五入取整，如果指定了 *n*digits，则保留 *n* 位小数	round(12.8)	13
		round(1278.843, −2)	1300.0
sum(iterable[,start])	对组合数据计算求和	sum([1,2,3,4,5])	15
max(a1,a2,…)	返回参数的最大值	max(1,2,3,4,5)	5
min(a1,a2,…)	返回参数的最小值	mix(1,2,3,4,5)	1

12.3.2　数据类型转换函数

数据类型转换函数的功能是将一种类型的数据转换成另一种类型，如表 12-3 所示。

表 12-3　数据类型转换函数

类型	函数	功能	示例	结果
进制转换	bin(number)	将整数转换为二进制字符串	bin(5)	'0b101'
	oct(number)	将整数转换为八进制字符串	oct(9)	'0o11'
	hex(number)	将整数转换为十六进制字符串	hex(20)	'0x14'
数值转换	int(x, base=10)	将 x 转换成整数，base 默认为十进制。如果 base 为零，那么表示整数文本	int(10.6)	10
			int('0xaf',0)	175
	float(x)	将 x 转换成浮点数	float(2021)	2021.0
数据类型转换	str(x)	创建或将变量 x 转换为等值的字符串	str(10)	'10'
			str(0x1010)	'4112'
			str([1,2,3])	'[1, 2, 3]'
	list(x)	创建或将变量 x 转换成列表	list("abc")	['a', 'b', 'c']
	tuple(x)	创建或将变量 x 转换成元组	tuple({'a': 97, 'b': 98})	('a', 'b')
	dict(x)	创建或将变量 x 转换成字典	dict([('a',97),('b',98)])	{'a': 97, 'b': 98}
	set(x)	创建或将变量 x 转换成集合	set([1,3,4,3,1])	{1, 3, 4}
	eval(s)	计算字符串表达式 s 的值	eval("3+4")	7
字符转换	ord(c)	返回单个字符的 Unicode 编码	ord('a')	97
	chr(i)	返回 Unicode 编码对应的字符	chr(97)	'a'

12.3.3　数据测试函数

在数据处理过程中，有时需要了解所操作对象的状态，我们可以使用数据测试函数来测试数据的类型及其是否存在，如表 12-4 所示。

表 12-4　数据测试函数

函数	功能	示例	结果
type(x)	返回变量 x 的数据类型	type("abc")	\<class 'str'\>
all(x)	当变量 x 中的所有元素都为真时返回 True，否则返回 False，x 为空时也返回 True	all(['a', 'b', 'c', 'd']) all(['', 'b', 'c', 'd'])	True False
any(x)	当变量 x 中的任意一个元素都为真时返回 True，否则返回 False，x 为空时也返回 False	any(['', 'b', 0, None]) any(['', {}, 0, None])	True False
isinstance(obj, classinfo)	判断一个对象是否为已知类型，返回逻辑值，classinfo 可以是类或元组	isinstance('a', str) isinstance('a', int) isinstance(['奋斗'], (int, tuple))	True False False

12.3.4　迭代器函数

可循环迭代的具有 __iter__ 方法的对象称为可迭代对象，如字符串、列表、元组、字典、集合等。有些可迭代对象能通过 __iter__ 方法产生迭代器，迭代器具有 __iter__ 和 __next__ 方法。Python 语言提供了若干迭代器函数，如表 12-5 所示。

表 12-5　迭代器函数

函　　数	功　　能
enumerate(iterable[,start=0])	将一个可遍历的数据对象(如列表、元组或字符串)组合为索引序列，并返回元素为元组(计数,数据)的可迭代对象，计数默认从 0 开始
filter(function, iterable)	返回一个迭代器并产生那些 function(item)为真的可迭代项
map(func, *iterables)	根据提供的函数对指定的序列进行映射
zip(*iterables)	把多个可迭代对象中的元素压缩到一起，返回一个可迭代的 zip 对象，在产生的 zip 对象中，元素的个数以最短的可迭代对象为准

【例 12-1】enumerate()函数的应用实例。

```
>>> 季节 = ["春天", "夏天", "秋天", "冬天"]
>>> list(enumerate(季节))                          # 下标从默认值 0 开始
[(0, '春天'), (1, '夏天'), (2, '秋天'), (3, '冬天')]
>>> list(enumerate(季节, start=1))                  # 下标从 1 开始
[(1, '春天'), (2, '夏天'), (3, '秋天'), (4, '冬天')]
>>> seq = ['one', 'two', 'three']
>>> for i, element in enumerate(seq):              # 使用 for 循环进行输出
        print(i, element)

0 one
1 two
2 three
```

【例 12-2】filter()函数的应用实例。

```
>>> # 过滤列表中所有的偶数
>>> def is_even(n):
        return n % 2 == 0

>>> newlist = filter(is_even, [1,2,3,4,5,6,7,8,9,10])
>>> print(list(newlist))
[2, 4, 6, 8, 10]
```

【例 12-3】map()函数的应用实例。

```
>>> def square(x):                              # 计算平方数
    return x ** 2

>>> map(square, [1,2,3,4,5])                    # 计算列表中各个元素的平方
<map object at 0x0000000002CFEEE0>              # 返回迭代器
>>> list(map(square, [1,2,3,4,5]))              # 使用 list()转换为列表
[1, 4, 9, 16, 25]
>>> list(map(lambda x: x ** 2, [1, 2, 3, 4, 5]))  # 使用 lambda 匿名函数
[1, 4, 9, 16, 25]
>>> for i in map(square, [1,2,3,4,5]):          # 使用 for 循环进行输出
        print(i, end=" ")

1 4 9 16 25
>>> # 使用 map()函数对用户输入的三位数分别求百位、十位和个位上的数。
>>> x = input("请输入一个三位数：")
请输入一个三位数：326
>>> b,s,g = map(int, x)                         # 变量 x 中存储的是字符串
>>> print("百位上的数为：{}，十位上的数为{}，个位上的数为{}".format(b, s, g))
百位上的数为 3，十位上的数为 2，个位上的数为 6
```

【例 12-4】zip()函数的应用实例。

```
>>> list(zip("abc"))            # 使用 list()转换为列表
[('a',), ('b',), ('c',)]
>>> list(zip('abc', [1, 2, 3]))  # 将字符串和一个列表压缩成以元组为元素的另一个列表
[('a', 1), ('b', 2), ('c', 3)]
>>> x = zip('1234', 'abcde')    # 将 zip 对象赋值给变量 x
>>> list(x)                     # 将 zip 对象转换成列表
[('1', 'a'), ('2', 'b'), ('3', 'c'), ('4', 'd')]
>>> list(x)                     # zip 对象只能遍历一次
[]
>>> a = 'abcdef'
>>> b = [1,2,3,4]
>>> for i in zip(a, b):         # 使用 for 循环进行输出
        print(i, end=',')

('a', 1),('b', 2),('c', 3),('d', 4),
```

12.3.5 其他常用内置函数

Python 中常用的其他内置函数如表 12-6 所示。

表 12-6 其他常用内置函数

函数	功能	实例	结果
len(x)	返回 x 中元素的个数	len("abc") len(["钱学森", "华罗庚", "邓稼先", "袁隆平"])	3 4
format(v, format_spec=")	将 v 转换为指定格式的字符串	format(10.3476, "7.3f")	'10.348'
id(obj)	返回对象的唯一标识符,标识符是一个整数,表示内存地址	id('abc')	2087020838384
input(s)	获取用户输入,其中 s 是字符串,作为提示信息,s 可选	mfd = input("民法典实施日期:") 民法典实施日期:2021-1-1	'2021-1-1'
print(value, sep=' ', end='\n')	将单值或多值打印输出	print("jmsu", "edu", "cn", sep='.')	jmsu.edu.cn
open(file,mode='r', encoding=None)	打开文本文件并返回一个文件对象	open(r"c:\text1.txt","r", encoding="utf-8")	文件对象
range(start, stop[, step])	从 start 开始到 stop(不包含)结束,以 step 为步长产生一个序列	list(range(5)) list(range(1, 5)) list(range(1, 10, 3))	[0, 1, 2, 3, 4] [1, 2, 3, 4] [1, 4, 7]
reversed(seq)	返回序列 seq 的逆序迭代形式	list(reversed([1,2,3,4,5])) list(reversed("abc"))	[5, 4, 3, 2, 1] ['c', 'b', 'a']
sorted(iterable, key=None, reverse=False)	对序列进行排序,默认从小到大排列	sorted([1,3,5,2,4])	[1, 2, 3, 4, 5]

12.4 Python 标准库

Python 标准库非常庞大,涉及范围十分广泛,Python 程序员必须依靠它们来实现系统级功能,例如文件 I/O,此外还有大量用 Python 编写的模块,它们提供了日常编程中许多问题的标准解决方案。

在 Python 语言中,常用的标准库有 turtle 绘图库、random 随机数库、math 数学库、time 时间库、datetime 日期时间库等,下面以前三个标准库为例进行介绍。

12.4.1 turtle 绘图库

turtle 是 Python 语言的基础绘图库。利用 turtle 绘图库,Python 程序员既可以进行简单绘图,也可以绘制复杂图形。turtle 的中文含义为"*海龟*"，想象一只海龟位于显示器上画布的正中心，它在画布上游走的轨迹就形成了绘制的图形。在这里，海龟的游走是由程序控制的，它可以变换颜色、改变大小(宽度)等。通过官方中文手册，我们可以获得更多方法的说明，详见 https://docs.python.org/zh-cn/3/library/turtle.html。

使用 turtle 库绘制图形时，首先需要通过 import 语句导入 turtle 库，方式有两种。

方式一：

```
>>> import turtle              # 导入 turtle 库
>>> turtle.circle(100)        # 调用 turtle 库中用于绘制圆的 circle 方法
```

方式二：

```
>>> import turtle as t        # 导入 turtle 库并以别名 t 代替
>>> t.circle(100)             # 使用别名 t 调用 turtle 库中的方法
```

调用完 circle 方法后，系统将显示 turtle 图形窗口，如图 12-2 所示。

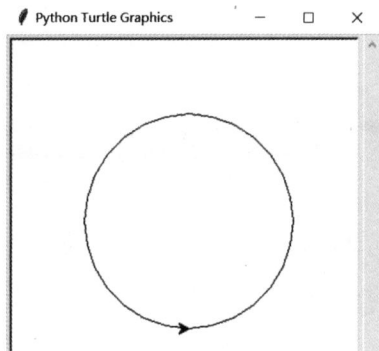

图 12-2　turtle 图形窗口

turtle 库中包含 100 多个方法，主要分为窗体设置方法、画笔状态方法、画笔运动方法和画笔控制方法四大类。

1. 窗体设置方法

在 turtle 库中，绘图窗体的默认大小为 400×300 像素。如果对绘图窗体有要求，那么可以自行设置绘图窗体的大小及位置。我们可以通过 setup() 和 screensize() 两个方法来进行设置，它们的语法格式如下。

```
turtle.setup(width, height[, startx, starty])
turtle.screensize(width, height, bgcolor)
```

功能说明：

使用 turtle 库中的 setup 方法可以在屏幕上生成一个窗口(即窗体)，这个窗口就是画布。画布的最小单位是像素，屏幕坐标系以左上角为原点(0,0)。setup 方法只能定义窗口的大小及位置，如果想要定义画布的背景颜色，那么可以使用 screensize() 方法。

参数说明：

- width 表示窗口宽度。如果值是整数，那么表示的是像素值；如果值是小数，那么表示窗口宽度与屏幕的比例。

- height 表示窗口高度。如果值是整数，那么表示的是像素值；如果值是小数，那么表示窗口高度与屏幕的比例。
- startx 表示窗口左侧与屏幕左侧的像素距离。如果值是 None，那么窗口位于屏幕水平中央。
- starty 表示窗口顶部与屏幕顶部的像素距离。如果值是 None，那么窗口位于屏幕垂直中央。
- bgcolor 表示颜色字符串或颜色元组，如"red"、"blue"、"purple"等。

图 12-3 比较直观地表述了上述参数的作用。

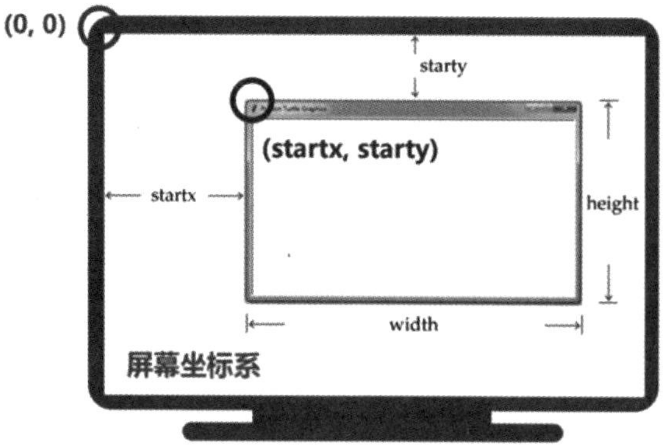

图 12-3　屏幕坐标系及绘图窗体

【例 12-5】设置绘图窗口宽 500 像素、高 500 像素，位于屏幕(0,0)处。

```
>>> turtle.setup(500, 500, 0, 0)
```

【例 12-6】设置绘图窗口宽 300 像素、高 300 像素、背景颜色为红色。

```
>>> turtle.screensize()          # 未指定任何参数，表示返回当前画布大小
(400, 300)
>>> turtle.screensize(300, 300, "red")
```

2. 画笔状态方法

表 12-7 给出了 turtle 库中的画笔状态方法。

表 12-7　画笔状态方法

方法	功能
pensize(width=None) | width(width=None)	设置画笔宽度
pencolor() pencolor(colorstring) pencolor((r, g, b))	没有参数时，返回当前画笔颜色 传入参数时，设置画笔颜色，参数可以是字符串，如"green"、"red"、"#33cc8c"，也可以是 RGB 元组，如(1.0, 0.56, 0)
speed(speed=None)	设置画笔移动速度，如"fastest":0 表示最快、"fast":10 表示快、"normal":6 表示正常、"slow":3 表示慢、"slowest":1 表示最慢

【例 12-7】设置画笔的颜色为紫色、宽度为 5 像素，然后以最快速度绘制一个圆。

```
>>> turtle.pencolor("purple")
>>> turtle.pensize(5)
>>> turtle.speed(0)          # 也可以写成 turtle.speed("fastest")
>>> turtle.circle(50)
```

运行结果如图 12-4 所示。

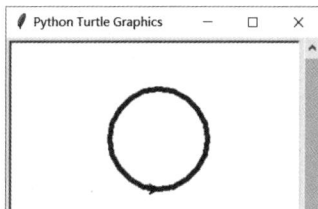

图 12-4　运行结果

3. 画笔动作方法

表 12-8 给出了 turtle 库中的画笔动作方法。

表 12-8　画笔动作方法

方法	功能
goto(x, y)	将画笔移到坐标为(x,y)的位置
penup() | pu() | up()	提起画笔并移动，但不绘制图形，用于另起一个地方开始绘制
pendown() | pd() | down()	落下画笔并在移动时绘制图形
forward(distance) | fd(distance)	向前运动，向当前画笔方向移动 distance 像素
backward(distance) | bk(distance)	向后运动，向当前画笔的相反方向移动 distance 像素
home()	设置当前画笔位置为原点，朝向东
circle(radius, extent=None)	半径为正(负)时，表示逆(顺)时针画圆
left(degree) | lt(degree)	逆时针旋转指定的角度，但不运动
right(degree) | rt(degree)	顺时针旋转指定的角度，但不运动
setheading(angle) | seth(angel)	设置当前朝向为指定的角度，但不运动

【例 12-8】绘制一个正三角形和一个半径为 100 像素的红色圆。

```
>>> import turtle as t        # 导入 turtle 模块，别名为 t
>>> t.setup(500, 500, 0, 0)   # 设置画布的宽高和左上角顶点的位置
>>> t.pensize(5)              # 设置画笔宽度为 5
>>> t.speed(1)               # 设置绘制速度为 1
>>> t.penup()                # 提起画笔，但不绘制图形
>>> t.goto(100, 0)           # 将画笔水平向右移动 100 像素
>>> t.left(60)               # 逆时针旋转 60 度
>>> t.pendown()              # 落下画笔并在移动时绘制图形
>>> t.forward(100)           # 向当前画笔方向移动 100 像素，画一条直线
>>> t.right(120)             # 顺时针旋转 120 度
>>> t.forward(100)           # 向当前画笔方向移动 100 像素，画另一条直线
>>> t.right(120)
```

```
>>> t.forward(100)
>>> t.penup()
>>> t.home()                    # 设置当前画笔位置为原点，朝向东
>>> t.pendown()
>>> t.pencolor("red")           # 设置画笔颜色为红色
>>> t.circle(-100)              # 顺时针画圆，半径为 100 像素
```

运行结果如图 12-5 所示。

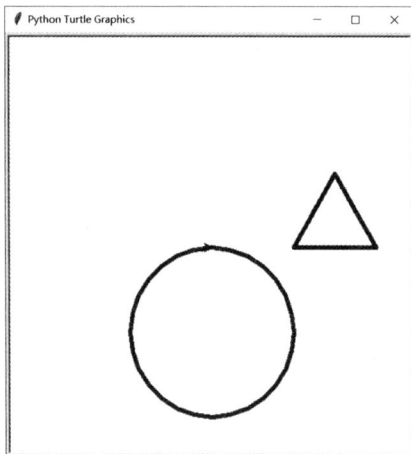

图 12-5　运行结果

4. 画笔控制方法

表 12-9 给出了 turtle 库中的画笔控制方法。

表 12-9　画笔控制方法

方法	功能
fillcolor(colorstring)/ fillcolor((r, g, b))	设置填充色，参数既可以是字符串，如"red"、"purple"等，也可以是 RGB 元组，如(1,0.65,0)
color(color1, color2)	同时设置画笔颜色 pencolor=color1 和填充色 fillcolor=color2
begin_fill()	准备开始填充图形
end_fill()	在填充完成的同时进行上色
hideturtle() | ht()	隐藏画笔的形状
showturtle() | st()	显示画笔的形状
write(s [,font=("font-name", font_size,"font_type")])	书写字符 s，可以设置字体的名称、大小和类型，font 参数可选
clear()	清空窗口，但是画笔的位置和状态不会发生改变
undo()	撤销上一个动作
mainloop()/done()	mainloop()方法放在程序的最后一行执行，用于调用主循环和显示绘图窗口，同时开始 Tkinter 模块中的事件循环，进入等待状态，准备响应用户发起的 GUI 事件；done()方法也放在程序的最后一行执行，表示暂停程序，但绘图窗口不会关闭

【例 12-9】绘制线条为红色的六边形，线条的宽度为 5 像素，每条线段长 80 像素，填充色为黄色，然后在六边形下方 30 像素处显示文字"六边形"并隐藏画笔。

```
>>> import turtle as t                    # 导入 turtle 模块，别名为 t
>>> t.pensize(5)                          # 设置画笔宽度
>>> t.color("red","yellow")               # 设置画笔颜色为红色，填充色为黄色
>>> t.begin_fill()                        # 开始填充
>>> for i in range(6):                    # 绘制六边形
        t.forward(80)
        t.left(60)


>>> t.end_fill()                          # 结束填充
>>> t.penup()                             # 提笔
>>> t.goto(0, -30)                        # 垂直下移 30 像素
>>> t.write("六边形", font=("宋体",18))    # 字体为宋体，字号为 18
>>> t.hideturtle()                        # 隐藏画笔
>>>                  # 注意，如果上一步操作发生错误，那么可以使用 t.undo()方法来执行撤销操作
```

运行结果如图 12-6 所示。

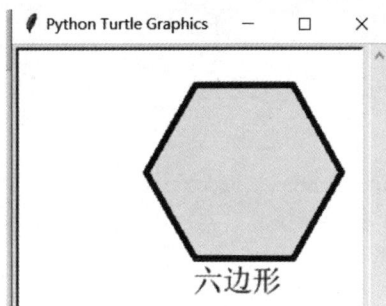

图 12-6　运行结果

12.4.2　random 随机数库

随机数常用于日常生活以及数学、游戏等领域，此外还被经常嵌入算法中，用来提高算法的执行效率和程序的安全性。random 库中常用的随机数生成方法如表 12-10 所示，可通过 import random 语句导入 random 库。

表 12-10　random 库中常用的随机数生成方法

方法	功能
random.seed(a = None)	初始化随机数种子，默认值为当前系统时间。如果不了解原理，那么不必设定种子，Python 会帮你设定
random.random()	生成取值区间为[0.0, 1.0]的随机小数
random.randint(a, b)	生成取值区间为[a, b]的整数
random.randrange(stop)	生成取值区间为[0, stop)的随机整数
random.randrange(start, stop[, step])	生成取值区间为[start,stop)并以 step 为步长的随机整数
random.getrandbits(k)	生成一个 k 比特长度的随机整数，如 random.getrandbits(2)

（续表）

方法	功能
random.choice(seq)	从非空序列 seq 中返回一个随机元素。如果 seq 序列为空，则会引发错误 IndexError
random.shuffle(seq[, random])	将 seq 序列中的元素随机打乱位置，返回打乱后的序列
random.sample(seq, k)	返回从 seq 序列中选择的具有唯一性的 k 个元素，以列表形式返回，通常用于无重复的随机抽样
random.uniform(a, b)	返回取值区间为[a, b]的随机浮点数

【例 12-10】从学生列表中随机选出 N 名学生，要求名单中的姓名不重复。

解法一，参考代码如下：

```
1   import random
2
3   n = eval(input("请输入想要选出几名学生："))
4   students = ['闫明锐', '王志超', '李珊珊', '陈德方', '张勇强', '孙维刚',
5              '王童锐', '刘铭', '张也', '韦一峰', '李洁明', '朱富贵']
6   newStudents = set()
7   while True:
8       if len(newStudents) == n:
9           break
10      else:
11          newStudents.add(random.choice(students))
12  print(newStudents)
```

运行结果：

```
请输入想要选出几名学生：5
{'张勇强', '刘铭', '王志超', '王童锐', '朱富贵'}
```

解法二，参考代码如下：

```
1   import random
2
3   n = eval(input("请输入想要选出几名学生："))
4   students = ['闫明锐', '王志超', '李珊珊', '陈德方', '张勇强', '孙维刚',
5              '王童锐', '刘铭', '张也', '韦一峰', '李洁明', '朱富贵']
6   print(random.sample(students, n))
```

运行结果：

```
请输入想要选出几名学生：5
['闫明锐', '张也', '朱富贵', '刘铭', '张勇强']
```

12.4.3 math 数学库

math 库提供了许多关于浮点数的数学运算方法，但这些方法不适用于复数；如果需要计算复数，那么可以使用 cmath 模块中的同名函数。math 库中常用的数学运算方法如表 12-11 所示。

表 12-11　math 库中常用的数学运算方法

方法	功能	示例	运行结果
math.e	自然常数 e	math.e	2.718281828459045
math.pi	圆周率 π	math.pi	3.141592653589793
math.ceil(x)	返回不小于 x 的整数	math.ceil(3.89) math.ceil(−3.89)	4 −3
math.floor(x)	返回不大于 x 的整数	math.floor(4.57) math.floor(−4.27)	4 −5
math.fabs(x)	返回 x 的绝对值	math.fabs(−3.7)	3.7
math.factorial(x)	返回 x 的阶乘	math.factorial(5)	120
math.sqrt(x)	返回 x 的平方根并且要求是浮点数	math.sqrt(9)	3.0
math.fmod(x, y)	返回 x％y 的余数并且要求是浮点数	math.fmod(9, 5)	4.0
math.fsum(iterable)	返回可迭代对象中的精准浮点值	math.fsum([2,4,5,6])	17.0
math.gcd(*integers)	返回给定整数的最大公约数	math.gcd(27, 24)	3
math.modf(x)	返回 x 的小数和整数部分，要求两个结果中带有 x 的符号并且是浮点数	math.modf(3.85) math.modf(4.5)	(0.8500000000000001, 3.0) (0.5, 4.0)
math.trunc(x)	返回 x 的整数部分	math.trunc(4.55)	4
math.pow(x, y)	返回 x 的 y 次方并且要求是浮点数	math.pow(3, 3)	27.0
math.exp(x)	返回 e 的 x 次方	math.exp(2)	7.38905609893065
math.log(x[, base])	返回 x 的以 base 为底的对数，base 默认为 e	math.log(10)	2.302585092994046
math.log10(x)	返回 x 的以 10 为底的对数	math.log10(20)	1.3010299956639813
math.sin(x)	返回 x 弧度的正弦值	math.sin(math.pi/2)	1.0
math.cos(x)	返回 x 弧度的余弦值	math.cos(math.pi/4)	0.7071067811865476
math.tan(x)	返回 x 弧度的正切值	math.tan(math.pi/4)	0.9999999999999999
math.atan(x)	返回以弧度为单位的 x 的反正切值	math.atan(math.pi/4)	0.6657737500283538
math.degrees(x)	将 x 从弧度转换为角度	math.degrees(math.pi/2)	90.0
math.radians(x)	将 x 从角度转换为弧度	math.radians(45)	0.7853981633974483

【例 12-11】使用 math.int、math.floor、ceil 方法将浮点数转换为整数。
参考代码：

```
import math as m

hds = ['i', 'int', 'trunc', 'floor', 'ceil']
print('{:^6} {:^6} {:^6} {:^6} {:^6}'.format(*hds))
print('{:-^6} {:-^6} {:-^6} {:-^6} {:-^6}'.format("", "", "", "", ""))
fmt = '{:5.1f} {:5.1f} {:6.1f} {:6.1f} {:7.1f}'
TEST_VALUES = [-1.5, -0.8, -0.5, -0.2, 0, 0.2, 0.5, 0.8, 1.5]
for i in TEST_VALUES:
```

```
    print(fmt.format(i, int(i), m.trunc(i), m.floor(i), m.ceil(i)))
```

运行结果：

i	int	trunc	floor	ceil
-1.5	-1.0	-1.0	-2.0	-1.0
-0.8	0.0	0.0	-1.0	0.0
-0.5	0.0	0.0	-1.0	0.0
-0.2	0.0	0.0	-1.0	0.0
0.0	0.0	0.0	0.0	0.0
0.2	0.0	0.0	0.0	1.0
0.5	0.0	0.0	0.0	1.0
0.8	0.0	0.0	0.0	1.0
1.5	1.0	1.0	1.0	2.0

【例 12-12】弧度与角度转换的应用。

【分析】在日常生活中，当我们讨论角时常用度来表示单位，但弧度才是科学和数学领域中度量角度的标准单位。弧度是由相较于圆心的两条线构成的角，其终点落在圆的圆周上，终点之间相距一个弧度。由于圆的周长为 $2\pi r$，因此弧度与 π 之间存在一定的关系。这种关系使得三角学和微积分中都需要用到弧度，因为利用弧度可以得到更紧凑的计算公式，转换公式为 rad = deg * π/180。

参考代码：

```
import math as m

hds = ['Degrees', 'Radians']
print('{:^7} {:^7}'.format(*hds))
print('{:-^7} {:-^7}'.format('', ''))
input_datas = [(0, 0),
              (30, m.pi / 6),
              (45, m.pi / 4),
              (60, m.pi / 3),
              (90, m.pi / 2),
              (180, m.pi),
              (270, 3 / 2.0 * m.pi),
              (360, 2 * m.pi)
              ]
for deg, expected in input_datas:
    print('{:7d} {:7.2f}'.format(deg, m.radians(deg)))
```

运行结果：

Degrees	Radians	expected
0	0.00	0.00
30	0.52	0.52
45	0.79	0.79
60	1.05	1.05
90	1.57	1.57

180	3.14	3.14
270	4.71	4.71
360	6.28	6.28

12.5 第三方库

Python 计算生态的另一种形式是采用按需安装并使用的功能模块，它们被称为 Python 第三方库。这些第三方库由全球各行业专家、工程师和 Python 爱好者开发，没有顶层设计，而由开发者采用"尽力而为"的方式维护。

12.5.1 第三方库的获取与安装

通过官方的 PyPI 网站(https://pypi.org)找到对应的库名后，即可使用 pip 工具或 easy-install 命令进行安装，目前官方推荐使用 pip 工具进行安装。

【例 12-13】演示导入 Python 第三方库时的常见错误。

【分析】Python 第三方库在使用前必须先安装，否则就会出现错误，以中文分词库 jieba 为例。

```
>>> import jieba
Traceback (most recent call last):
    File "<pyshell#0>", line 1, in <module>
        import jieba
ModuleNotFoundError: No module named 'jieba'
>>>
```

【说明】在通过 import 命令导入模块时，Python 会在 Lib 目录下查找相应的模块。如果找到了，那就什么都不显示；如果没有找到，系统就会弹出模块未找到错误(ModuleNotFoundError)。

【例 12-14】通过 pip 工具安装中文分词库 jieba。

【分析】首先打开命令行窗口，然后在提示符后输入 pip install jieba 并回车，结果如图 12-7 所示。

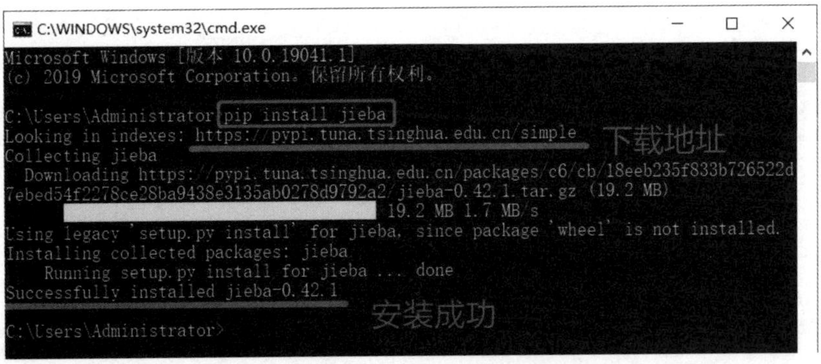

图 12-7　使用 pip 工具安装中文分词库 jieba

12.5.2 第三方库纵览

通过纵览 Python 语言丰富的第三方库，我们希望读者能够从 Python 语言的基础语法出发，看到更广阔的程序设计生态，进一步"理解和运用 Python 计算生态"，按需学习相应的第三方库，以便更高效地解决问题。

Python 计算生态从数据处理到人工智能、从 Web 解析到网络空间、从人机交互到艺术设计，涌现出许多优秀的第三方库。下面我们从 10 个应用领域来介绍 Python 第三方库。

1. 数据分析

数据分析是 Python 的优势方向之一，涉及大批高质量的第三方库，其中比较常用的库有 NumPy、Pandas、SciPy。

1) NumPy 库

Python 数据分析中最基本的库是 NumPy，NumPy 用于表达 N 维数组，它是众多数据分析库的基础。NumPy 在内部是使用 C 语言实现的，但对外的接口是用 Python 语言编写的，因此以 NumPy 为基础的数据分析应用具有非常优异的计算速度。NumPy 几乎支撑起 Python 数据分析和科学计算的所有其他库，比如常用的 Pandas 库。NumPy 本身也直接提供了一些与矩阵运算、广播函数和线性代数等有关的功能。

其实，对于 N 维数组的表示，我们也可以使用 Python 中最基础的列表等基础结构，但使用 NumPy 可以为大家提供另一种思路，比如对两个一维数组进行运算，如果使用基础语法的话，就需要通过 for 循环来对其中的变量进行逐一运算；但如果使用 NumPy，那么此时由于 NumPy 的最基础单元是数组，数组相当于变量，因此可以对数组变量直接进行运算，从而既减少了 for 循环的使用，也使程序整体的编程逻辑显得更加直接，如图 12-8 所示。正是因为 NumPy 具有这样的特点，我们才可以将 N 维数组看成简单的数据对象，进行直接操作和运算，这是 NumPy 最大的价值。

有关 NumPy 库的更多介绍，请访问官方网站 https://numpy.org/。

在 Windows 的命令行窗口中，可使用如下命令安装 NumPy 库：

```
>pip install numpy
```

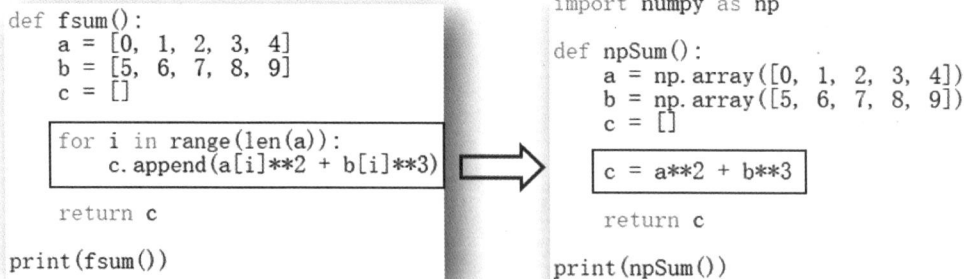

```
def fsum():
    a = [0, 1, 2, 3, 4]
    b = [5, 6, 7, 8, 9]
    c = []

    for i in range(len(a)):
        c.append(a[i]**2 + b[i]**3)

    return c

print(fsum())
```

```
import numpy as np

def npSum():
    a = np.array([0, 1, 2, 3, 4])
    b = np.array([5, 6, 7, 8, 9])
    c = []

    c = a**2 + b**3

    return c

print(npSum())
```

图 12-8　一维数组的运算

2) Pandas 库

Pandas 是数据分析的高层次应用库。简单来说，Pandas 库提供了简单易用并具有较高抽象的数据结构以及数据分析方法。Pandas 既是我们理解数据类型和索引关系、操作索引并进而操作数据的重要第三方库，也是 Python 最主要的数据分析功能库。此外，Pandas 库本身是基于 NumPy 开发的，速度非常优异。

Pandas 库的核心在于提供了两个数据结构——Series 和 DataFrame。Series 通过索引来与一维数据进行关联，并进而通过索引来操作数据。DataFrame 则使用行列结构的二维索引来操作数据。

我们也可以这样理解，Pandas 库由于扩展了对一维数据和二维数据的表示，因而能够通过形成更高层次的数据操作来简化数据分析。

有关 Pandas 库的更多介绍，请访问官方网站 https://pandas.pydata.org/。

在 Windows 的命令行窗口中，可使用如下命令安装 Pandas 库：

```
>pip install pandas
```

3) SciPy 库

SciPy 库提供了一批数学算法以及工程数据运算方面的功能，它十分类似于 MATLAB。SciPy 库包含了与统计、优化、整合、傅里叶变换、信号处理、常微分方程求解等有关的模块。SciPy 库主要用于科学计算和工程计算，并且它的底层也是基于 NumPy 开发的，因此计算性能非常优异。

有关 SciPy 库的更多介绍，请访问官方网站 https://scipy.org/。

在 Windows 的命令行窗口中，可使用如下命令安装 SciPy 库：

```
>pip install scipy
```

2. 数据可视化

数据可视化是指根据数据的特点将其展示为易于理解的图形。Python 语言在数据可视化方面具有较强的优势，其中比较常用的库是 matplotlib、seaborn 和 Mayavi。

1) matplotlib 库

在基础的数据分析之上，我们希望对数据进行直观的展示，Python 为此提供了一批用于进行数据可视化的第三方库，其中最基础的二维数据可视化功能库要数 matplotlib。matplotlib 提供了超过 100 种的数据可视化方面的展示效果，由于展示效果非常多，因此 matplotlib 库的子库也非常多。在众多的子库中，有一个名为 pyplot 的子库，这个子库相当于其他各个子库的快捷方式，它把所有有效的可视化展示方法汇集到了一个子库中，因此在使用 matplotlib 的时候，一般只需要调用这个子库就可以完成数据可视化。matplotlib 的底层也是基于 NumPy 开发的。

有关 matplotlib 库的更多介绍，请访问官方网站 https://matplotlib.org/。单击 matplotlib 官网页面上的 Examples 菜单，将会出现许多实例，如图 12-9 所示。

在 Windows 的命令行窗口中，可使用如下命令安装 matplotlib 库：

```
>pip install matplotlib
```

Gallery

This gallery contains examples of the many things you can do with Matplotlib. Click on any image to see the full image and source code.

For longer tutorials, see our tutorials page. You can also find external resources and a FAQ in our user guide.

Lines, bars and markers

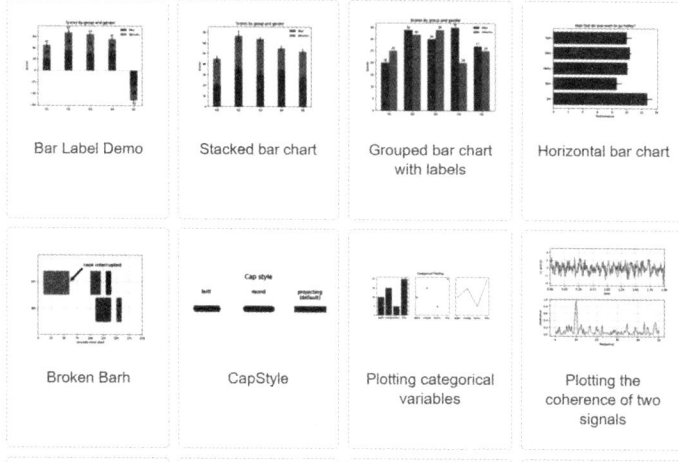

图 12-9　matplotlib 库提供的数据可视化效果

2) seaborn 库

seaborn 库能够对统计类数据进行有效的可视化展示，对于统计类数据，我们可以展示数据的分布、分类、线性关系等。seaborn 是基于 matplotlib 进行封装和开发的，并且支持 NumPy 和 Pandas。

有关 seaborn 库的更多介绍，请访问官方网站 https://seaborn.pydata.org。单击 seaborn 官网页面上的 Gallery 菜单，将会出现许多实例，如图 12-10 所示。

在 Windows 的命令行窗口中，可使用如下命令安装 seaborn 库：

```
>pip install seaborn
```

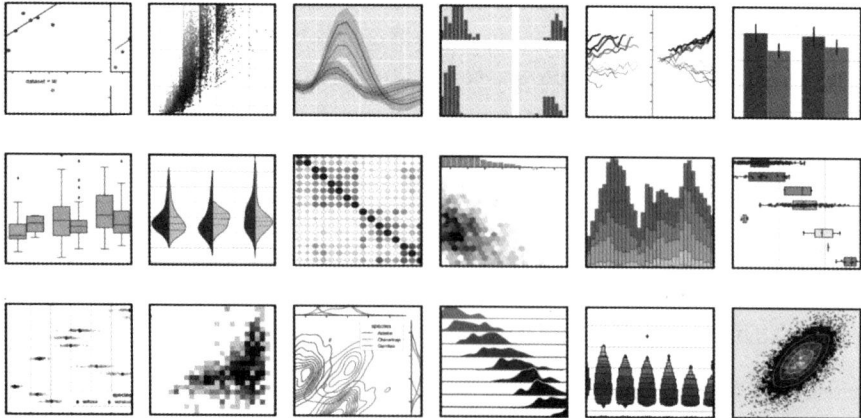

图 12-10　seaborn 库提供的数据可视化效果

3) Mayavi 库

除了最基本的二维数据可视化之外，Python 还提供了一些用于三维数据可视化的功能库，其中最优秀的要数 Mayavi。Mayavi 库提供了一批简单易用的三维数据可视化方面的展示效果，目前最新版本是 Mayavi2。Mayavi2 的主要特点如下：

- 实现了二维和三维标量、向量和张量数据的可视化。
- 能够使用 Python 轻松编写脚本。
- 能够通过自定义源、模块和数据过滤器进行轻松扩展。
- 能够读取多种文件格式，如 VTK、PLOT3D 等。
- 支持以各种图像格式保存渲染的可视化。
- 提供了通过 mLab 进行快速科学绘图的便捷功能。

有关 Mayavi 库的更多介绍，请访问官方网站 http://docs.enthought.com/mayavi/mayavi/。可通过单击官网页面上的 Gallery and examples 链接来查看更多的实例，如图 12-11 所示。

在 Windows 的命令行窗口中，可使用如下命令安装 Mayavi 库：

```
>pip install mayavi
```

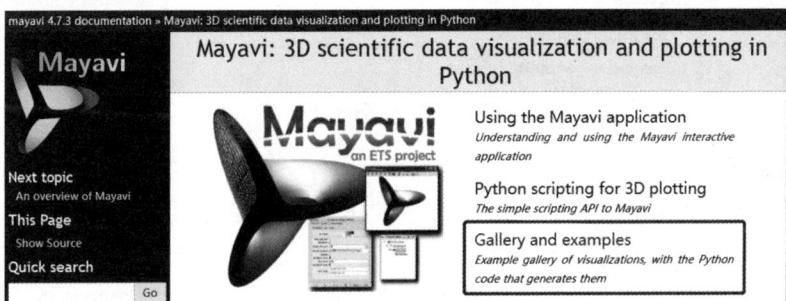

图 12-11　Mayavi 官网

3. 文本处理

Python 提供了很多与文本处理相关的计算生态库，比较常用的库有 python-docx、openpyxl 和 PyPDF2。

1) python-docx 库

Microsoft Word 是我们在日常工作中经常使用的办公软件之一，Python 为此提供了一些用来操作 Microsoft Word 文件的第三方库，其中最优秀的要数 python-docx。python-docx 库支持读取、查询以及修改.doc、.docx 等格式的文件，此外还能够对 Word 文档的常见样式进行设置，包括字符样式、段落样式、表格样式、页面样式等。

有关 python-docx 库的更多介绍，请访问官方网站 https://python-docx.readthedocs.io/en/latest/index.html。

在 Windows 的命令行窗口中，可使用如下命令安装 python-docx 库：

```
>pip install python-docx
```

【例 12-15】通过 python-docx 库创建一个 Word 文档。

参考代码：

```
from docx import Document                          # 导入 python-docx 库中的 Document 对象
```

```
document = Document()                              # 创建 Document 实例
document.add_heading('文档标题', 0)                 # 添加标题
p = document.add_paragraph('标题 1\n 标题 2\n 标题 3')   # 添加段落
p.add_run('bold').bold = True
document.add_paragraph( 'first item in unordered list', style='List Bullet')
document.add_paragraph( 'first item in ordered list', style='List Number')
document.add_page_break()
document.save('demo.docx')
```

执行完上述代码后，当前文件夹中将出现一个名为 demo.docx 的 Word 文档，其中的内容如图 12-12 所示。

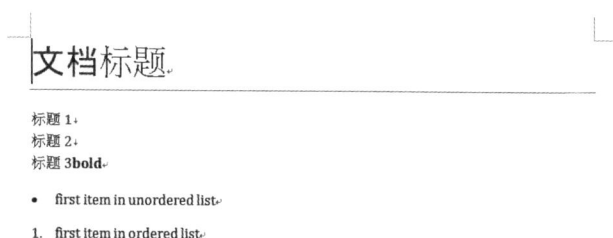

图 12-12　运行结果

2) openpyxl 库

openpyxl 是专门用来处理 Microsoft Excel 文档的 Python 第三方库，它支持读写.xls、.xlsx、.xlsm、.xltx、.xltm 等格式的 Excel 文档，并能够进一步处理其中的工作表、表单和数据单元。

有关 openpyxl 库的更多介绍，请访问官方网站 http://openpyxl.readthedocs.io/。

在 Windows 的命令行窗口中，可使用如下命令安装 openpyxl 库：

```
>pip install openpyxl
```

3) PyPDF2 库

PyPDF2 库提供了一批专门用来处理 PDF 文件的计算功能，包括获取 PDF 文件中的内容、逐页拆分文档、逐页合并文档、加密或解密文件、裁剪页面等。PyPDF2 库是完全使用 Python 语言实现的，不需要额外的依赖项，功能非常稳定。

有关 PyPDF2 库的更多介绍，请访问官方网站 http://mstamy2.github.io/PyPDF2/。

在 Windows 的命令行窗口中，可使用如下命令安装 PyPDF2 库：

```
>pip install PyPDF2
```

4. 机器学习

机器学习是人工智能领域的一个重要分支，Python 语言提供了一批与机器学习相关的第三方生态库，其中比较常用的库有 scikit-learn、TensorFlow 和 Theano。

1) scikit-learn 库

scikit-learn 库是机器学习方法的工具集，这些机器学习方法涉及聚类、分类、回归、数据降维、模型选择、数据预处理等。scikit-learn 库是基于 NumPy、Scipy 和 matplotlib 构建的。

有关 scikit-learn 库的更多介绍，请访问官方网站 https://scikit-learn.org/stable/。

在 Windows 的命令行窗口中，可使用如下命令安装 scikit-learn 库：

```
>pip install scikit-learn
```

2）TensorFlow 库

TensorFlow 是谷歌公司基于 DistBelief 进行研发的第二代人工智能学习系统，它同时也是 AlphaGo 系统的机器学习框架。开源的 TensorFlow 使用的就是 Python 语言，它能够以数据流图为基础，并在数据流图中以节点代表运算，以边代表张量，进而形成机器学习的整体模式。作为应用机器学习的一种方式，TensorFlow 支撑起谷歌人工智能的所有应用。

TensorFlow 的应用十分广泛，从语音识别或图像识别到机器翻译或自主跟踪等，既可运行在数万台服务器的数据中心，也可运行在智能手机或嵌入式设备上。

有关 TensorFlow 库的更多介绍，请访问官方网站 https://tensorflow.google.cn/。

3）Theano 库

Theano 库是为执行深度学习中大规模的神经网络算法而设计的，擅长处理多维数组。Theano 库可以理解为用于运算数学表达式的编译器，它可以高效地运行在 GPU 或 CPU 上。Theano 库偏向底层开发，它更像研究平台而非单纯的深度学习库。

有关 Theano 库的更多介绍，请访问官方网站 https://deeplearning.net/software/theano/。

在 Windows 的命令行窗口中，可使用如下命令安装 Theano 库：

```
>pip install theano
```

5. 网络爬虫

网络爬虫是指能够将 Web 页面上的内容爬取下来的自动化程序。Python 语言提供了多个具备网络爬虫功能的第三方生态库，其中三个比较常用的 Python 网络爬虫库是 requests、Scrapy 和 pyspide。

1）requests 库

requests 库提供了简单易用的、类似于 HTTP 协议的网络爬虫功能，它支持连接池、SSL、Cookies、HTTP 以及 IITTPS 代理等相关功能，即使网络环境十分复杂，也可以使用 requests 库来爬取特定的页面。requests 库是 Python 最主要的页面级网络爬虫功能库。

有关 requests 库的更多介绍，请访问官方网站 https://requests.readthedocs.io/en/latest。

在 Windows 的命令行窗口中，可使用如下命令安装 requests 库：

```
>pip install requests
```

requests 库中的常用方法如表 12-12 所示。

表 12-12　requests 库中的常用方法

方法	功能
requests.request()	构造请求，它是支撑以下各个方法的基础性方法
requests.get()	获取要爬取的 HTML 网页，对应于 HTTP GET
requests.head()	获取 HTML 页面的 head 信息，对应于 HTTP HEAD
requests.post()	向 HTML 网页提交 POST 请求，对应于 HTTP POST
requests.put()	向 HTML 网页提交 PUT 请求，对应于 HTTP PUT

（续表）

方法	功能
requests.patch()	向 HTML 页面提交局部修改请求，对应于 HTTP PATCH
requests.delete()	向 HTML 页面提交删除请求，对应于 HTTP DELETE

2) Scrapy 库

Scrapy 库是使用 Python 开发的 Web 获取框架。Scrapy 支持批量或定时的网页爬取，并且提供数据处理的完整流程。

有关 Scrapy 库的更多介绍，请访问官方网站 https://scrapy.org/。

在 Windows 的命令行窗口中，可使用如下命令安装 Scrapy 库：

```
>pip install scrapy
```

Scrapy 框架图如图 12-13 所示，在通过扩展函数完善功能后，便可以利用 Scrapy 实现对 Web 页面的不间断获取。

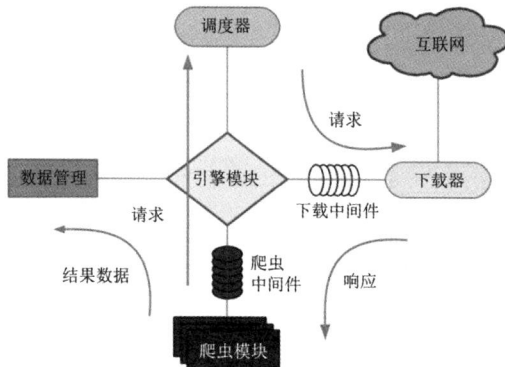

图 12-13　Scrapy 框架图

3) pyspider 库

使用 pyspider 库可以搭建完整的网页爬取系统。pyspider 库不仅支持网页爬取的基本功能，而且支持在后台加载不同的数据库、构建消息队列、分发优先级以及在不同的计算机上形成分布式架构等。

有关 pyspider 库的更多介绍，请访问官方网站 http://docs.pyspider.org/en/latest/。

在 Windows 的命令行窗口中，可使用如下命令安装 pyspider 库：

```
>pip install pyspider
```

6. Web 信息提取

Web 信息提取指的是在将页面爬取下来之后，继续解析其中的 HTML 和 XML 内容，此时需要使用一些专用于 Web 信息提取的 Python 第三方库，其中比较常见的是 beautifulsoup4、re 和 goose3。

1) beautifulsoup4 库

beautifulsoup4 库提供了解析和处理页面中的 HTML 以及 XML 内容所需的全部功能，我们可以加载多种解析引擎，将它们与网络爬虫库搭配使用。

使用 HTML 建立的 Web 页面一般非常复杂，除了有用的内容信息之外，其中还包括大量用于页面格式的元素。直接解析 Web 页面的前提是已经深入了解 HTML 语法。beautifulsoup4 库将所有的 HTML 页面以树状结构组织了起来，可通过上行遍历、下行遍历和平行遍历等一些操作来解析所有内容。在使用 beautifulsoup4 库之前，读者需要了解 HTML 和 XML 的设计原理。

有关 beautifulsoup4 库的更多介绍，请访问官方网站 https://www.crummy.com/software/BeautifulSoup/。

在 Windows 的命令行窗口中，可使用如下命令安装 beautifulsoup4 库：

```
>pip install beautifulsoup4
```

2) re 正则表达式库

在解析 Web 页面中的内容时，无须构建或还原 HTML 设计格式，而是可以使用正则表达式库 re(regular expression)来定点获取想要的内容。re 正则表达式库是最主要的 Python 标准库之一，无须安装。re 正则表达式库提供了定义和解析正则表达式所需的一些通用功能，可用于各种需要进行正则表达式解析的场景，其中较为典型的场景就是从 Web 页面信息中提取特定的内容。re 正则表达式库提供了 search()、match()、findall()、split()、finditer()、sub()等一系列方法来帮助我们围绕定义的正则表达式进行信息的查找和匹配，这对于查找文本中的特定模式起到非常重要的支撑作用。

有关 re 正则表达式库的更多介绍，请访问官方网站 https://docs.python.org/3.6/library/re.html。

3) goose3 库

goose3 库是使用 Python 重写的 Goose，Goose 则是使用 Java 编写的文章提取工具。对于任意的资讯文章或文章类网页，使用 goose3 库不仅可以提取出文章的主体，而且可以同时提取出所有的元信息以及图片等信息。goose3 库只针对特定类型的 Web 页面，但是由于文章类网页在互联网上十分常见，因此 goose3 库的应用十分广泛。

有关 goose3 库的更多介绍，请访问官方网站 https://pypi.org/project/goose3/。

在 Windows 的命令行窗口中，可使用如下命令安装 goose3 库：

```
> pip install goose3
```

【例 12-16】通过 goose3 库获取新浪新闻网数据。

参考代码：

```
from goose3 import Goose
from goose3.text import StopWordsChinese

# 设置网址
url = "https://news.sina.cn/gn/2021-08-22/detail-ikqciyzm286\
    7850.d.html?cre=tianyi&mod=wnews&loc=1&r=24&"
# 初始化并设置中文分词
g = Goose({'stopwords_class': StopWordsChinese})
# 提取页面信息，可以传入 URL 或 HTML 文本
article = g.extract(url = url)
print(article.title)                    # 显示标题
print(article.cleaned_text[0:150])      # 显示正文的前 150 个字符，cleaned_text 表示正文
```

运行结果：

```
Building prefix dict from the default dictionary ...
Loading model from cache C:\Users\ADMINI~1\AppData\Local\Temp\jieba.cache
Loading model cost 0.531 seconds.
Prefix dict has been built successfully.
雪域高原巨变背后的精神"密码"
    7月21日至23日，庆祝中国共产党成立100周年大会后的第一次地方考察，习近平总书记就来到雪域高
原，祝贺西藏和平解放70周年，看望慰问西藏各族干部群众。他深入农村、城市公园、铁路枢纽、宗教场所、
文化街区等，给各族干部群众送去党中央的关怀。
```

7. Web 开发

Web 开发是 Python 语言的重要发展方向之一，Python 为此提供了一些很有用的后端框架，其中最为常用的是 Django、Pyramid 和 Flask。

1) Django

Django 是 Python 生态中最为流行的开源 Web 应用框架，利用 Django 可以构建 Web 系统。Django 通过采用 MTV 模式将网站后端分为模型(model)、模板(template)和视图(view)三部分，其中：模型即数据存取层，用于处理与数据相关的所有事务，包括如何存取数据、如何验证数据的有效性、如何判断行为与数据的关系等；模板即表示层，用于处理与表现相关的事项，可通过模板定义页面风格；视图即业务逻辑层，用于存取模型和调取适当模板的相关逻辑，视图相当于模型与模板的桥梁。相比其他后端框架，Django 略显复杂，适合构建非常专业的网站。

有关 Django 的更多介绍，请访问官方网站 https://www.djangoproject.com/。

在 Windows 的命令行窗口中，可使用如下命令安装 Django：

```
> pip install django
```

2) Pyramid

Pyramid 是通用且开源的 Web 应用开发框架。Pyramid 的设计思想就是为规模适中的应用提供简单方便的 Web 系统构建框架，作为产品级的应用框架，Pyramid 非常稳定、易于使用。

有关 Pyramid 的更多介绍，请访问官方网站 https://trypyramid.com/。

在 Windows 的命令行窗口中，可使用如下命令安装 Pyramid：

```
> pip install pyramid
```

3) Flask

Flask 是 Python 语言提供的轻量型 Web 应用微框架，其提供了构建最简单 Web 应用系统的相关功能，特点就是简单、规模小、编写速度快。如果我们的应用需求是建立仅仅包含几个页面的网站，那么使用 Flask 是非常好的选择。

有关 Flask 的更多介绍，请访问官方网站 https://flask.palletsprojects.com/。

在 Windows 的命令行窗口中，可使用如下命令安装 Flask：

```
> pip install flask
```

【例 12-17】一个简单的 Flask 应用。

参考代码：

```
from flask import Flask

app = Flask(__name__)

@app.route("/")
def message():
    return "<p>庆祝中国共产党成立 100 周年！</p>"
```

运行结果如图 12-14 所示。

图 12-14　运行结果

8. 图形用户界面(GUI)

Python 内置的 GUI 库 Tkinter 不仅十分陈旧，而且提供的开发空间有限，使用 Tkinter 编写出来的 GUI 风格与现代程序的 GUI 风格相差甚远，从用户体验的角度讲，Tkinter 库并不成熟。因此，Python 提供了一些既时尚又快捷的 GUI 第三方库，其中比较常用的是 PyQt、wxPython和 PyGObject。

1) PyQt

PyQt 是 Qt 框架的 Python 接口。Qt 框架是早年由诺基亚公司开发的一种开源的 GUI 系统，目前已经非常成熟，最新版本是 Qt 6。PyQt 提供了创建 Qt 程序所需的 Python API 接口。PyQt包含超过 620 个类和近 6000 个函数或方法，并且由于 Qt 是非常成熟的跨平台桌面应用开发系统，因此在使用 Python 编写 GUI 时，强烈建议使用 PyQt。使用 PyQt 的好处不仅在于 PyQt 拥有完备的跨平台系统，更重要的一点还在于 PyQt 的背后有着非常成熟的工业链条，很多产业级或工业级系统都采用 Qt 作为开发界面。

有关 PyQt 的更多介绍，请访问官方网站 https://www.riverbankcomputing.com/ software/pyqt/。在 Windows 的命令行窗口中，可使用如下命令安装 PyQt：

```
> pip install pyqt6
```

2) wxPython

wxPython 是十分优秀的 GUI 图形库，它使 Python 程序员可以十分轻松地创建健壮可靠、功能强大的 GUI 程序。

有关 wxPython 的更多介绍，请访问官方网站 https://www.wxpython.org/。

在 Windows 的命令行窗口中，可使用如下命令安装 wxPython 库：

```
> pip install wxPython
```

3) PyGObject

PyGObject 是使用 GTK+开发的 Python 软件包，它不仅具备 GUI 的全部功能，而且整合了 GTK3、WebKitGTK+等库的功能。GTK3 实际上是一种由科学家和工程师共同设计的跨平台的 GUI 框架，GTK3 本身现在已经十分成熟，因而使用 PyGObject 进行封装也就变得更加成熟。PyGObject 的工作原理如图 12-15 所示。

有关 PyGObject 的更多介绍，请访问官方网站 https://pygobject.gnome.org/。

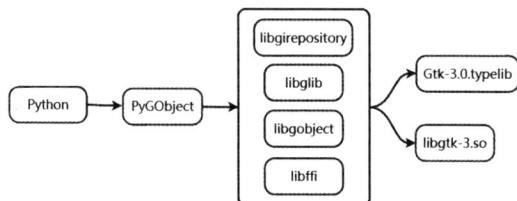

图 12-15　PyGObject 的工作原理

9. 游戏开发

在游戏逻辑和功能实现层面，Python 已经成为重要的支撑性语言。使用 Python 不仅可以开发二维效果的游戏，而且开发三维效果的游戏。下面介绍与游戏开发相关的三个十分常用的 Python 第三方库：Pygame、Panda3D 和 cocos2d。

1) Pygame 库

Pygame 是在 SDL(simple directmedia layer)库的基础上进行封装的、面向游戏开发人员的 Python 第三方库，除了制作游戏之外，还可用于制作多媒体应用程序。其中，SDL 是开源且跨平台的多媒体开发库，它通过 OpenGL 和 Direct3D 的底层函数来支持对音频、键盘、鼠标和图形硬件进行便捷的访问。

作为游戏开发框架，Pygame 提供了大量与游戏相关的底层逻辑和功能支持，非常适合初学者入门并实践游戏开发。

有关 Pygame 库的更多介绍，请访问官方网站 http://www.pygame.org/。

在 Windows 的命令行窗口中，可使用如下命令安装 Pygame 库：

```
> pip install pygame
```

2) Panda3D 库

现在的很多游戏都具有三维效果，Python 为此提供了一个开源且跨平台的具有 3D 渲染功能的游戏开发库——Pand3D。Panda3D 在本质上是一个 3D 游戏引擎，它提供了 Python 和 C++ 两种接口。当然，Python 接口的 Panda3D 在功能上更加全面。Panda3D 支持许多非常先进的三维渲染功能，如法线贴图、光泽贴图、卡通渲染等。

有关 Panda3D 库的更多介绍，请访问官方网站 http://www.panda3d.org/。

在 Windows 的命令行窗口中，可使用如下命令安装 Panda3D 库：

```
> pip install panda3d
```

3) cocos2d 库

cocos2d 是一个构建二维游戏和图形交互应用的框架，其提供了使用 OpenGL 进行游戏开发和图形渲染的功能。cocos2d 最大的好处是支持 GPU 加速，并且可以采用树状结构来分层管理游戏对象的类型，非常适合用于专业级二维游戏的开发。

有关 cocos2d 库的更多介绍，请访问官方网站 http://www.cocos.com。

在 Windows 的命令行窗口中，可使用如下命令安装 cocos2d 库：

```
> pip install cocos2d
```

10. 图形艺术

Python 提供了一些高质量的用于展示图形艺术的第三方库，其中比较常用的库有 Quads、ascii_art 和 turtle。

1) Quads 库

Quads 库基于四叉树，以输入图像为目标，将输入图像分成 4 个象限，然后根据输入图像中的颜色为每个象限分配平均颜色，最后将误差最大的象限进一步分成 4 个子象限以细化图像。将以上过程迭代 N 次，便能够生成动态或静态的图像，这种方法简单易用，具有非常好的展示效果，如图 12-16 所示。

有关 Quads 库的更多介绍，请访问官方网站 https://github.com/fogleman/Quads。

在 Windows 的命令行窗口中，可使用如下命令安装 Quads 库：

```
> pip install quads
```

图 12-16　Quads 库的应用效果

2) ascii_art 库

ascii_art 是采用 ASCII 码来展示图形艺术的第三方库，它能够将普通图片转换为 ASCII 艺术风格并进行展示。

有关 ascii_art 库的更多介绍，请访问官方网站 https://github.com/topics/ascii-art/。

在 Windows 的命令行窗口中，可使用如下命令安装 ascii_art 库：

```
> pip install ascii_art
```

3) turtle 库

turtle 是 Python 语言的基础绘图库，既可用于简单绘图，也可用于绘制复杂图形。有关 turtle 库的更多介绍，请访问官方网站 https://docs.python.org/zh-cn/3/library/turtle.html。

12.6 经典程序分析

【例 12-18】math 库中三角函数的应用。

【分析】三角函数的作用是对三角形的角与边长进行关联。有周期性质的公式中经常出现三角函数，如谐波或圆周运动；另外，在处理角时也会经常用到三角函数。在 Python 标准库中，所有三角函数的角参数都会表示为弧度。

给定直角三角形中的一个角，其正弦是对边长度与斜边长度之比($\sin A$=对边/斜边)，其余弦是邻边长度与斜边长度之比($\cos A$=邻边/斜边)，其正切是对边与邻边之比($\tan A$=对边/邻边)。

参考代码：

```
1    import math
2
3    print('{:^7} {:^7} {:^7} {:^7} {:^7}'.format('Degrees', 'Radians',
4                                                  'Sin', 'Cos', 'Tan'))
5    print('{:-^7} {:-^7} {:-^7} {:-^7} {:-^7}'.format('-', '-', '-', '-', '-'))
6    fmt = '{:7.2f} {:7.2f} {:7.2f} {:7.2f} {:7.2f}'
7
8    for deg in range(0, 361, 30):
9        rad = math.radians(deg)
10       if deg in (90, 270):
11           t = float('inf')
12       else:
13           t = math.tan(rad)
14       print(fmt.format(deg, rad, math.sin(rad), math.cos(rad), t))
```

正切也可定义为角的正弦值与余弦值之比，因为弧度 $\pi/2$ 和 $3\pi/2$ 的余弦是 0，所以相应的正切值为无穷大。

运行结果：

Degrees	Radians	Sin	Cos	Tan
0.00	0.00	0.00	1.00	0.00
30.00	0.52	0.50	0.87	0.58
60.00	1.05	0.87	0.50	1.73
90.00	1.57	1.00	0.00	inf
120.00	2.09	0.87	-0.50	-1.73
150.00	2.62	0.50	-0.87	-0.58
180.00	3.14	0.00	-1.00	-0.00
210.00	3.67	-0.50	-0.87	0.58
240.00	4.19	-0.87	-0.50	1.73
270.00	4.71	-1.00	-0.00	inf
300.00	5.24	-0.87	0.50	-1.73

| 330.00 | 5.76 | -0.50 | 0.87 | -0.58 |
| 360.00 | 6.28 | -0.00 | 1.00 | -0.00 |

【例 12-19】使用第三方库 PIL 制作验证码图片。

【分析】为了制作验证码图片，需要首先安装 PIL 第三方库，然后通过 PIL 库导入 Image()、ImageDraw()、ImageFont()、ImageFilter()等方法，最后使用标准库 string 产生字符集(大写字母、小写字母、数字)，并使用随机数库 random 随机产生字符和颜色。PIL 库需要在命令行窗口中通过 pip 工具来安装：pip install pillow。

参考代码：

```
1    from PIL import Image, ImageDraw, ImageFont, ImageFilter
2    from string import ascii_letters, digits
3    from random import choice, randint
4
5    # 随机字符和数字
6    def rndChar():
7        chars = ascii_letters + digits
8        return choice(chars)
9
10   # 随机颜色 1
11   def rndColor1():
12       return (randint(64, 255), randint(64, 255), randint(64, 255))
13
14   # 随机颜色 2
15   def rndColor2():
16       return (randint(32, 127), randint(32, 127), randint(32, 127))
17
18   # 图片大小：240×60
19   width = 60 * 4
20   height = 60
21   image = Image.new('RGB', (width, height), (255, 255, 255))
22   # 创建 Font 对象
23   font = ImageFont.truetype(r'C:\Windows\Fonts\Arial.ttf', 40)
24   # 创建 Draw 对象
25   draw = ImageDraw.Draw(image)
26   # 填充每个像素
27   for x in range(width):
28       for y in range(height):
29           draw.point((x, y), fill=rndColor1())
30   # 输出文字
31   for t in range(4):
32       draw.text((60 * t + 10, 10), rndChar(), font=font, fill=rndColor2())
33   # 进行模糊处理
34   image = image.filter(ImageFilter.BLUR)
35   image.show()
36   #image.save('e12-19_code.jpg', 'jpeg')    # 也可通过 save()方法保存为 JPG 图片
```

运行结果如下：

12.7 习题

一、选择题

1. Python 语言中用于安装第三方库的命令是(　　)。

    A. pip　　　　　　　B. jieba　　　　　　　C. print　　　　　　　D. pyinstall

2. 下面哪一个库是用于网络爬虫的？(　　)

    A. Pandas　　　　　B. PyQt6　　　　　　C. Scrapy　　　　　　D. Django

3. 下面哪一个库是用于科学计算或数据分析的？(　　)

    A. PyGTK　　　　　B. NumPy　　　　　　C. Panda3D　　　　　D. turtle

4. 下面哪一个库是用于 HTTP 解析的？(　　)

    A. pandas　　　　　B. Flask　　　　　　C. requests　　　　　D. beautifulsoup4

5. 下面哪一个库是用于数据可视化的？(　　)

    A. matplotlib　　　　B. NumPy　　　　　　C. PyQt6　　　　　　D. SciPy

6. 下面哪一个库是用于 GUI 的？(　　)

    A. Scrapy　　　　　B. PyQt6　　　　　　C. Django　　　　　　D. cocos2d

7. 下面哪一个库是用于机器学习的？(　　)

    A. NumPy　　　　　B. TensorFlow　　　　C. SymPy　　　　　　D. openpyxl

8. 下面哪一个库是用于 Web 开发的？(　　)

    A. Scrapy　　　　　B. requests　　　　　C. TensorFlow　　　　D. Django

9. 下面哪一个库不是 Python 标准库？(　　)

    A. datetime　　　　　B. random　　　　　　C. networkx　　　　　D. turtle

10. 下面哪一个库是 Python 第三方库？(　　)

    A. NumPy　　　　　B. math　　　　　　　C. time　　　　　　　D. string

二、填空题

1. Pygame 库用于＿＿＿领域。

2. Scrapy 库用于＿＿＿领域。

3. Django 库用于＿＿＿领域。

4. TensorFlow 库用于＿＿＿领域。

5. requests 库用于＿＿＿领域。

6. PIL 库用于＿＿＿领域。

7. NumPy 库用于＿＿＿领域。

8. matplotlib 库用于＿＿＿领域。

9. beautifulsoup4 库用于＿＿＿领域。

10. PyQt6 库用于＿＿＿领域。

三、编程题

1. 使用 turtle 库绘制佳木斯大学图标。

2. 使用 turtle 库绘制一朵玫瑰花。

3. 利用 random 随机数库生成一个列表，其中包含 10 个取值范围为 0～100 的随机整数。

参 考 文 献

[1] 赵璐，李义丰. Python 语言程序设计教程[M]. 上海：上海交通大学出版社，2022.

[2] 周元哲. Python 3 程序设计基础[M]. 北京：机械工业出版社，2019.

[3] 江红，余青松. Python 程序设计与算法基础教程[M]. 北京：清华大学出版社，2019.

[4] 董付国. Python 数据分析、挖掘与可视化[M]. 北京：人民邮电出版社，2024.

[5] 黑马程序员. Python 快速编程入门[M]. 北京：人民邮电出版社，2020.

[6] 董付国. Python 程序设计基础[M]. 3 版. 北京：清华大学出版社，2022.

[7] 罗剑. Python 程序设计基础教程[M]. 武汉：华中科技大学出版社，2020.

[8] 吴萍. Python 算法与程序设计基础[M]. 2 版. 北京：清华大学出版社，2017.

[9] 夏辉. Python 语言程序设计[M]. 北京：机械工业出版社，2019.

[10] 董付国. Python 语言程序设计基础[M]. 3 版. 北京：清华大学出版社，2020.

[11] 嵩天. Python 语言程序设计基础[M]. 3 版. 北京：高等教育出版社，2024.

[12] 厦敏捷. Python 程序设计——从基础到开发[M]. 北京：清华大学出版社，2017.

[13] 嵩天. Python 语言程序设计基础[M]. 3 版. 北京：高等教育出版社，2024.

[14] 孔祥盛. Python 实战教程(微课版)[M]. 北京：人民邮电出版社，2022.

[15] 董付国. Python 程序设计开发宝典[M]. 北京：清华大学出版社，2017.

[16] 赵宏，闫晓玉，王恺. Python 程序设计基础——思维、认知与创新[M]. 北京：清华大学出版社，2024.

[17] Giuseppe Ciaburro, Prateek Joshi. Python 机器学习经典实例(第 2 版)[M]. 北京：人民邮电出版社，2021.

[18] 葛东旭. Python 数据分析与数据挖掘[M]. 北京：机械工业出版社，2022.

∽ 附　　录 ∾

全国计算机等级考试二级Python 语言程序设计考试大纲(2025年版)

基本要求

- 掌握 Python 语言的基本语法规则。
- 掌握不少于 3 个标准的 Python 标准库。
- 掌握不少于 3 个 Python 第三方库，掌握获取并安装 Python 第三方库的方法。
- 能够阅读和分析 Python 程序。
- 熟练使用 IDLE 开发环境，能够将脚本程序转换为可执行程序。
- 了解 Python 计算生态在以下方面(不限于)的主要第三方库名称：网络爬虫、数据分析、数据可视化、机器学习、Web 开发等。

考试内容

1. Python 语言的基本语法元素

- 程序的基本语法元素：程序的格式框架、缩进、注释、变量、命名、保留字、连接符、数据类型、赋值语句、引用。
- 基本输入输出函数：input()、eval()、print()。
- 源程序的书写风格。
- Python 语言的特点。

2. 基本数据类型

- 数值类型：整数类型、浮点数类型和复数类型。
- 数值类型的运算：数值运算操作符、数字运算函数。
- 真假无：True、False、None。
- 字符串类型及格式化：索引、切片、基本的 format()格式化方法。
- 字符串类型的操作：字符串操作符、操作函数和操作方法。
- 类型判断和类型间转换。
- 逻辑运算和比较运算。

3. 程序的控制结构

- 程序的三种控制结构。

- 程序的分支结构：单分支结构、双分支结构、多分支结构。
- 程序的循环结构：遍历循环、无限循环。
- 程序的循环控制：break、continue
- 程序的异常处理：try-except 及异常处理类型。

4. 函数和代码复用

- 函数的定义和使用。
- 函数的参数传递：可选参数传递、参数名称传递、函数的返回值。
- 变量的作用域：局部变量和全局变量。
- 函数递归的定义和使用。

5. 组合数据类型

- 组合数据类型的基本概念。
- 列表类型：创建、索引、切片。
- 列表类型的操作：操作符、操作函数和操作方法。
- 集合类型：创建。
- 集合类型的操作：操作符、操作函数和操作方法。
- 字典类型：创建、索引。
- 字典类型的操作：操作符、操作函数和操作方法。

6. 文件和数据格式化

- 文件的使用：文件的打开、读写和关闭。
- 数据组织的维度：一维数据和二维数据。
- 一维数据的处理：表示、存储和处理。
- 二维数据的处理：表示、存储和处理。
- 采用 CSV 格式对一、二维数据进行读写。

7. Python 程序设计方法

- 过程式编程方法。
- 函数式编程方法。
- 生态式编程方法。
- 蒙特卡洛计算方法。
- 递归计算方法。

8. Python 计算生态

- 标准库的使用：turtle 库、random 库、time 库。
- 基本的 Python 内置函数。
- 利用 pip 工具的第三方库安装方法。
- 第三方库：jieba 库、PyInstaller 库、基本 NumPy 库。

- 更广泛的 Python 计算生态，只要求了解第三方库的名称，不限于以下领域：网络爬虫、数据分析、文本处理、数据可视化、图形用户界面、机器学习、Web 开发、游戏开发等。

考试方式

上机考试，考试时长 120 分钟，满分 100 分。

1. 题型及分值

单项选择题。(40 分，含公共基础知识部分 10 分)
操作题。(60 分，包括基本编程题和综合编程题)

2. 考试环境

Windows 7 操作系统，建议 Python 3.5.3 至 Python 3.9.10 版本，IDLE 开发。